硬科技

大国竞争的前沿

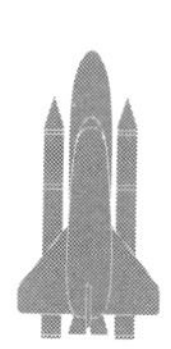

国务院发展研究中心国际技术经济研究所
西安市中科硬科技创新研究院 著

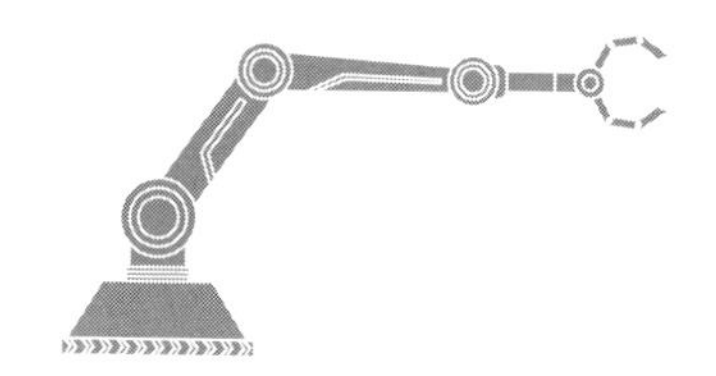

中国人民大学出版社
·北京·

编委会及编写组名单

<<<序一

硬科技：引领世界，点亮未来

李培根

中国工程院院士，华中科技大学原校长

近年来，在一些会议和其他活动场合中，我经常听到硬科技这个词，相关的表述在政府文件和媒体报道中也常常出现，感觉这种提法颇有内涵和新意。初识这个词，便本能地感觉到它大概与已在中国社会形成热点的商业模式变更有关，如共享经济等。的确，一方面，新的商业模式的确给人们带来很多便利，广受民众欢迎，当然是社会需要的。但另一方面，太多大学生和青年“创新者”一味沉醉于寻求新的商业模式，梦想一夜暴富。此风若成积习，国家断不可能成为科技强国，且终难实现大国崛起。今天，硬科技理念应该说已经得到科技界和公众广泛认同。有这样的认同感和影响力，我想，是因为硬科技本身指那些解决“卡脖子”问题的关键核心技术、底层技术。硬科技的提法和理念不仅与国家重大科技战略决策相契合，是事关国家核心竞争力和科技自立自强的重要因子，而且代表了广大一线科研人员勇攀科技高峰、向科学进军的心声。

引领世界的核心要素是什么？点亮未来的灯塔在哪里？我觉得《硬科技：大国竞争的前沿》这本书给出了答案。本书对硬科技的提出背景、内涵、外延等进行了系统详尽的阐释，并与容易造成概念混淆的“深科技”和“黑科技”做了比较，使人们更加清晰地认识到硬科技理念的内涵。尽管硬科技未必有严格的科学或技术意义上的定义，但硬科技的提出确实有其历史必然性，也有其赖以发展壮大的肥沃土壤。特别值得一提的是，本书对信息技术、光电芯片、智能制造、新能源、生物技术、新材料、航空航天、海洋科技八大硬科技领域进行了系统的研究和深入的分析，不仅指出了当前我国在这些关键核心技术的“卡点”和“堵点”，还提出了一些前瞻性、针对性、操作性强的对策建议，具有很强的参考价值和实践价值。就拿大家熟知的智能制造领域来说，本书就硬科技重点方向工业机器人、3D打印及数字孪生技术进行了专章讨论，这对于推动制造业向数字化、网络化、智能化加速发展具有很强的指导作用。此外，本书还对做好硬科技与金融的融合发展、加强硬科技成果转移转化做了客观系统的分析，对于推动硬科技的创新创业活动有实际的价值。总的来说，不论是对现状的梳理、对趋势的判断，还是对实践的指导，本书都极具价值。

站在百年未有之大变局的历史交汇点，我们回过头看一看历次工业革命中的关键核心技术，比如第一次工业革命中的蒸汽机，第二次工业革命中的发电机、电信技术，第三次工业革命中的集成电路、原子能技术等，可以发现每一次工业革命都是硬科技在起关键性、变革性、引领性作用，都是硬科技催生了生产模式和组织方式的重大变革。当前，以数字技术为代表的第四次工业革命扑面而来，正在加速改变世界，数字技术驱动的人工智能、大数据、云计算、物联网、区块链等新兴技术给人们的生产生活、衣食住行带来翻天覆地的变化，新场景、新应用、新模式、新经济不断涌现，蓬勃兴起。而究其根源，还是光、电、半导体、芯片等硬核技术以及人工智能、大数据、工业软件等数字技术在起关键性、革命性、引领性的作用。值得注意的是，切莫认为大数据、人工智能、工业软件等数字技术是与“硬科技”对立的“软科技”。数字技术其实是硬科技中的一部分，它看起来是“软形式”，表现出的却是“硬能力”。读者不妨自行体会。

实践已经证明，并且将进一步证明，只有硬科技才能真正引领世界、点亮未来，照耀人类前行！

我们国家已经错失了前几次科技革命的机遇，在新一轮科技革命的浪潮中，我们定将只争朝夕、奋发有为，而其中抓住硬科技就是我们实现赶超、赢得未来的硬道理。

2021 年 9 月

<<<序二

让科技为民族复兴强基赋能

肖英峰

国务院发展研究中心国际技术经济研究所名誉所长、研究员，

《中国高新科技》学术顾问

近年来，人类社会进入科技的密集发展期，前沿科技不断取得重大突破，颠覆性创新呈现几何级增长并快速渗透扩散，各学科加速交叉融合，关键技术突破多点齐发，核心技术群体跃升。科学技术在塑造世界政治经济格局、改变国家力量对比方面的决定性作用愈加凸显，已成为大国博弈的主要战场。围绕科技制高点的竞争空前激烈。

新一轮科技革命和产业变革的核心特征是数字化与智能化。数字化、智能化是大势所趋，人工智能、云计算、产业互联网、泛在感知等新技术无一不以海量数据为基础。随着数字时代的加速到来，包括5G、IPv6（互联网协议第6版）在内的数字基础设施正逐渐成为国家的核心竞争优势之一；“人—机—物”三元融合加快，生物世界、数字世界、物理世界的界限越发模糊；人工智能作为这一轮科技革命和产业变革的战略性技术，形成了溢出带动性很强的“头雁”效应；量子信息更是被称为将会带来颠覆性变革的下一个“拐点”科技，是推动科学技术加速发展的触发器和催化剂；以增材制造、高端工业机器人、材料基因组工程为核心的先进制造技术，成为国家技术进步、经济繁荣及国防安全的重要支柱。大家感

受尤为明显的是，科技创新的力量和优势在疫情防控阻击战中得到了有力的证明。同时，前沿科技的“双刃剑”效应愈发明显。如“深度伪造”“计算宣传”等人工智能应用给国家和社会治理带来新挑战。据媒体披露，2015年发生在巴黎的恐怖袭击案件显示了加密技术正在被熟练地运用于互联网支持的物流活动中——利用网络购买武器，使用公众可获得的匿名代理服务器和匿名服务器进入“暗网”，通过比特币等数字货币进行转账。2018年巴西总统大选时，347个WhatsApp群组传播的10万个图像，只有8%是真实的。彼得·考海和乔纳森·阿伦森在其合著的《数字DNA：全球治理面临的颠覆与挑战》一书中，探讨了信息通信技术和生产技术领域产生的颠覆性变革正以何种方式改变国家创新体系。科技是发展的利器，也可能成为风险的源头。科技创新日益呈现高度复杂性和不确定性，这就需要我们敏锐感知新技术应用特别是重大前沿技术突破应用带来的影响。

作为从事科技战略研究的国家智库，国务院发展研究中心国际技术经济研究所始终坚守为中央决策服务的根本定位，“为党咨政、为国建言”，开展了大量研究工作，把国家的需要、时代的召唤、职责的所在反映到研究成果当中。由我所牵头组织有关单位合著的《硬科技：大国竞争的前沿》便是其中一次有益的尝试。正如本书所谈到的，人类历史就是一部硬科技发展史。在不到300年的时间里，科技赋能现代工业创造了过去几千年的农业社会都未曾积累起来的巨大财富，并主导了人类文明中心的变迁。科技的发展没有止境，无边界的科技革命无处不在，并不断突破地域、组织和技术的界限。今天，我们生活中的每一个显著变化的核心都是某种科技，新技术正在席卷全球。这种力量并非命运，而是轨迹，科技创新总能创造令人意想不到的奇迹。硬科技作为一个概念，也许还有其他一些不同的提法，但其本质是指具备核心技术的高科技，是能代表世界科技发展最先进水平、引领新一轮科技革命和产业变革、对经济社会发展具有重大支撑作用的关键核心技术。本书用十七章的篇幅对硬科技的内涵、外延、演变及其对全球变革的影响进行了探讨，试图用科普的方式，让读者走近硬科技这个既神秘、高端又与我们每个人息息相关的领域。通过阅读本书，读者在拓展知识的同时，可提升对科技强国重大战略的认识，增强统筹发展和安全的本领。由于时间紧迫和知识水平有限，书中错漏、偏颇和不足之处在所难免，恳请各位读者批评指正。非常可喜的是，我所参与本书撰写的大多是年轻的研究人员。事实上，青年已成为我所人才力量的源头活水。“人材者，求之则愈出，置之则愈匮。”这些年轻人虽然在深度研究和系统分析方面还须继续努力，但他们有学术的敏感性，能够将自身的发展和国家的命脉紧密结合，所表现出来的全球视野、科技积淀以及家国情怀让人感到欣慰。我们要按习近平总书记的号召，给青年人更多的鼓励、信任和包容，支持青年人才挑大梁当主角，让青年成为科技智库的重要支撑。

科技实力的变化是影响中美关系的变量之一。格雷厄姆·艾利森教授在《注定一战：中美能避免修昔底德陷阱吗?》一书中写道：“从1776年立国至今，美国由弱到强，逐渐成为世界唯一超级大国，并先后击败了多个崛起国的挑战。但中国崛起给美国带来的挑战是前所未有的，因为中国拥有和美国相似的实力，综合了过去美国所有挑战者的优点。”这其中，中国科技的飞速发展让美国感受到了前所未有的“焦虑”和“压力”。中美科技博弈已成为决定世界百年变局的核心动力。

我们必须认识到，同建设世界科技强国的目标相比，我国发展还面临重大科技瓶颈，关键领域核心技术受制于人的格局没有从根本上改变，科技基础仍然薄弱，科技创新能力特别是原创能力与世界强国相比还有很大差距。比如，在半导体特别是集成电路这一根基性、战略性、先导性产业，美国在开展电子复兴计划抢占“后摩尔时代”先机的同时，还握有不少对我打压的“杀手锏”；在迎来第三次生物技术革命的合成生物学技术上，在干细胞调控与类器官、纳米医学、类脑人工智能、基因编辑等技术上，我国与先进国家相比还有很多短板。在错综复杂的外部环境和艰巨繁重的改革、发展、稳定任务面前，国家对战略科技支撑的需求比以往任何时期都更加迫切，需要我们积极回应经济社会对科技发展提出的新要求，切实强化科技创新的国家意志和战略力量，不断提升科技对经济社会发展的贡献率，在新一轮全球科技竞争中掌握战略主动。如果我们没有搞清楚科技支撑的力量源泉和逻辑起点，没有塑造好发展和安全的技术基础，我们就有可能陷入战略被动，错失发展良机。

科技是历史的杠杆，在绵延 5 000 多年的文明发展进程中，中华民族创造了许多闻名于世的科技成果，近代以来却屡次与科技革命失之交臂。中国要强盛、要复兴，就一定要大力发展科学技术。好风凭借力，站在“百年未有之大变局”的十字路口，站在奋进第二个百年目标新征程的起点，站在跨越创新型国家历史门槛的重要时刻，我们比过去任何时候都更加需要科学技术解决方案，更加需要增强创新这个第一动力，更加需要硬科技实力。千帆竞发、百舸争流，让科技创新成为高质量发展的强大引擎，使中国这艘航船向着世界科技强国不断前进、向着中华民族伟大复兴不断前进。

2021 年 9 月

<<<序三

“心中有信仰，脚下有力量”

——硬科技，新觉醒年代的精神内核

米磊

硬科技理念提出者，中科创星创始合伙人，硬科技智库创始人

看来时路，方感重任在肩。

今年是中国共产党成立 100 周年。回首百年前，中国正挣扎于半殖民地半封建社会的泥沼中，列强环伺，国家贫弱。而就在人们内心迷茫、毫无方向的彷徨时刻，以“南陈北李”为首的一大批有志之士，为了中华国富民强，为了民族再造复兴，开启了艰难困苦的救国之旅。1915 年 9 月，陈独秀创办起中国近代史上影响最大的刊物——《新青年》，浩浩荡荡的新文化运动由此发轫，这场民主和科学的思想启蒙运动唤醒了国人，拉开了建党救国的序幕。

陈独秀和李大钊所主张的民主和科学，在百余年前展现出极强的现实针对性和长远的指导意义。呼吁民主是为了开启民智，扫除两千余年封建专制的危害；主张科学是提倡科学精神，遵循科学规律，让国人摆脱蒙昧，从根本上改变国家和民族的命运。岁月更迭，时光流转，先驱启蒙者所倡导的民主与科学思想得到根本贯彻，中国以超乎寻常的速度从低谷走向复兴、从贫穷走向富强。到中国共产党成立 100 周年时，“国民经济更加发展，各项制度更加完善”的宏伟目标已得以实现。和百年前的中国相比，我们当下的生活环境已经发生了翻天覆地的变化。光子技术、人工智能、5G

通信和先进制造等诸多领域的突破，为人们生活带来了便捷，为社会发展提供了动力。而在这期间始终不曾改变的，便是陈独秀在《新青年》6卷1号《本志罪案之答辩书》中所大力倡导的“赛先生”的作用。

在中国共产党的领导下，在一代代科技工作者的艰苦奋斗下，中国的科技事业几近从零起步，仅仅用了几十年的时间就走完了西方发达国家上百年的工业化历程。“赛先生”的提出虽然有其时代的局限性，但其倡导的科学精神在新中国，也只有在新中国，得到了真正的树立和传播。特别是党的十八大以来，以习近平总书记为核心的党中央把科技创新作为提高社会生产力和综合国力的战略支撑，摆在国家发展全局的核心位置，加速推动了我国从科技大国向科技强国迈进。如今，中国的科技实力伴随着经济发展同步壮大，部分领域已实现了从难以望西方之项背到跟跑、并跑乃至领跑的历史性跨越，取得的成就令人备感欣喜与激动。

然而，西方国家却无法坐视中国的崛起，近年来其针对中国构筑“科技封锁”之势愈演愈烈。我们应该清醒地认识到，在解决“卡脖子”的问题上，中国仍然任重而道远。以半导体产业为例，目前中国大多数核心芯片、核心原材料、核心技术都依赖进口。今天面临的芯片被制裁的局面，恰好印证了不掌握关键核心技术则难言产业安全这一事实。

“关键核心技术必须牢牢掌握在我们自己手中”，这是习近平总书记在多个场合屡次强调的。

要实现习近平总书记的殷殷期望，就要让“赛先生”发挥更为深刻的作用。我们要在科学研究、转化应用乃至产业活动全链条、全环节上进行深入思考，为百年前举起的科学旗帜增添更多色彩，开启科技创新的新篇章，努力实现高水平的科技自立自强。“科技立则民族立，科技强则国家强。”我们党在百年发展历程中，始终高度重视科技事业，把科技事业摆在重要的战略地位，并发挥其重要的战略作用。党的十九届五中全会提出，坚持创新在我国现代化建设全局中的核心地位，把科技自立自强作为国家发展的战略支撑。

察势者智，驭势者赢。在国际形势风云变幻、世界百年未有之大变局加速演进之际，科技已经成为国际战略博弈的必争之地，各国围绕科技制高点的竞争空前激烈。如今，对高质量发展的需要，对我国科技创新事业提出了更为迫切的要求。科技创新是百年未有之大变局中的一个关键变量，是防范外部潜在风险，保障国家经济安全、国防安全和其他安全的基石。我们党提出的科技自立自强是促进国家发展大局的根本支撑，也是构建新发展格局的关键。在国家经济发展需要从人口红利转向创新红利、从模式创新转向科技创新的时代背景下，“硬科技”这一理念应运而生。而要实现科技自立自强，青年则是重中之重。促进青年科技人才的成长，积极出台相应支持政策，是关键的战略选择。

对于青年科技工作者来说，树立正确的世界观、人生观、价值观和事业观尤为重要。硬科技所倡导的十六字精神——勇担使命，敢为人先，啃硬骨头，十年磨剑——必将引领新一代科技工作者勇做新时代科技创新的排头兵。青年科技工作者要敢于担当，奋力创新，传承弘扬科学精神、工匠精神，为我国科技自立自强贡献一份力量，成为把我国建设成科技强国的中流砥柱。

如果说“赛先生”是上一个百年的瞩目科技成就的重要支撑，那么硬科技精神无疑契合当前和未来很长一段时间时代与国家发展的需要，将成为中国科技自立自强的重要战略支撑。

一代人有一代人的奋斗，一个时代有一个时代的担当。百年前的中国，面对剥削我们的西方列强，面对目无人民的封建统治，有那么一群可歌可敬的人站了出来，带领人民走出黑暗、走出泥沼。当代的我们，更应该客观清醒地认识到中国所处的现实国际环境。中国未来想要发展，就必须实现自主创新和自主可控，而硬科技将成为解题的一个关键抓手。

如今，我们的人口红利已经消退，更注重短期收益的互联网模式创新也不再火热。国家未来发展需要的是工程师红利，是科技创新红利。就像在通信领域追求极致的华为，更多的科技企业在一个个行业做到领先，才是推动未来发展的关键。未来中国一定会涌现越来越多的、能够站在时代浪潮之巅的硬科技企业。

总之，以历史后来者的身份看先辈，用现在的成功来评价其奋斗意义，所能感受到的他们的伟大与贡献，可能远不及他们伟大与贡献的千万分之一。因为对于当时的他们来说，前路漫漫，一切皆不可知，他们所付出的心血乃至做出的牺牲全依赖于其满怀的信念，以及对祖国、对人民的一片热诚。如今，有着更为优越的条件、更丰富的科学知识的我们，是不是应该做得更好？

我们今天所取得的一切，并非历史发展进程的必然结果，而是一代代英烈们前仆后继、坚守信念所带来的。而今天的中国又一次处在了一个需要“觉醒”的年代。如果我们这代人不努力把硬科技搞上去，后代儿女子孙们的生活质量可能就会降低，国家和民族的发展脚步也可能放缓。

因此，也正像这本书的名字——《硬科技：大国竞争的前沿》所展现的，我们要牢牢把握住这股力量，以科技为当代“觉醒”之根本，把我国建成世界科技强国，助力中华民族实现伟大复兴！

2021 年 9 月

目　录

第一篇

总论篇

第一章　人类历史就是一部硬科技发展史

自古以来，科学技术就以一种不可逆转、不可抗拒的力量推动着人类社会向前发展。

——习近平

一、宇宙发展背后的底层规律

星河璀璨，日转星移，雷鸣电闪……仰望天空，是人类最深邃的沉思——宇宙是什么？宇宙是如何形成的？宇宙有无边际？是什么在支配着宇宙的运转？自人类诞生以来，对宇宙奥秘的探索始终没有停歇。

从宗教神话到哲学思辨，再到经验观察总结，进而到今天依靠科学实证的方式，几千年来人类依靠聪明才智试图探寻宇宙的真相及其背后的支配力量。尽管到目前为止，人类关于宇宙的所有探索和想象，都还未能完全揭开真相，但是随着人类认知水平的提升，我们离真相会越来越近。

最初，人类在解释雷鸣电闪、地震、狂风暴雨等自然现象时，认为在这些现象背后存在着一种超自然力，为了消除内心的恐惧和危机感，逐渐将这一超自然力人格化，由图腾逐渐演变为万能的造物主，并希望通过对这些主宰力量的崇拜和敬畏来获得安宁。此后，人们不断畅想造物主如何创造了宇宙，并通过这种畅想开启了人类对宇宙规律的探索和认知。从西方人认为的宇宙万物的主宰者是上帝，到我国古代的“盘古开天辟地”等，人类在宇宙的形成上似乎默契地达成了关于人类历史第一认知的共识，即宇宙是由“神明”设计和创造的。

后来，古代学者们从哲学思辨的维度开启了人类探索宇宙机理的新视角。古希腊哲学家阿那克西美尼认为宇宙本源是一种无限的气，万物都是由于气的凝聚程度不同而形成的：火是稀薄化了的气；当气开始凝聚时，先变成水，再凝聚为土，最后就成为石头①。赫拉克利特认为火是万物的本原，“一切事物都化成火，火也化成一切事物”。毕达哥拉斯则认为存在着许多但有限个世界，并坚持认为大地是圆形的。亚里士多德创立了运行的天体是物质实体的学说。中国的古先贤也从朴素的哲学思辨角度去探索宇宙的本原和运行机理，描绘了从宇宙初始到万物生长的规律。与国外哲学家们侧重将宇宙本原归为某一具体物质不同，古代中国学者普遍认为宇宙受某种规律支配，这种规律就是《道德经》里讲的“道”、《太极图说》里讲的“太极”，以及阴阳五行学说里的“阴阳”。宇宙在这些规律支配下从无到有，生生不已，大化流行。

此外，人类通过对天象的经验观察，也总结了对宇宙学说的一系列认识，如“宣夜说”“浑天说”“盖天说”等，最直观的“天圆地方”“地心说”等都体现出人们对揭开宇宙奥秘的渴望。

而科学的出现，首次让人们能系统地认识宇宙，并了解到其中

---

① 罗素．西方哲学史（古代哲学）．天津：天津人民出版社，2014．

的自然规律。科学的诞生与萌芽，经历了漫长的积累过程和多个发展阶段。从广义上来看，科技在人类早期便出现了。在文化人类学中，将能够使用语言、具有复杂的社会组织与科技发展的生物，特别是能够建立团体与机构来达到互相支持与协助目的的生物，定义为人。可以看出，人类学将科技发展作为人区别于其他动物的一种天然属性。在科技发展早期，主要表现是人类对于工具的创造和使用，如对于石器、火的应用。

现代意义上的科学思想发源于哲学。在哲学的孕育下，科学思想和方法逐渐形成，并催生了现代科技。对世界本源的研究——世界的本质是什么、由什么构成等问题，一直是哲学家永恒的研究主题之一，这促进了自然哲学的萌芽和形成。在早期科学还未从哲学中完全脱离出来之时，基于此类问题的研究为现代科学的形成孕育了理论内核，提供了方法支撑。如古希腊早期哲学中的米利都学派，将特定物质作为世界的基本构成，并在此基础上形成了一套研究世界的理论体系。

在讲到哲学对近代科学思想的贡献时，不得不提到哲学两大思想流派——理性主义和经验主义。这两种思想流派为近代科学的形成提供了重要的支撑。理性主义认为，推理可以作为知识来源的理论基础，并在数代哲学家持之以恒的追索下，形成了一套演绎理论。曾说出“为真理而怀疑，为怀疑而献身”的苏格拉底，认为获得真理需要不断地推翻再论证，为科学思想中求真提供了思想源泉。此后，亚里士多德搭建了逻辑体系的大厦，构成了现代科学方法的内核。在哲学家追求真理、论证世界规律的过程中，数学思想逐步得到关注和发展，为现代科学的诞生提供了重要的工具支撑。毕达哥拉斯最早将数学引入哲学思想中，提出了毕达哥拉斯定理（即“勾股定理”），并坚持数学论证必须从“假设出发”，掀起了演绎逻辑思想思潮。到笛卡尔、斯宾诺莎、莱布尼茨时期，数学思想在解释世界本原中的运用达到了高峰。

经验主义则从思想的另一端开启，认为知识来源于经验，真理是在对一个又一个经验进行观察的基础上，通过归纳而获得的。经验主义在培根、霍布斯、洛克等先驱的推动下，为人类观察世界、认识世界提供了新的方法和视角，推动了近代天文学、物理学等学科的发展。基于经验主义的传统，实证主义则从方法论的视角对经验主义进行了丰富和完善，把现象当作一切认识的根源，要求科学知识是“实证的”，通过对现象的归纳可以得到科学定律。

正是哲学家在追求真理征途中持续涌现的新理论和新方法，以及一套涵盖数学与实验、假设与验证、归纳与演绎、分析与综合等的哲学理论与方法的珠联璧合，最终催生了近代科学方法，也推动了近代科学萌芽并使其从哲学中独立出来，自成一体。自此之后，科学开启了人类认识世界、了解宇宙的新篇章。从哥白尼、塞尔维特、开普勒、伽利略等自然科学先驱，到牛顿、达尔文、伦琴、麦克斯韦、道尔顿、勒梅特等近代科学集大成者，再到现代为我们所熟知的爱因斯坦、霍金以及每年涌现的一众诺贝尔获得者，他们推动着人类科学的全面进步，从各个角度和切入点剖析着世界的本质。

当然，在人类认识宇宙的众多科学探索中，宇宙大爆炸学说是较为系统且有影响力的现代宇宙论学说，被人们广泛接受和认可。1927 年，比利时天文学家和宇宙学家勒梅特首次提出了宇宙大爆炸假说。1929 年，美国天文学家哈勃根据假说提出星系的红移量与星系间的距离成正比的哈勃定律，并推导出星系都在互相远离的宇宙膨胀说。1946 年美国物理学家伽莫夫正式提出大爆炸理论，认为宇宙曾有一段从热到冷的演化史。在这个时期里，宇宙体系在不断地膨胀，使物质密度从密到稀地演化，如同一次规模巨大的爆炸，宇宙便是在大约 140 亿年前发生的一次大爆炸中形成的（见图 1-1)。爆炸之初，物质只能以电子、光子和中微子等基本粒子形态存在[①]。宇宙爆炸之后的不断膨胀导致温度和密度很快下降。随着温度降低、冷却，逐步形成原子、原子核、分子，并复合成为通常的气体。气体逐渐凝聚成星云，星云进一步形成各种各样的恒星和星系，最终形成我们如今所看到的宇宙。科学家在不断的探索中发现，在宇宙漫长的扩张过程中，存在四种宇宙基本力——万有引力、电磁力、强核力、弱核力，它们支配着宇宙的运转。

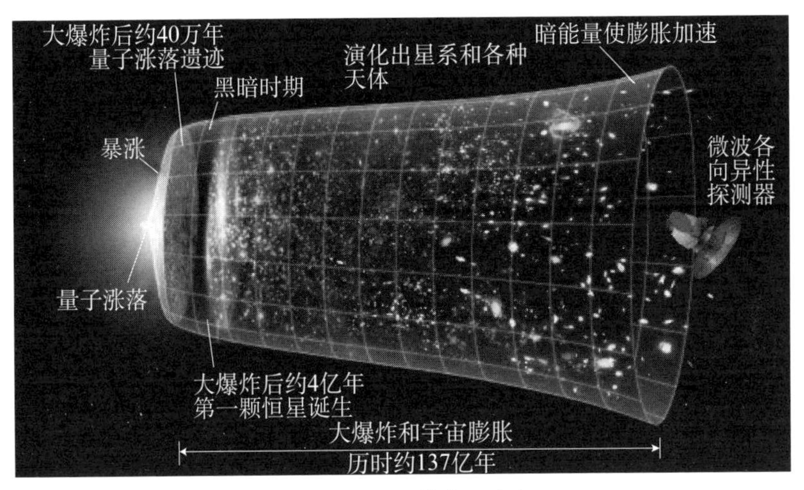

图 1-1　宇宙的发展演变

基于对宇宙底层规律的认识，人类发明了改变世界发展进程、推动社会进步、使人类生活发生根本转变的科学技术。人类开始利用工具，通过严谨的数学演算和测量，逐渐认识到引力、相对论、

① NAVE C R. The Color Force. HyperPhysics. Georgia State University，Department of Physic.

量子、电磁等宇宙发展的底层逻辑和规律。科学的进步，使人类在错综复杂的宇宙变化面前不再那么茫然无措。人类利用自然、改造自然的能力越来越强，科学越来越广泛而深入地渗透到人们的生产、生活和思维等方面，使人类在适应宇宙变化时显得愈发游刃有余。尽管我们利用科技去认识无边无界的宇宙的尝试，只是在无限黑暗中戳开了一个针眼般大小的光明之眼，还未能完全揭开宇宙的真实面纱，但是至少，人类在有限的范围和界限内，捕捉到了一缕真理的光芒，它虽然很微弱，却能改变和影响人类的生存和走向。

二、科技主导人类文明中心的变迁

秉持“第一性原理”，从物理最基本的要素——物质、能量、信息、空间和生命出发，深入事物的本质挖掘人类科技发展的主脉络。人类的科技创新基于人类生存、生活和生产等需求，在上述几大领域持续创新、突破与迭代，推动着人类社会的进步、生活方式的转变和世界的深度变革。科技已成为孕育人类文明最根本的动力。随着最前沿科技的不断孕育和变迁，人类文明中心也随之发生迁移。

◎科技铸就华夏农业文明霸主地位

人类曾有长达数百年的时间靠渔猎采集为生，这个时期的人类在实践活动中会偶然性或者被动性地创造一些工具，以满足生活的需要。大约在 1 万年前，人类偶然间完成了小麦的育种与山羊的驯化工作，并在小范围内实现了日出而耕的生活，此后在全球范围内扩展，完成人类社会发展史上一次跨越式进步。农业的出现，是人类社会发展史上一个巨大的转折，标志着人类开始拥有主动改造自然的能力。此后长达数千年内，人类在“第一性原理”的支配下，围绕农业生产生活，在物质、能量、信息、空间和生命领域开启了科技创新的新征程。此时科技尽管还未成为社会第一生产力，却推动着农业社会实现了划时代的发展，带来人类历史上第一次大规模的生产力解放。

人类社会五大技术领域的第一次突破性变革

铜、铁等物质科技的创新突破使人类逐渐摆脱对石、木、蚌器的依赖，为农业科技发明夯实了材料基础，促进了犁、锄、锸、铲、镰、斧、凿、锥、削等农具的发明，它们成为农业社会的主要生产工具，使农业生产效率得到大幅提高，促进了生产力的发展，奠定了农业社会经济繁荣的物质基础。

水车、风车等技术的发明是人类对能量应用的一次伟大尝试，也是人类动力史上的一次重大突破。人类首次在人力和畜力之外，开始利用水能、风能等机械能和天然能源开展生产活动，为农业灌溉提供了动力支撑。这在一定程度上解放了农民的双手，使单位劳动力能够开垦更多土地，养活更多人口。

造纸术、印刷术的发明是人类沟通交流和知识传承上的一次重大突破，也是人类信息技术史上的一次重大进步。人类信息交流、保存、积累和传播的成本大幅降低，并突破时间和空间的限制，推动信息和知识开始大规模代际传承，也使知识大范围传播成为可能，为区域思想的统一、农业文明知识和治理体系的形成奠定了基础。

马车、帆船等交通技术的发展使人类不再完全依靠脚力行走四方。如果说信息技术的进步让人类交往突破了时间的限制，那么马车、帆船的发明则使人类交往在突破空间限制上迈出了一大步。跨区域交流的日益频繁，为农业文明国家的形成奠定了基础。马车，作为当时最先进的交通工具，承载着人类物流的使命走向远方。

中医的进步，是人类生命科学史上一个重要的里程碑。钱学森曾对中医有很高的评价，认为中医是顶级的生命科学。尽管其在治愈天花、肺结核等流行性疾病及先天基因缺陷等疾病上与现代医学相比表现得不尽如人意，但是其开始摆脱神学巫术传统。无论是古希腊医学的“四体液学说”，还是中医的“阴阳五行学说”“精气说”，都开始从人体自身视角去了解生命内在的奥秘，为现代医学的起源奠定了基础。

中国引领了全球农业科技变革

在全球农业科技变革的历史进程中，毫无疑问，中国起到了引领作用，成为世界农业文明中心。在长达千余年的农业文明阶段，中国拥有全世界最前沿的科技，是当时全球最顶尖科学家的聚集地和全球原始创新的发源地。张衡、祖冲之、张遂、李时珍、郦道元、孙思邈、沈括、郭守敬、宋应星等当时世界顶级科学家的贡献，使我们在数学、生物医药、天文物理等方面引领全球发展（见表 1－1）。

表 1－1　《中国的世界纪录》中收录的中国古代科技成果

类别	数学	天文	历法	气象	化学	农学	机械	水利
项数	22	25	25	9	25	7	7	8

在物质科技方面，中国冶铜技术领先全球近 2 000 年。从商代起，我国开始使用陨铁；到西周晚期，又发明了“块炼法”冶铁技术。春秋时期，我国开始发明铸铁技术，而欧洲在 13～14 世纪才开始使用该技术，比我国晚了近 19 个世纪。

特别是战国时期我国发明了生铁柔化技术，这是人类冶铁技术上又一变革性突破，比欧洲早了 2 000 多年。生铁柔化技术等物质科技的进步，推动了我国以铁为基础材料的农业应用技术的发明，我们研发出锸、锄、镬、镰、犁等农业生产所必需的生产工具，并将其逐渐广泛应用于农业生产，使我国的农业生产力得到大幅提升（见表1-2）。

《国语·齐语》记载，“美金以铸剑戟，试诸狗马；恶金以铸钽、夷、斤，试诸壤土”，描述了我们在农业应用技术方面的创新。尽管以现在的科技水平来看，这些技术显得并不那么高大上，但在农业文明时代，它们却是实实在在的核心技术，支撑着农业的发展和生产力的不断提升。

表1-2　中英古代农民五口之家劳动生产效率比较

农户类别	劳动生产效率指数	平均指数	比例化指数	比例化平均指数
13世纪英国农民（维兰）三类户	22.8 22.7 19.6	21.7	1.05 1.04 0.9	1
东周时代中国北方自耕农 东周时代中国北方租地农	219 355	287	10.09 16.35	13
明代中国江南自耕农 明代中国江南佃户	265 310	287	12.21 14.28	13

在能量技术方面，我国水车发明于汉代，后经孔明改造完善在蜀国推广应用，到隋唐时大规模用于农业灌溉，至今已有1 700余年的历史。全球信息领域变革性技术——造纸术、活字印刷术，都是我国发明的。生命科学技术方面，中医对人体生命活动和疾病变化规律的探索，以及研究人的生理学、病理学、诊断学、治疗原则和药物学等方面的成果，都是在长期的临床实践中取得的，其整体观和辩证论的医治理念，以及“望闻问切”四诊合参法都延续至今，并成为日本汉方医学、韩国韩医学、朝鲜高丽医学、越南东医

学等的基础，特别是全球西医治疗也越来越多地学习和研究中医。而同时期的古希腊医学已经被现代医学所取代。

科技的领先让中国成为世界文明中心

对前沿科技的掌握，使我国成为农业文明阶段的全球经济中心、文化中心、贸易中心。在长达千余年的农业文明阶段，中国拥有全世界最先进的生产力。自汉朝以来，中国经济总量占世界的份额持续增长，我们创造的物质财富最高时甚至一度占全球财富总量的 80%（见图 1－2）；即使在 1800 年农业文明的没落阶段，也占据着全球 32%的份额，之后再也没有哪个国家能达到这种水平。即使是工业文明的王者英国，以及现在的超级强国美国，也未曾取得如此成就。一千年后的西方人说：“一千年前的中国经济总量占当时世界的 60%，东京（宋朝都城）一个看城门的兵吏，都要比西方同期任意一个君主的生活强”。

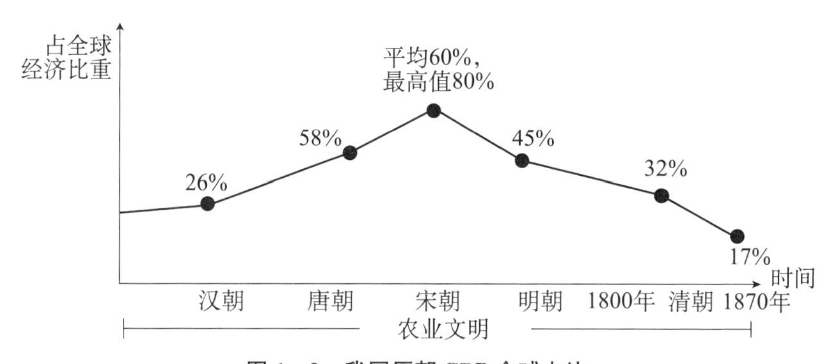

图 1－2　我国历朝 GDP 全球占比

此外，农业技术的创新，如水稻栽培技术、养蚕技术、茶树栽培技术、陶瓷技术等，使我国占据当时全球产业的制高点，在国际贸易中占据有利地位。丝绸、瓷器沿着丝绸之路，穿越绵延

7 000 公里的漫漫长路到达世界各地，彰显着中国强大的文明。

作为世界文化中心之一，中国拥有全世界最顶尖的思想家，引领着当时人类文明和思想的潮流。早在先秦时期，我国学术思想已经逐渐体系化，阴阳、儒、墨、名、法、道、纵横、杂、农、小说"诸子十家"百花齐放，出现了一批如老子、墨子以及"孔孟朱王"等至今仍被全球思想界广泛研究的思想大家，为人类历史留下一批包括《道德经》《易经》等在内的宝贵的思想和文化财富。

科技支撑中国搭建起符合农业文明内在发展逻辑和生产力发展规律的思想、文化和技术体系，最终使我们登上农业文明之巅，铸就了千年中华文明的辉煌。而中国科技的影响远不止于此，对下一代工业文明的诞生也产生了深远的影响。

指南针的发明，使人类突破空间界限，开始走向融合，成为西方"大航海"时代最关键的核心技术支撑之一。火药则推动人类由冷兵器时代进入热兵器时代。

"火药把骑士阶层炸得粉碎"，马克思如是说。火药的出现和应用对人类社会变革产生了深远的影响，欧洲骑士阶层开始没落，背后是欧洲整个封建地主阶级的衰亡和资产阶级的兴起，为欧洲思想的解放以及工业革命的产生和人类工业文明的崛起奠定了基础，将农业封建制度的坚固堡垒轰开了一道裂缝，社会变革性发展从这道裂缝中汹涌而来，人类开启了新的征程。

科技，曾经让中国站在了人类文明的中心。

◎机器驱动人类文明中心西移欧洲

农业科技的进步使中国保持了长达数千年的繁荣，而正当我们享受这片繁荣时，人类科技史上一次重大变革正在大洋彼岸孕育。自公元 5 世纪以来，欧洲经历了一段长达千年的中世纪黑暗时期，在这个时期欧洲文明进入了一个缓慢的发展阶段，战争连绵不断，瘟疫肆虐，人民被宗教禁锢。到 15 世纪左右，欧洲社会到达了变革临界点。资本主义在欧洲萌芽，工场手工业和商品经济获得快速发展，新兴生产力迫切需要突破传统禁锢，最终以文艺复兴、宗教改革运动和启蒙运动为代表的思想解放运动在欧洲爆发，欧洲思想获得巨大解放。自然科学在这个时期得到快速发展，哥白尼、开普勒、伽利略和牛顿等近代科学先驱相继涌现。同时，随着大航海时代的开启，欧洲打开了全球市场，其内部生产规模和效率已经难以满足市场的需要，在科学思想的支撑下，提高技术、改进工艺成为必然选择。在各种因素孕育下，人类 5 000 年历史上最重要的事件——工业革命最终在欧洲爆发。在蒸汽机的轰鸣声中，人类文明中心转移到了欧洲。

人类科技五大技术领域的第二次突破性变革

工业革命推动人类社会在物质、信息、能量、空间和生命科学领域再次发生变革性突破，人类社会面貌、生产生活方式也再次发生颠覆性变化。

前两次工业革命最具突破性、影响最深远的是蒸汽机、内燃机以及电力的发明创造，这是人类对能量应用方式的又一次重大突破，使人类使用能源获取动力的方式发生了质的变迁。化石能源替代畜牧力、水风车能等原始机械能，为蒸汽机、内燃机等机器提供动力基础。机器的运转，使人类的双手在社会生产生活中第一次被全面解放出来，推动人类社会由农业手工业向工业化大生产华丽转身，全球生产力得到了极大的释放，促使欧洲率先避开了马尔萨斯陷阱，使人类告别阶段性崩溃，世界经济从此进入指数发展阶段。

1848 年，马克思、恩格斯在《共产党宣言》中指出：“资产阶级在它的不到一百年的阶级统治中所创造的生产力，比过去一切世代创造的全部生产力还要多，还要大。”从公元元年到1820年，近两千年的时间里，全球人均GDP仅增长50%，年增长仅为0.025%。而工业革命之后不到两百年的时间里，全球GDP从1820年的约7 000亿美元，增长到了2019年的约90万亿美元，增长了约128倍。

能源和动力技术的变革推动了交通技术的进步。蒸汽机、内燃机支撑人类交通技术产生翻天覆地的变化，火车、汽车及飞机的发明创造让人类在全球自由穿梭，人类空间仿佛一夜之间被压缩了几个维度，全球开始走向大融合。

钢铁、塑料、硅等物质材料技术的发明，特别是工业之母——钢铁的出现，推动人类生产生活产生深远变革，枪炮车船、铁路大桥等工业产品如雨后春笋般涌现。

电力、电磁技术的突破推动了电话、电报的发明和使用，人类突破了笔墨纸砚的束缚，信息技术的发展使得以语言为媒介的信息交流从此划破时空阻隔，推动人类沟通效率大幅提升。

现代医学、生物学的出现，开启了人类生命科学的新篇章。以细胞学、解剖学为代表的学科发展，使人类医学理论全面摆脱神学、哲学，开始真正利用科学手段去揭开生命的奥秘。人的寿命实现第一次质的提升，全球平均寿命从30岁延长到45岁，人类在追寻“长生”的道路上取得突破性进展。

欧美取代中国引领了科技变革

长达数千年引领全球科技发展的中国，一夜之间在世界奔向未来的征程中掉队了。而更让全世界意想不到的是，经历了长达两百余年的思想冲突、国家内部混乱和各国之间混战的欧洲，成为了这场工业变革和科技突破的全球孕育地。18～19 世纪长达两个世纪全球前沿技术和创新成果几乎全部诞生在欧美，将全球巨轮推向了新的航程。

英国在全球范围内率先引爆这场变革，几乎垄断了当时全球最前沿的科技创新。1785 年瓦特制成的改良型蒸汽机投入使用，并快速在全球范围内推广，开创了以机器代替手工劳动的时代，推动人类社会进入“蒸汽时代”。英国也借助这次科技创新，完美实现了人类历史上农业落后国对农业领先国的“换道超车”——在农业文明全球格局坚不可摧的局势下，依靠科技在能源和动力技术领域的创新突破开启了工业化文明。英国国内催生了纺纱织布、煤炭开采、钢铁冶炼、铁路运输、船舰建造等现代工业，这让英国成为当时世界上最强大的“日不落帝国”，号称“世界工厂”，称霸世界达半个世纪之久。因为科技，英国用不到一百年的时间就改变了国际格局。

英国实现这次“换道超车”看似是“无心插柳柳成荫”的结果，却成为后续几百年——甚至到今天为止——全球发展格局的一条“铁律”——把握住能够影响未来产业突破性变革的关键核心技术，将助力这个国家在全球范围内实现“换道超车”。之后，德国、日本和美国都遵循这条铁律实现崛起。

搭乘第一次工业革命浪潮汹涌而来的第二次工业革命再次在欧美爆发，大量科学与技术成果在欧洲和美国诞生，科技领先国依靠在能源与动力、交通等技术领域的突破，实现了人类历史上著名的第二次“换道超车”——“电气化”时代。

德国似乎首先领悟了人类社会发展的底层奥秘，在能源动力与交通技术两大领域发力，电动机、内燃机、大功率直流发电机等重大科技创新相继在德国诞生，不仅催生了西门子、戴姆勒等当时世界上的科技独角兽企业，也使德国一跃成为全球交通科技的引领者，为德国带来了赶超强国的强大动力。

紧随而来的是美国，它以极大的热情迎接了电气革命的到来，科学研究和技术发明以更大规模和更有组织的方式得以广泛开展。汽车、飞机、电灯、电话、电报等直到今天还是人类生活必需品的科技发明在美国诞生，为美国日后的崛起夯实了基础。

除能源动力、交通、信息技术全球前沿科技发明外，物质和生命科学两大科技领域重要成果也都诞生在欧美。在物质技术方面，当时全球前沿的材料技术（包括钢、铝等新型材料）的先进工艺都源自欧美，结束了中国长达几千年的物质技术领先局面。以细胞学、解剖学为基础的西医也在这个时期于欧美形成，成为未来几个世纪人类医学的主流技术。

欧美成为世界新的文明中心

经过工业革命，欧洲一跃成为全球最先进生产力的代名词。1773 年，欧洲在经济领域正式超越中国，成为全球经济中心。亚当·斯密、马尔萨斯、约翰·穆勒等全球经济学鼻祖的思想主导着全球经济秩序的建构。

牛顿、麦克斯韦、法拉第、伦琴、马克斯·普朗克、约翰·道尔顿等一批具有开创性的物理学家和化学家，从力学、电磁学、射线学、量子学、原子论等方面将人类物理学和化学推向了新的高度，奠定了现代物理学的基础。开普勒行星运动三大定律，开启了人类天文学的新阶段。利昂哈德·欧勒微积分、现代数学术语符号等推动了现代数学的进步。威廉·哈维血液循环论、安东尼·列文虎克微生物学的开拓、孟德尔现代遗传学的缔造、达尔文进化论的提出，使人类生物和生命科学实现了跨越式发展，使欧洲成为全球科学中心。

欧洲还成为全球思想和文化中心。17～18 世纪，世界主流思想几乎被欧洲的哲学家、艺术家、政治思想家所主导。康德、黑格尔、叔本华、培根等的哲学思想从深层次影响着世界的建构。托克维尔、约翰·洛克、卢梭等政治思想家，推动全球民主思想的蓬勃发展。就是在文学艺术领域，巴赫、贝多芬、莎士比亚等也引领了风靡世界的潮流。

经过两轮工业革命的洗礼，欧洲开始在政治、经济、文化、思想等各个领域实现全面超越，取代中国成为人类新的文明中心。

◎计算机让美国“换道超车”成为全球信息文明中心

基辛格在《大外交》一书中指出，“几乎是某种自然定律，每一世纪似乎总会出现一个有实力、有意志且有知识与道德动力，企图根据其本身的价值观来塑造整个国际体系的国家”。显然，美国依靠自身在信息技术、材料技术、能源技术、交通技术等领域的突破，将其“前辈”欧洲成功“拍在了沙滩上”，走上人类文明舞台的中心。

人类科技五大技术领域的第三次突破性变革

第一次工业革命和第二次工业革命使欧洲依靠以蒸汽机和电力为主的能源与动力技术，实现了对农业文明霸主中国的换道超车。落后时代发展的原因各有不同，但是领先时代发展的原因似乎是相同的：在能源与动力、物质技术、信息技术、交通技术等领域实现变革性突破，将使这个国家引领全球文明的发展。美国把握住了这次机会，掀起了全球第三次科技革命和产业变革的浪潮。不同的是，助推其实现弯道超车的主攻领域是信息技术，借此美国取代欧洲成为全球信息文明阶段的中心。

在此次科技革命和产业变革中，人类信息技术、物质技术、能源技术、交通技术（空间）、生命科学五大领域再次实现了质的飞越。但是影响最为深远、对人类生产和生活产生最大影响的莫过于以计算机为代表的信息技术变革。计算机的发展催生了对于集成电路的巨大需求，推动集成电路行业沿着摩尔定律不断变革，成为全球贸易中的硬通货。更为重要的是，计算机的诞生使人类信息传播、交流、存储都实现了质的突变。互联网的出现让人类信息的传递实现了全球无死角瞬时位移，并且可实现多点实时“在场”。更为重要的是，人类社会生产方式和生产内容发生了重要变革，信息生产和交换成为人类经济发展中重要的一极。

此次变革的另一大突破是能源技术的飞跃。风能、水能、太阳能等的挖掘和利用，特别是核能的突破，推动了人类能源和动力史上新的重大突破——人类首次通过原子层面结构的改变“创造”能源。这使人类在特定单位内可以飞得更高，行得更远，为未来人类冲出地球奔向宇宙提供了可能的动力支撑。

以卫星、火箭等为代表的航天技术的进步，是人类交通技术史上划时代的突破，人类第一次摆脱地球引力的束缚，奔向太空、奔向月球、奔向宇宙。尽管在浩瀚无垠的宇宙中，我们只是迈出了一小步，却是人类交通史上的一大步。

当然，所有的创新与突破都少不了物质技术的支撑，各种合金材料、新型轻质化材料、化学材料、晶体材料等，在此时期以前所未有的速度被发掘或被创造出来，种类之多也是前所未有的，这支撑了创新技术得以实现。基因技术等生命科学技术的进步，也使人类在了解生命内部结构上走得更远，人类在战胜疾病的过程中首次直击疾病的源头。

美国通过信息革命成为全球创新孕育地

此次科技变革最大的特点是科学与技术深度融合，且科研向生产力转化速度加快，而美国基本独家垄断了这次科学研究与技术的重大突破。

在信息领域，1946 年美国宾夕法尼亚大学发明了世界上第一台计算机 ENIAC，标志着电子计算机的诞生，人类从此迈入了以计算机为核心的信息文明时代。此后围绕计算机体积小型化、运算加速化的发展方向，以集成电路为代表的微电子技术在美国引领下快速发展起来（见表 1－3），并在随后的数十年，甚至直到今天，一直占据着全球产业制高点。

表 1－3　美国在集成电路发展初期的引领性突破

序号	技术突破	时间	突破方	意义
1	晶体管诞生	1947 年	美国贝尔实验室	微电子技术领域第一个里程碑
2	离子注入工艺	1950 年	R Ohl 和肖特莱	解决集成电路制造问题
3	集成电路	1958 年	仙童公司罗伯特·诺伊斯（Robert Noyce）与德仪公司基尔比（Kilby）	开启微电子学历史
4	COMS 技术	1963 年	F. M. 万勒斯（F. M. Wanlass）和 C. T. 萨哈（C. T. Sah）	奠定了集成电路芯片工艺的基础
5	摩尔定律提出	1964 年	戈登·摩尔	主导集成电路更新迭代
6	CMOS 集成电路	1966 年	美国天线电公司（RCA）	为大规模集成电路发展奠定了基础
7	1kb 动态随机存储器（DRAM）	1971 年	英特尔	标志着大规模集成电路出现

在能源与动力方面，随着全球原子能科研的进步，核能技术在美国引领下获得重大突破。1942 年 12 月 2 日，美国芝加哥大学成

功启动了世界上第一座核反应堆，成为人类能源动力史上新的里程碑。基于当时的世界局势，原子能技术首先被应用于军事上，美国、苏联、欧洲等各个国家和地区竞相研制原子弹，最终美国率先获得突破。1945 年 7 月 16 日，世界第一颗原子弹“瘦子”在美国新墨西哥州地区核试验成功。不到一个月，另外两颗原子弹“小男孩”和“胖子”先后在日本的广岛和长崎投放。此后，核能开始逐渐被应用于能源、工业和航天等领域。

在交通技术方面，苏联与美国之间的竞争和较量促进了空天领域交通技术的变革。1957 年，苏联发射了世界上第一颗人造地球卫星，开创了空间技术发展的新纪元，也极大地刺激了美国。一年之后，美国也发射了人造地球卫星。1959 年，苏联发射“月球 2 号”探测器，它是第一个在月球表面着陆的航天器。1961 年，苏联又成为第一个将人类送向太空的国家。美国不甘落后，整个 60 年代都在筹备规模庞大的登月计划，终于在 1969 年实现了人类登月的梦想。从竞争结果来看，苏联“起高楼”，美国“宴宾客”，苏联在竞争中逐渐体力不支，败下阵来，而美国开始全面引领奔向太阳系的探索之路。

在物质科技与生命科学领域，美国虽没有全面引领，却是推动人类物质技术和生命科学领域取得突破性进展的中坚力量，与全球各国一同推动着两大领域的发展。

美国成为人类信息文明的中心

借助第三次科技革命，美国成功逆袭，成为人类文明的中心舞台。直到今天，美国在全球政治、经济、文化、科技等方面综合实力仍居全球第一。

美国通过在信息领域的“换道超车”，创造出了一个以集成电路、计算机、互联网等为核心的信息产业，并且依靠其在技术上的领先性，稳固地占据了全球产业的制高点。2019 年，美国 GDP 总量 21.43 万亿美元，世界第一大经济体地位持续保持了近百年，无人撼动。米尔顿·弗里德曼、保罗·萨缪尔森、布莱恩·阿瑟等诠释着全球经济发展，华尔街主导全球金融走向。

在政治方面，美国依靠自身强大的经济基础和军事力量，具有在全球“指点江山”的硬实力。与其他曾站在人类文明中心的国家一样，美国在思想界、文化界等各方面也引领了世界思潮。以代表人类最高成就之一的诺贝尔奖为例，美国以 337 个获得者的数量排在世界第一。

◎五大技术领域变革性突破国将成为智能文明的中心

当前，全球第三次科技革命创新成果经过人类几十年的持续挖潜，内在的创新红利进入衰减期。尽管创新成果仍旧层出不穷，但是从整个人类历史长河的视角来看，都是局部领域的微创新和修正式创新，对于世界经济增长是量的促进，而难以实现质的飞跃。

新一轮科技革命变革乘势而来

随着上一轮科技革命创新周期进入衰退期，全球变革性创新成果日趋匮乏，人类世界仿佛缺少了一种“一觉醒来社会发生了翻天覆地变化”的惊喜感和新鲜感。这种从无到有的惊喜就像是一直以来都靠书信来传递对远方伊人的思念之情，而某一天突然拿起一个物体放到耳边就能听到伊人的甜美问候。这种变化能够引起人类社会集体的“狂欢”，能够激发人类强大的消费欲望去拥有它，能够推动一个巨大产业的出现，能够改变人类整个生产和工作方式，推动人类社会发生质的突破。

无论是人类需求的呼唤，或是世界经济增长的需要，抑或是现实迹象的表现，全球新一轮科技革命即将到来，或者说应该到来。

而此次科技革命仍旧将在物质、能源、信息、交通、生命五个领域获得突破，推动人类文明发展进入一个新的阶段。

信息领域变革将推动人类进入智能化阶段

经过纸张和印刷技术的突破、电话电报的出现、物联网的繁荣，信息技术的发展推动人类的信息交流、知识存储、传统传承发生了一次次变革性突破。时至今日，从上一轮信息技术的影响来看，电脑、智能手机、互联网等技术基本已经在全球范围内覆盖，对于人类生产生活的影响已经趋于稳定。从当前信息领域技术的孕育发端来看，人工智能、云计算、物联网、5G 通信等技术的崛起很可能引领信息技术变革向智能化方向突破。

从技术迭代来看，支撑以计算机为代表的信息领域持续发展的底层技术有其固有的局限性——集成电路芯片的尺寸已接近物理极限，以电为传输介质的技术方式有其自身物理属性的限制，这些都难以满足新一代信息技术获取、传输、计算、存储、显示等方面的需要。主导了全球信息领域数十年的摩尔定律将在历史的巨浪下退潮。

随着人类对于“光”研究的突破和进展，“光”将替代“电”成为新一代信息产业的基石。未来，光子技术将作为新一轮科技革命的最关键、最核心、最底层技术，主导新一轮科技革命的发展。未来将掀起类似于从电子工业的晶体管迈入集成电路的技术革命——集成光路产业的崛起。

交通领域变革乘着智能化的东风奔向宇宙

交通技术使人类活动空间逐渐扩大，从双腿、马车、汽车，到火车、飞机等，不断演进，人类活动空间从本地覆盖到全球，未来交通技术还将朝着推动人类走向更远的方向演进——例如冲出地球、太阳系、银河系，奔向宇宙深处。航天技术特别是商业航天，将成为此次交通变革创新的主体和方向。另外，随着信息技术的进步，智能化（如无人驾驶）也将是人类交通技术演进的方向之一。但是，交通技术的突破性发展，除受制于自身技术外，还受到物质、能源技术的限制。因此，从新一轮科技革命变革来看，交通技术要在智能化方向实现突破，还需要实现物质技术上新材料以及能源技术上微型化核裂变装置、可控性核聚变等技术的突破。

能源变革走向更清洁、更高效、微型化

从依靠牧畜力、水车能、风车能等清洁能源转为依靠化石能源为主后，人类在蒸汽机、内燃机轰鸣声的助力下，从自然界索取满足人类生产生活所需的资源，与此同时也使人类赖以生存的地球被滚滚烟雾所包围。

更清洁、更高效、更持久、微型化、低成本的能源和动力供给方式，将成为能源和动力技术演进的方向，也是人类对能源和动力供给的期望。全球围绕上述能源演进方向，在太阳能、风能、水能、氢能、核能等能源中寻求未来可能的替代性能源，并围绕能源核心瓶颈——控制、存储、成本等，寻求技术突破。

太阳能资源丰富、成本低、无须运输，取之不尽，用之不竭，是人类理想的替代能源，所以成为全球技术攻关的重点。但其能流密度低，受季节、昼夜影响而不稳定。太阳能的蓄能技术瓶颈、效率低以及成本高等问题，使太阳能在未来相当一段时期内还无法成为具有全面替代性的能源。

水能，作为最清洁、绿色的能源之一，是人类寻求替代的重要方向之一。但是，水能受水文、气候、地貌等自然条件限制，特别是受其物理属性的限制，与人类对能源装置微型化、随身携带化等需求具有不可调和的矛盾，这决定了水能未来很可能只能成为人类的辅助性能源——被限制在发电和工业领域应用。至少在近几十年甚至上百年内，我们看不到可以改变其物理属性的技术突破。风能在具备太阳能和水能清洁、资源丰富等优点的同时，同样因无法满足高效性、稳定性、持久性、微型化的能源需求，难以成为主流可替代能源。

氢作为宇宙中分布最广泛的物质，占太阳总质量的84%、宇宙质量的75%。同时，氢高能量性、高燃烧效率等物理特性，使它能成为人类未来最有可能的替代能源之一，并被视为21世纪最具发展潜力的清洁能源。氢能最大的特点还在于其应用方式的广泛性：不仅能够用于发电，还可以广泛应用于家庭用氢、交通动力等人类生活的方方面面。当前阶段，尽管氢能有高挥发性、储存空间大等物理属性的缺陷，但是相信未来人类将取得技术上的突破，使其成为最具潜力的替代性能源之一。

与氢能一样，核能也是最具潜力的替代能源之一。与氢能相比，核能具有更高的能量效率，同时具备微型化发展的物理属性。核能从技术方向上分为核聚变和核裂变。目前人类初步掌握了核裂变技术，并广泛应用于军事（原子弹）和发电。但是对比来看，一方面，核裂变所需的核燃料蕴藏有限。地球上铀和钍的储量分别仅为490万吨和275万吨，而核聚变所需的核燃料氘和锂则在地球上取之不尽、用之不竭。另一方面，核裂变虽然与其他能源利用方式相比能量效率很高，但是与核聚变相比不在一个能量级上。同时，核裂变会产生核废料及辐射的缺点制约了其在日常生活中的应用。从技术维度来看，核聚变是未来最具潜力的能够从根本上解决人类能源需求问题的能源供给方式，将推动人类能源和动力史上又一次伟大的变革。但由于可控核聚变技术的限制和难度，人类在能源变革之路上还有很长的路要走。

生命科学将使人类在更中枢、更微观的层面“操控”生命

“长生”是人类在满足衣食住行等需求之后永恒的追求，“当下能活，未来不死，活得更好（高品质且自由地活）”是人类推动科技创新突破的深层动力。自从开始向“神灵”祈福以来，人类在生命科学的探索上从未止步。原始医学、传统医学、中医、现代医学，使人类在认知生命之路上越来越接近真相。物质科学和生命科学的进步，赋能人类在更中枢、更微观的层面上“操控”生命。脑科学、干细胞、基因编辑、合成生物学、智能医疗设备将成为新一轮科技革命推动生命科学实现变革性突破的着力点，迈过这个“坎”，人类将成为自己生命的“主宰”。

物质科技作为一切自然科学的基础，是一切科学与技术成为可能的必要条件。无论是信息领域的智能化变革，还是交通领域的宇宙探索，抑或是能源领域对更高效、微型化的替代能源的探索，又或是生命科学领域的突破，其底层的支撑都是物质科技。继工业时代的钢铁、塑料、硅等之后，石墨烯、纳米材料等新材料将成为未来产业的粮食。

三、潜藏在科技背后的规律

科技源于人类对宇宙的认知，立足于人类需求的满足，给人类社会发展带来巨大的变革。纵观科技发展史，在科技“巨轮”滚滚向前的征途中，其背后隐藏着隐隐可循的内在规律。

◎推动社会变革的“关键少数”

纵观科技发展史，科技具有一种类幂律分布的特点，即“关键少数”技术主导着社会的变革。极少数关键技术创新产生了最大的价值，远远超过其他的技术。这些关键核心技术的作用是不可替代的，它们具备引领性、基石性、关键性、创新性的特点。历次工业革命都有关键核心技术，比如第一次工业革命中的蒸汽机，第二次工业革命中的发电机、内燃机、电信技术，第三次工业革命中的集成电路、原子能技术等。这些关键核心技术最终都深入到社会的各个领域，其他的技术创新很多都是在这些关键技术基础上涌现出来的，不断组合和进化，最终创造出巨大的生产力，广泛推动着经济和社会的发展。

◎科技扩散转移呈现S形周期特点

自科技革命以来，科技与经济之间存在双螺旋增长关系，科技成为经济增长的主导推动力量。每一次科技创新与突破对人类经济社会的影响都遵循“复苏—繁荣—衰退—萧条”的周期循环规律。

科技革命带来的技术扩散转移呈现S形周期变化。纵观世界科技发展，技术转移和扩散周期为50～60年，每一次科技红利的衰退必将推动人类去培育和创造新一轮的科技创新（见图1-3）。科技与经济之间存在着双螺旋增长模式，经济随着技术的转移和扩散发生相应变化。每一次新的科技革命都将在一段时间内成为推动经济增长的主动力。随着技术红利的转移和扩散，该技术对于整体经济的支撑作用会逐渐减小，尽管在一段时期内还会支撑着经济的发展，但是其支撑经济增长的主导权将会逐渐被新的技术所代替。随着新技术的不断产生，技术与经济形成了一个个相互独立又相互依存的双螺旋态势。伴随着技术的扩散，经济经历着“复苏—繁荣—衰退—萧条”的周期性变化，同时新的技术不断出现和扩散，支撑

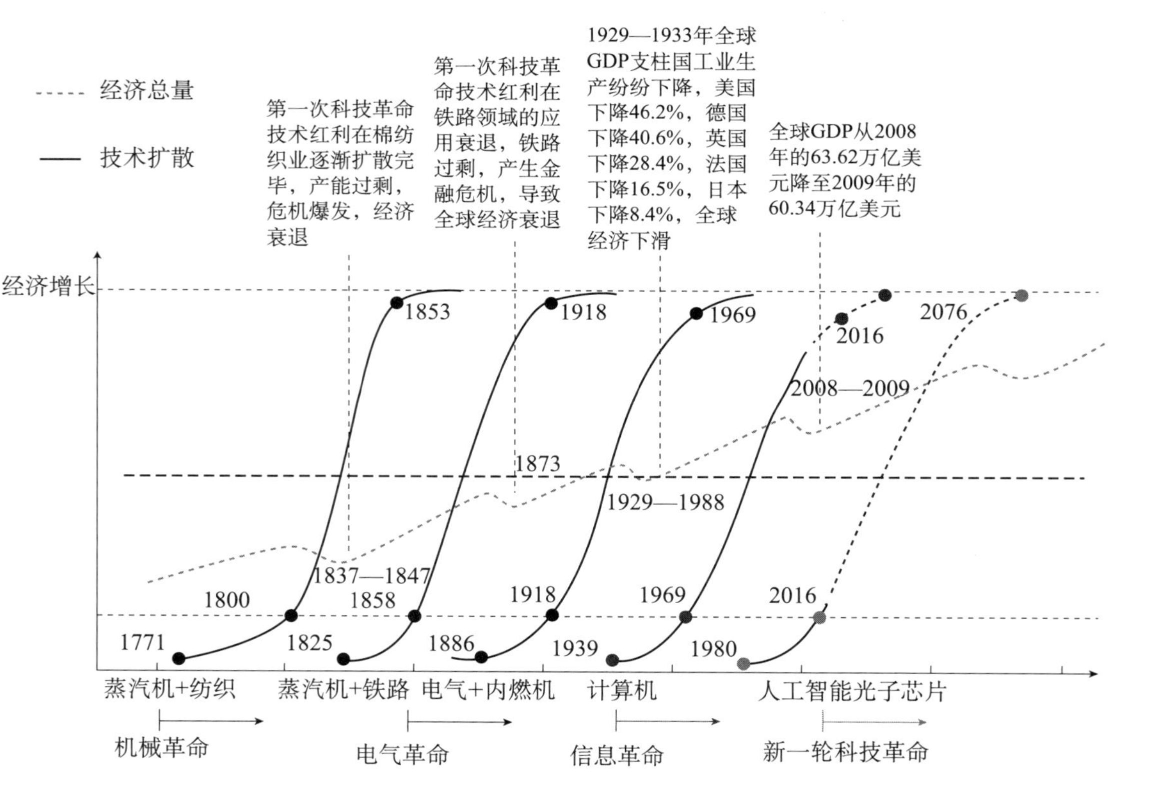

图 1-3　技术与经济交互模型

经济呈现长期的增长趋势。值得注意的是，在原有技术红利消退、新的技术红利尚未培育起来的这段时间内，全球经济会处于短暂的缓慢增长或者停滞期。

◎科技需要金融创新的赋能

每一次科技革命的起终点都会伴随着金融领域的重大变化：新的金融工具产生和金融危机爆发。随着第一次科技革命爆发，1825年英国废除《泡沫法案》，大量资本涌入，并形成了股份制模式和现代银行制度，促进了蒸汽机技术在英国纺织业的推广和扩散。而随着纺织技术充分扩散、红利消退，英国纺织业出现产能过剩现象，经济回落，最终于1837年和1847年在美国和英国分别爆发了金融危机。随着蒸汽机在钢铁和铁路领域的应用，企业大量的资金需求促使资本市场在这个时期形成，资本涌入，支撑铁路等行业迅速发展，英国、美国都出现投资狂热现象，罗斯柴尔德家族、塞利格曼财团、摩根集团、巴林银行大规模争抢铁路建设投资，推动英国、美国等国家铁路系统迅速建成。亨利·亚当斯这样评价："1865年至1895年之间的这代人早已被抵押到了铁路上。"但建设的铁路远远超过当时的需求，铁路行业出现产能过剩，导致最终崩盘。1873年，华尔街陷入全面恐慌，纽约证券交易所自成立以来第一次关门10天，5 000家商业公司和57家证券交易公司倒闭。伴随着第二次科技革命成果的推广和应用，信托、保险等金融工具诞生，资本市场国际化和规模化形成。随着这次技术创新成果的充分扩散及产能过剩，1927—1937年美国大萧条爆发。第三次科技革命技术的推广和应用，催生了天使投资、创业投资、产业基金。同样，随着技术的充分扩散及产能过剩，2008年，由次贷危机引起的全球金融危机爆发，如图1-4所示。

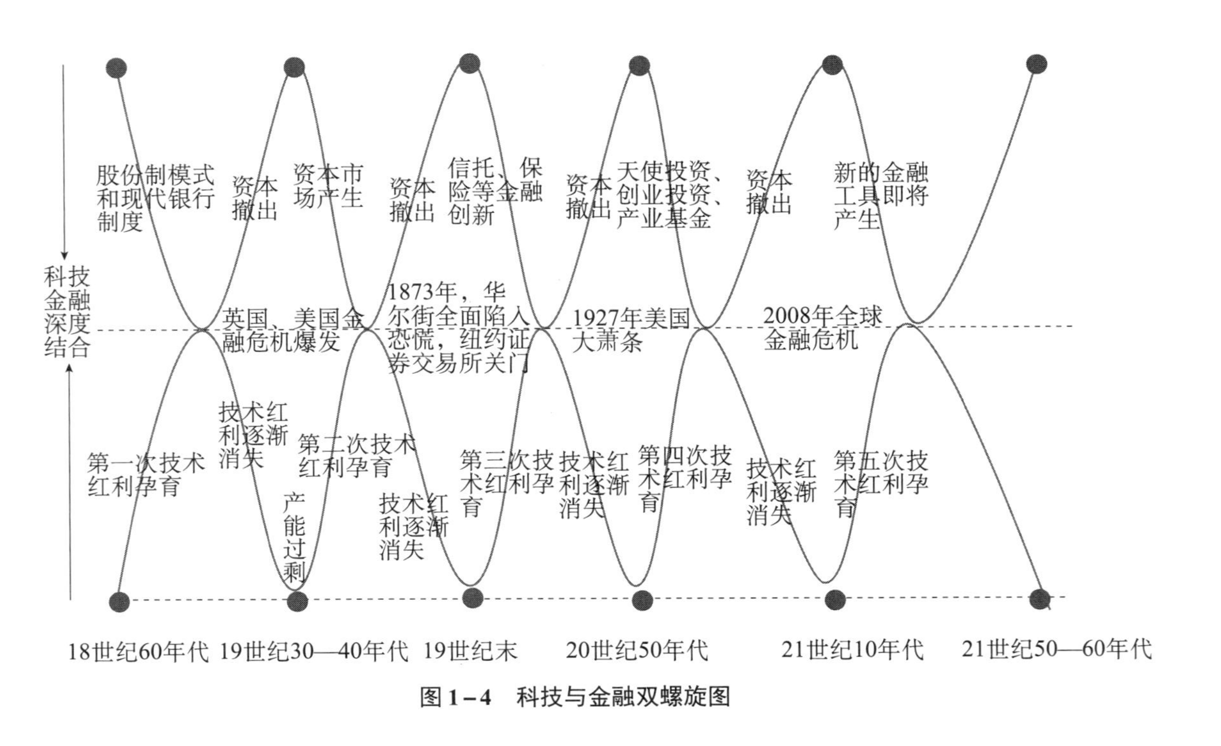

图1-4 科技与金融双螺旋图

因此，从历史发展的实践看，科技创新需要金融创新来赋能。熊彼特在《商业周期》中把经济增长的重要波动和技术变革解释为“连续的工业革命”，但同时认为成批的重大创新有赖于金融资本。真正推动经济长期增长和社会发展的动力是人类技术的重大突破，而金融资本对重大科技创新的发生和扩散具有重要作用。以新技术扩散过程为时间轴，新技术导入期分为“爆发”阶段和“狂热”阶段。在“狂热”阶段，金融资本密集投资于新产业、新活动以获取利润，随后发展到“展开区”的“协同”与“成熟”阶段。随着技术的扩散，一些相对陈旧的成熟技术开始出现收益递减，经济周期回落，金融资本或从相关企业和部门流出，或滞后于市场变化，在局部爆发金融危机。金融领域的变动期待新一轮科技导入，资本流向下一代重大创新，新的经济周期开始。

第二章　硬科技应运而生

极少数关键技术创新产生巨大价值和影响，人们应关注真正能够推动经济发展、需要长期研发投入和持续积累的关键核心原创技术。

——米磊

一、硬科技的诞生

◎硬科技提出的背景

纵观人类科技发展的历史长河，在过去众多科技创新者的智慧结晶中，总是有极少数且关键的技术创新产生了巨大价值，其影响远远超过其他技术创新。这些关键核心技术的作用是不可替代的，它们促使社会生产生活方式发生了深刻的变革，给人类文明带来了巨大进步。细数历次工业革命中的关键核心技术，比如第一次工业革命的蒸汽机，第二次工业革命的发电机、电信技术，第三次工业革命的集成电路、原子能技术等，最终都经过不断的组合进化，深入社会各个领域并创造出巨大生产力，广泛推动了社会与经济的发展。

对这种少数的关键核心技术该如何定义？怎样通过理论创新来识别科技发展的规律，从而引导人类掌握规律以改变世界呢？

带着种种困惑，以中科创星创始合伙人米磊为代表的许多专家自2008年起就开始了思考和研究。面对当时全球金融危机及中国经济发展人口红利消失等问题，米磊在深刻剖析科技进步与经济增长关系的基础上，认为中国需要解放广大科技人员的脑力生产力，释放巨大的创新红利，推动新时期中国经济高质量发展需要从要素驱动、投资驱动转为创新驱动。

在此背景下，硬科技概念于2010年孕育而生。硬科技概念的产生希望营造一种新的理念，改变中国长期以来重模式创新而轻技术创新的状况，引导人们关注那些真正能够推动经济发展、需要长期研发投入和持续积累的关键核心原创技术，进而凝集全社会力量去攻关硬科技、掌握硬科技、发展硬科技，以支撑中国新时期经济高质量发展。

◎何为硬科技

硬科技这一概念融合了关键核心技术创新与自主创新的精髓，是指事关国家战略安全和综合国力、能够驱动经济社会变革的重点产业链上的关键共性技术。

在当前阶段，硬科技就是指那些处于重点产业领域及重点环节上并决定重大关键产品开发的关键技术、核心技术和共性技术，它事关国家战略安全。长期来看，硬科技是指能够激发新一轮科技革命、催生新的产业变革、引领新一轮跨越式发展的关键核心技术。

二、硬科技的内涵

◎硬科技的硬本质

硬科技具有区别于其他科技的四个特性——变革性、关键性、引领性和基石性。符合以下一个或多个特点的技术就可称为硬科技。

变革性。变革性指一种生产要素的引入在带来巨大效率、创造更大价值的同时，使现有结构或制度发生根本性改变，继而创造一种新的秩序，推动人类进入新的时代。硬科技一般为长期研发、持续积累的高精尖原创技术，是具有破坏性或颠覆性的创新技术，是现有技术无可比拟或替代的，能够引领人类生活发生根本性变革。

18 世纪的蒸汽机技术曾经给人类社会带来了巨大变革。1765 年，在瓦特对纽科门蒸汽机进行了一系列重大改进之后，蒸汽机在工业领域得到了广泛应用。以蒸汽机为标志的第一次工业革命在英国蓬勃发展起来，它带来了纺织业、机械制造业、钢铁工业、交通运输业等领域的全面变革。

蒸汽机问世后，首先给纺织业带来了变革，原本家庭作坊式的生产方式被蒸汽机纺纱厂、织布厂所取代，效率提高了几十倍，同时推动了人类社会生产工厂组织制度的出现。

随后，蒸汽机被推广到钢铁行业，使钢铁冶炼技术得到长足发展，推动英国钢铁产量逐年增长。1770 年时英国的钢铁产量是 5 万吨，到了 1800 年便增长为 13 万吨，而到了 1861 年产量已高达 380 万吨，此时仅英国一国的钢铁产量就占到了世界总产量的一半。

蒸汽机的发展也带来了交通运输业的巨大变革。得益于蒸汽机的使用和筑路技术的改良，蒸汽作为动力牵引着车厢，使之行驶在改良后的铁路和公路上；同时，汽船也开创了世界航运史的新时代。这些让英国的交通效率提升了数十倍。此前爱丁堡到伦敦的路程需要花费数十天的时间，而工业革命之后同样的路程仅需要数十小时便可走完。

可以说，蒸汽机的出现推动了钢铁、机械、冶炼和交通运输等多个行业的蓬勃发展，甚至推动了银行业的兴起。其出现改变了人类传统的生产方式，带动社会迎来城市化与工业化的深刻变革，并使相应的社会制度和社会阶层随之产生，推动人类社会进入了一个崭新的时代。

蒸汽机技术就是那个时代的硬科技。硬科技的发展在给社会经济带来更高效率、创造更大价值的同时，也重构了生产、分配和消费等经济活动的各环节，形成了从宏观到微观各领域的新需求、新模式、新业态，促使人们生产生活方式发生彻底变革，引领人类进入新时代。

关键性。硬科技具有类幂律法则的特点，是科技创新中能够解决大部分经济社会问题、产生重大影响的“关键少数”技术，是重要且核心的、可发挥巨大作用的技术。

在自然、社会等复杂系统中存在各种各样的幂律分布。在一个国家体系中，通常是20%的人口掌握了80%的社会财富，20%的疾病会消耗80%的医疗资源。这表明在投入与产出、原因与结果，以及努力与报酬之间存在着固有的不平衡，只有极少数是重要且关键的，技术领域亦是如此（见图2-1）。

技术是组合进化的，很多新技术都是在原有技术基础上的组合和集成。随着技术的不断组合和演进，最终形成了一个复杂的、自组织且不断演进的无标度网络。无标度的复杂网络都遵循幂律法则，科技也存在类幂律分布的特点，即极少数关键技术创新创造的

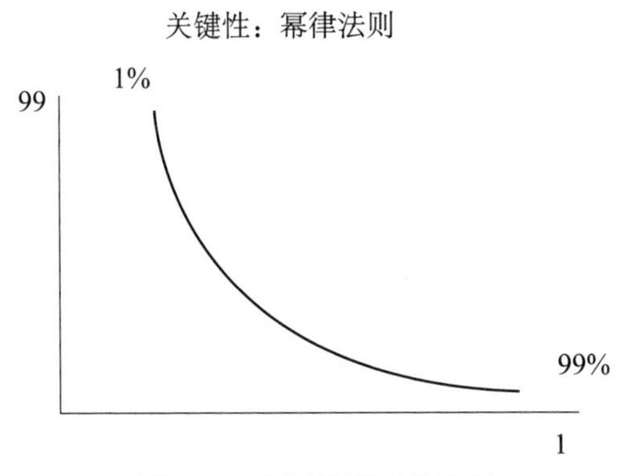

图 2-1 硬科技的幂律法则

巨大价值远超其他技术所带来的影响。这些关键核心技术的作用是不可替代的。

历次工业革命中的核心技术都呈现出关键性的特点。比如蒸汽机、内燃机、集成电路、原子能技术等，这些关键核心技术最终都深入社会的各个领域，其他的技术创新很多都是在这些关键技术基础上产生的，经过不断组合和演化，最终创造出巨大的生产力，广泛推动着社会和经济的发展。

具体科技类目的发展同样遵循幂律分布。例如信息领域，随着摩尔定律濒临失效，光子时代已然到来，光学技术将成为未来的关键核心技术，是众多技术中的“关键少数”。米磊博士 2016 年提出一个新的经验公式——“米 70 定律”，内容包括：光学成本占未来所有科技产品成本的 70％；光学技术将成为科技产品的瓶颈性关键技术，解决光学技术问题是推动科技进步的重要方向。这一定律在很多领域已经得到了验证。例如，互联网费用中的 70％来自光学成本，包括光学设备和系统的采购；无人驾驶公司将 70％的资金投入到激光雷达等光学器件上；而在 VR/AR 等新的显示技术中，光学成本也同样是主要成本。未来，手机产品的创新将更多围绕光学技术展开，光学元器件成本将占手机成本的70%。2017年苹果公司发布的iPhone X搭载了人脸识别功能——Face ID。Face ID功能通过环境光传感器、距离感应器实现，还集成了红外镜头、泛光感应元件（flood camera）和点阵投影器等多个光学器件，可以说iPhone X已经增加了大量的光学成本。

硬科技就是技术系统中按照类幂律法则分布的关键节点性技术，其在一个产业技术体系中能起到决定性作用，可以创造巨大的价值和效益，对于推动产业发展和人类技术进步发挥着重要作用。

引领性。硬科技是新一轮科技革命中具有带动力和衍生力的共性使能技术，能够支撑现有科技取得重大进步，支撑并引领经济社会高速发展。历史上的每一次新技术革命都为社会生产提供了新的生产要素，促进了新兴产业的成长，刺激了新的需求，带来新的社会制度变革，从而引领了一个时代的发展，如图2-2所示。

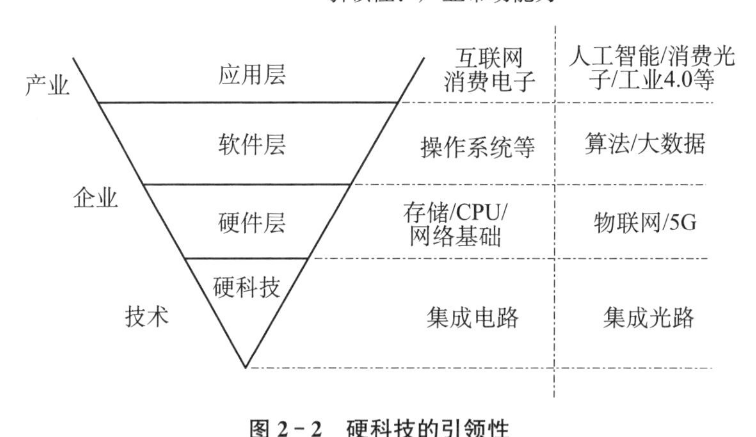

图2-2 硬科技的引领性

在第三次科技革命带来的信息化时代，集成电路是这个时代的革命性技术，其将硬科技的引领性体现得淋漓尽致。

从世界范围来看，美国、日本、韩国及中国台湾等国家和地区都是借助集成电路产业的崛起带动了信息产业、软件行业和消费电子产业链的高速发展。比如由集成电路芯片带动CPU、操作系统、PC、手机、笔记本电脑等消费类电子发展，进而促进了整个经济的转型和发展，成为全球相应产业的领航者。

20世纪70年代，美国经历了经济危机，致使其在世界的经济地位下滑，但这时的硅谷却在以集成电路为引领的信息技术带动下，开始了新经济的兴起。20世纪90年代以来，美国信息产业迅速发展，占到美国GDP的10%，对经济增长的贡献率达30%。信息技术的发展也推动了传统产业的信息化与技术化，大幅提高了劳动生产率。硅谷的半导体产业成为带动美国经济持续高速增长的发动机，正是因为硅谷抓住了集成电路这一硬科技，美国才得以持续引领全球科技和工业革命。

20世纪80年代，中国台湾抓住了集成电路产业从美国硅谷向亚洲转移的历史机遇，以较强的平台能力先后培育出世界半导体代工领域第一名的台积电和第三名的台联电，此外还有手机芯片设计领域位居世界第二的联发科。这让台湾集成电路产业一直处于国际领先地位，引领台湾地区经济飞速发展。同样，随着世界集成电路行业从美国转移至日本，一时间造就了富士通、日立、东芝、NEC等世界顶级的芯片制造商，也将日本引领至当时世界第二的高位。20世纪80年代末，韩国也是受益于集成电路产业的引领，跻身世界前列。

正如集成电路、航空发动机等技术，硬科技通过某种革命性技术的牵引，能够引领一个或多个产业高速发展，具有强大的产业带动能力，能够给经济带来巨大突破，甚至推动大国崛起。

基石性。硬科技是同时期的产业技术中最底层的部分，对产业发展起到基础支撑和中流砥柱的作用，通过与其他技术的组合，还可以形成其他诸多突破性创新。

美国技术思想家、复杂性科学奠基人布莱恩·阿瑟在其创建的技术组合进化理论中指出：技术都是某种组合，新技术产生于已有技术的组合，当代的新技术将成为建构更新的技术的可能的组分（构件）。在人类对外部现象的不断认知和需求驱动下，最初很简单的技术以这种方式慢慢发展出越来越多的复杂技术形式。而后众多的技术集合在一起，进而推动了经济发展。在这种技术组合中，往往有某项或几项关键技术发挥着基础或中坚力量作用，支撑着一个产业和经济的发展。

发动机就是体现硬科技基石性的典型代表。1885 年，德国工程师卡尔·本茨将其研制的汽油发动机装在一辆三轮车上，创造出世界公认的第一辆汽车——奔驰一号（见图 2－3）。以后几年，美国人和欧洲人同步批量制造出了汽车。此后百余年里，汽车技术迅猛发展，极大拓展了人类的活动范围，提高了社会效率。

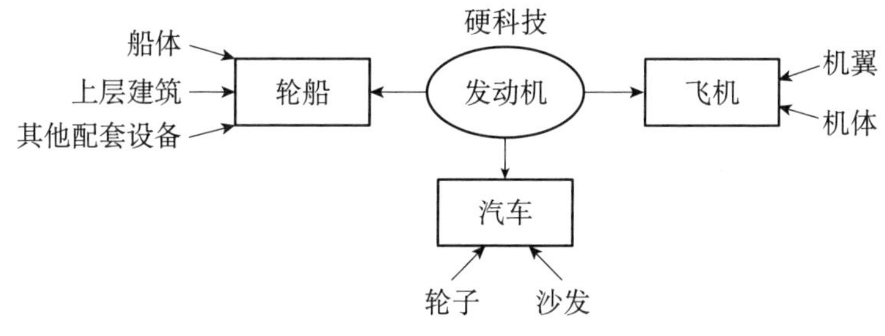

图 2－3　硬科技的基石性

当人们将发动机应用在帆船和独木舟上时，就出现了用蒸汽或柴油发动机提供动力的轮船。第一次使用蒸汽发动机的轮船于 1783 年在英国下水，而后美国、法国、奥地利等国家先后将发动机安装在轮船上。发动机应用在轮船上，使得水上运输同样发生了革命性变化。现在，人们已经开始利用太阳能和喷气式发动机为轮船提供动力，让其航行的速度最高可达到令人吃惊的每小时 500 千米以上。

依此类推，当人们将发动机安装在不同载体上时，通过技术的不断组合，就会形成像汽车、轮船、火车、飞机、火箭乃至飞船等不同的交通运输工具。这当中起到关键作用的发动机，就是最具有基石性的硬科技，它是整个人类交通运输乃至其他关联行业发展的中流砥柱和根本动力，极大地缩短了时间与空间距离，推动人类社会取得了革命性的进步。

硬科技就是针对某些需求而形成的、在特定技术组合中能起到基础支撑作用的技术。通过引入硬科技，并将其与其他技术组合，便可实现巨大突破，为产业和经济的发展带来巨大推动力量。

◎硬科技的硬精神

硬科技还强调要秉持一种理念、一种精神。它代表着一种勇担使命、敢为人先的责任感，蕴含着敢啃硬骨头、十年磨一剑的科学工匠精神。硬科技将科研工作者的人生追求、科技企业的发展前途，同建设科技强国和实现科技自立自强紧密结合在一起，即“志气硬、技术硬、实力硬和精神硬”。

勇担使命，志气硬

当前，我们正处于新的历史起点上，以习近平同志为核心的党中央将科技创新摆在我国现代化建设全局的核心地位，把科技自立自强作为国家发展的战略支撑。将我国建设成世界科技强国，已成为新一代科技工作者的伟大历史使命。广大科研人员要以“科学报国”的家国情怀，将自己的梦想与“中国梦”融为一体，心系国家命运，勇担报国重任，以积极有为、敢于创新的科学态度，面对新形势、新挑战，一往无前，充分发动科技创新的强大引擎，为建设创新型国家和世界科技强国添砖加瓦，为实现中华民族伟大复兴的中国梦提供强有力的科技支撑。

“硬”代表着一种承载国家使命，敢于挑战世界科技高峰的志气和魄力。建设世界科技强国，需要有标志性的科技成就，必经之路就是要在关键领域、卡脖子的地方下大功夫。这要求每一位科技创新者拥有攀登科技高峰、攻关核心技术的志气，要有树立世界单项冠军的目标和毅力，为实现中华民族伟大复兴的中国梦进行谋划与拼搏，真正让自己所在的领域都能达到世界领先水平。

敢为人先，技术硬

创新决定未来，要敢下先手棋、善打主动仗。与发达国家相比，我国科技创新的基础还不牢固，创新水平还存在明显差距。面对新一轮的国际科技竞争，当代的科技创新一方面要聚焦于核心技术受制于人的领域，解决“卡脖子”问题；另一方面要聚焦于事关长远发展、可能催生变革性技术和产业革命的战略必争领域，占据新的科技制高点，成为新兴方向的领跑者与开拓者。因此，广大科技工作者要心怀“敢为天下先”的雄心壮志，拥有“会当凌绝顶”的战略视野，勇立潮头、锐意进取，力争创造引领世界潮流的成果，这样中国科技才能真正实现从“跟跑”“并跑”到“领跑”的跨越，才能屹立于世界民族之林，掌握话语权和自主权。

硬科技的“硬”代表着国家最先进的水平，是国家科技实力的体现，是能够直接参与全球科技竞争、服务实体经济、推动中国经济高质量发展的根本动力。当前，以人工智能、量子信息、物联网为代表的信息技术加速突破应用，深刻影响着人类的工作和生活；以基因编辑、脑科学、合成生物为代表的生命科学领域，正孕育着新的变革；融合机器人技术、数字化、新材料的先进制造技术，推动制造业向智能化、绿色化转变；空间和海洋技术，正不断拓展着人类生存发展的新疆域。硬科技正在深刻地推动着我国经济高质量发展。只有率先掌握了这些硬科技，才能代表国家参与全球科技竞争，为实现科技强国助力。

啃硬骨头，实力硬

硬科技是国之重器。近年来，我国科技创新成果层出不穷，但也必须认识到关键核心技术仍有短板。如果不主动去“啃硬骨头”，不主动自主创新，就会始终处于被动、跟随的落后状态，被别人卡住脖子。习近平总书记曾数次强调，我国发展还面临重大科技瓶颈，关键领域核心技术受制于人的格局没有从根本上改变，科技基础仍然薄弱，科技创新能力特别是原始创新能力还有很大差距。因此，切实提高我国关键核心技术的创新能力，培育能打硬仗、打胜仗的科技力量已刻不容缓。在科技创新大潮中，广大科技工作者要敢于啃硬骨头，敢于涉险滩、闯难关，以踏石留印、抓铁有痕的韧劲，瞄准世界科技前沿，迎难而上，勇做新时代科技创新的排头兵。

硬科技的“硬”也代表着极高的技术壁垒，正是习近平总书记经常提及的“关键核心技术”。过去30余年我国的发展历史已经证明，这些关键核心技术是要不来、买不来、讨不来的。广大科技工作者就是要瞄准这些事关人民生活与社会发展进步的重大科技难题，敢于大胆尝试，不断取得突破，持续形成高精尖原创技术，从而填补国内技术空白，打破国外技术垄断封锁，为我国在科技领域实现跨越式发展提供支撑。此外，中国也需要有更多的硬科技企业，树立挑战世界“单项冠军”的目标，秉持精益求精、积极开拓的精神，敢于在关键核心领域下大功夫，挑战世界级难题，助力我国实现世界科技强国的目标。

十年磨剑，精神硬

实现建设成为世界科技强国的目标，就要做好打“持久战”的准备。原创性研究和关键核心技术攻关，都具有周期长、风险高和不确定性大等特点，这要求科研人员必须静下心来，以十年磨一剑的心态和咬定青山不放松的定力，心无旁骛地进行长期攻关，认准方向并持之以恒地去探索。重大原创成果、高质量技术成果的取得，是不可能一蹴而就的。参考 2018 年的国家自然科学奖、技术发明奖和科学技术进步奖这三大奖的获奖项目，从立项到成果发表或应用，科研人员平均要坐 11 年的“冷板凳”，有些项目甚至经历了超过 20 年的攻关和积累。

硬科技的“硬”代表着敢于“死磕”、长期专注、坚守笃行、不断追求极致和卓越的精神。只有具备这种“板凳要坐十年冷”、精益求精和不达目的誓不罢休的精神才能研发出硬科技成果。挖掘和培养具备这种精神的人才，是真正发展硬科技的源泉。创新之道，唯在得人。当今，我国有大量埋头苦干的科研工作者。未来中国的繁荣富强和崛起，更需要尊重和发扬这种硬科技精神，创新引才、用才、留才机制，形成“天下英才聚神州，万类霜天竞自由”的创新局面。

三、硬科技的外延

硬科技作为科学理论的重要组成部分，在帮助认识科学规律、识别关键技术、挖掘科技与经济关系等方面发挥了重要作用。当前，除了硬科技，国外也在开展其他科学理论的研究，提出如“深科技”“黑科技”等科学概念，并在社会上广泛使用。

◎深科技

深科技（deep technology）这一概念最早由西方提出。1995 年 10 月 1 日，作家大卫·罗森博格在《连线》杂志发表了名为《深科技》的文章，他将“深科技”描述为能够促使人类文化朝着与自然界良性互动的方向发展，能拓展人类对自然的认知、实现人与自然共存共生的新技术。2016 年以后，美国波士顿咨询公司又赋予了深科技新的内涵，认为深科技是指建立在独特的、受保护的或难以复制的科学或技术进步基础上的颠覆性解决方案。

2019 年，波士顿咨询公司与 Hello Tomorrow 联合发布的《深科技生态破晓而来》报告，对深科技做出了比较明确的描述：“深科技是指具有高度创新性、相比于当前应用技术存在巨大进步的技术，它需要大量研发才能形成实用的商业价值或用户价值，进而从实验室走向市场。其中，许多深科技着眼于应对重大社会和环境挑战，在未来有望给那些最紧迫的全球性问题提供解决方案。这些技术本身能够创造市场，或能打破现有的产业形态，其基础知识产权难以被模仿，受到高度保护，通常具有很强的竞争优势或技术壁垒。”

从商业角度来看，深科技有三个特征：一是能产生巨大影响；二是需要长期研发才能真正成熟走向市场；三是需要大量的资金投入。目前最为活跃且具有发展前景的七大深科技领域分别为：新材料、人工智能、生物医疗、区块链、机器人与无人驾驶、光电子集成、量子计算。

◎黑科技

黑科技最早源于日本作家贺东招二在1998年创作的小说《全金属狂潮》，原意指非人类研发、凌驾于人类现有科技之上的知识。如今被引申为以人类现有的世界观无法理解的猎奇物。

当前，黑科技一方面指难以实现但可能会在未来实现的概念科技，另一方面也指已经实现但超越绝大多数人认知范畴的高精尖技术及产品。它具有隐形性、突破性、超越性和开拓性特点。这是一种超越人类现有认知和科技水平的、从无到有的新技术，具有很强的保密性，基本不会对外公开。黑科技这一概念从2011年开始流行，近几年被越来越广泛地使用，人们习惯用其来泛指生活中那些让大家感到不可思议的新产品、新技术、新工艺、新材料等。

◎硬科技、深科技和黑科技的关系

硬科技、深科技和黑科技都是对科技发展到一定阶段的阐释，三者关注的都是能推动人类社会进步、促使人类生活方式发生变革的科学技术创新，而非单纯的商业模式创新。三者都体现了科技创新要经过长期的研发投入和持续技术积累，它们在技术的难易程度上有部分重叠，并且随着时间的推移，某一特定技术的概念归类会发生转化。此外，三者也有所区别，各有侧重。

首先，三者形成的背景和内涵不同。硬科技概念是基于过去十多年来的全球发展形势与中国经济现状，在探索新时代科技驱动经济发展规律过程中由中国人提出的一种理论创新。硬科技强调把事关国家发展的关键领域核心技术、知识产权牢牢地掌握在自己手里，将科技创新成果与实体经济紧密联系起来，加快形成先进生产力，构建现代化经济体系，打造国家竞争新优势。它强调一种理念、一种精神。所谓的“硬”，既指技术过硬、实力硬，代表着关键领域核心技术的自主创新，拥有极高的技术壁垒，能代表国家参与国际竞争；又指精神硬、志气硬，代表着一种迎难而上、啃硬骨头的科研工匠精神，意味着敢于挑战科技高峰、争做世界单项冠军、为实现科技强国助力。硬科技的内涵，正是贯彻习总书记所讲的“我们要有自主创新的骨气和志气，加快增强自主创新能力和实力”“要抓住时机，瞄准世界科技前沿，全面提升自主创新能力”等指示的生动体现。

深科技是英语“deep technology”的直译，与西方提出的“深层生态学”（deep ecology）概念相关，起初蕴含了要实现人与自然共存共生的理念，旨在解决人类共同面临的社会和环境问题。后来，波士顿咨询公司不断丰富其内涵，希望通过此概念将全社会的聚焦点从过去十多年社会极为关注的数字化创新，引到信息革命中更深层次的科技创新当中来，从而引导更多的企业研发和资本投入。深科技更多被放在公司层面来讨论，直到最近几年才有相对明确统一的概念，逐步被业界认可。

黑科技则更多蕴含着人类对于改变未来的期望和追求，它是在技术变革基础之上对未来能颠覆人类认知的科技创新的一种憧憬与想象。正是这种梦想般的意识，在转变为强烈的动机后，驱使人们不断创新思考并付诸实践。它体现出一种不一样的创新思维——今天的黑科技可能就会孵化出明天的谷歌、特斯拉等企业。

其次，三者的关注点各有不同。硬科技和深科技两个概念关注的重点领域基本相同，都涵盖了新一轮科技革命背景下事关人类未来发展的关键共性技术，如光电芯片、人工智能、新材料等。但在考虑到特定主体和视角等因素时，两者关注的侧重点有所不同。硬科技结合中国国情，面向世界科技前沿和新一轮科技革命，特别强调打通科技成果转化的“最后一公里”，打造一个从研发到产业化再到商业化的、覆盖众多环节和参与者的全新生态系统。而深科技更多是在新一轮工业和信息革命背景下，着眼于如何应对重大社会和环境挑战，思考科技创新的领域再布局，将来有望为那些最紧迫的全球性问题提供解决方案。

黑科技本身不拘泥于特定领域，其关注无限的科技创新，意在强调技术超出了普通人现有的认知水平，更多代表着人类对于改变未来的追求和想象。黑科技含有通过创新突破来实现人类的某种特定愿望的意思，如利用核聚变技术制造出永不加油或充电的汽车。

最后，三者在技术成熟度上有所不同。可以引入科技金字塔的概念来描述这一点（见图 2－4）。人们平常所说的科技或高科技是相对成熟，并已经广泛应用于日常生活的技术。硬科技和深科技则处于承上启下的中间位置，起到中流砥柱的作用，它们是高科技中的前沿技术，在现有应用技术之上，能在未来的 5～10 年甚至更长一段时间内引领高新产业发展、创造巨大经济效益。黑科技一般仅能提供实验数据及测试设备等，通常需要 20～30 年或者更长时间的技术积累，才能实现商业应用。而科幻则是 50～100 年之后，或者更遥远的未来才有可能实现的一种幻想。

以航空航天领域为例，四旋翼无人机属于高科技范畴，它是近年来发展起来的一种新型无人机，具有速度快、重量轻等优点，已在测绘、监控、物流、农业等领域推广应用；火箭回收技术属于硬科技和深科技范畴，美国科技大佬埃隆·马斯克管理下的美国太空探索技术公司（SpaceX）已经掌握其中的核心技术，中国的一些企业正在开展火箭回收试验，尚未全面掌握和应用；人类登陆火星则属于黑科技范畴，尚处于研究探索阶段，可能还需要数十年的努力才有望实现。

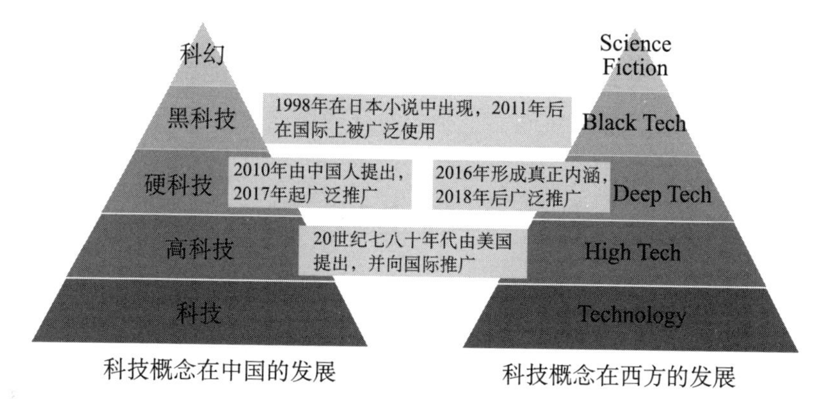

图 2-4 科技金字塔

硬科技、深科技和黑科技这三者不是非此即彼、相互独立的，而是基于不同时期、从不同角度对科技的一种理解和划分，今后随着科技进步和时代变化，三者的内涵和关注范围都会出现动态调整。随着时间的推移，某一特定技术的归类也将会从黑科技变成深科技或硬科技。

四、硬科技的发展和演变

硬科技作为中国原创概念被提出之后，经历了概念萌芽和丰富、推广与快速成长的过程，逐渐由地方原创词上升为国家话语体系。

◎硬科技概念萌芽

目前业界公认的硬科技概念诞生于 2010 年，由中科创星米磊博士提出。作为中国科学院这一中国自然科学最高学术机构的科研工作者，米磊深知中国科学院每年有大量优秀的科研成果，但是这些科研成果并没有很好地转化成生产力，获得具体的工程化应用，国内迫切需要懂技术、有耐心的投资人去更好地衔接科学技术和商业应用，并且能够尊重硬科技企业的发展周期，愿意坚持陪伴其成长，对这种原创技术项目进行长周期培育。于是，他萌生了发展硬科技的想法，立志推动和探索硬科技理念，期望引导社会公众聚焦硬科技成果转化。

2016 年，李克强总理在视察中科院“十二五”科技成果展时，走到中科院西安光机所中科创星展台时，米磊博士向总理解释了硬科技的概念，总理听完表示：“硬科技就是比高科技还要高的技术，这个说法很有趣，我记住了。”

◎硬科技概念的丰富和发展

硬科技的概念经过六年萌芽和孕育，于 2017—2019 年得到广泛推广。硬科技的内涵和实质不断丰富和深化，影响不断扩大。硬科技概念诞生于西安，快速推向全国，从地方政府到国家层面，从资本界到学术界，硬科技已在祖国南北快速流行。北京、深圳、杭州、广州等国家重大战略区域鼓励发展硬科技，吸引了社会和媒体的极大关注。

硬科技辐射各地，引发全国关注和热度

硬科技成为西安追赶超越的新名片。西安围绕打造全球硬科技之都、“一带一路”创新创业之都，高举发展“硬科技”旗帜，出台了《西安市发展硬科技产业十条措施》、《“创业西安”行动计划(2017—2021)》等支持政策，持续加大科技投入力度，加快推进创新创业。“硬科技”连续三年被写入陕西省政府工作报告，报告中要求集中突破一批制约全省发展的关键性技术，激活硬科技创新

力量。

硬科技辐射全国各地。北京于2017年发布了《北京市加快科技创新发展科技服务业的指导意见》，强化面向硬科技的创业孵化服务，建立完善硬科技创业项目发现、筛选、评价、培育和推进机制，促进项目孵化以及成果转化落地。杭州在2018年浙江大学校友创业大赛期间专门设立了硬科技分赛场。深圳2018年主办了中国科学院应用成果展暨中科院硬科技STS双创项目路演活动，集中展示我国在智能制造、医疗健康等领域硬科技的发展成果。

硬科技获得资本市场关注

知名风险投资机构开始越来越多地认可硬科技，关注和投资硬科技。创新工场董事长兼首席执行官李开复认为中国将在硬科技领域领跑全球，将以人工智能为主把资本投向硬科技。IDG资本未来将聚焦5G技术、人工智能、智能制造、自动驾驶技术、基因产业等硬科技投资。真格基金创始人徐小平表示，真格基金未来会在机器人方向做“更有硬科技含量”的投资。北京成立300亿元规模科创母基金，引导社会资本和子基金投向前端的硬技术及原始创新。由北京科技创新基金、三峡资本、实创集团、国投创合、中植资本、中科创星共同出资设立“北京硬科技基金”，以实际行动助力硬科技发展。青岛成立科创基金，将聚焦硬科技，支持新一代信息技术、医药健康、智能制造等领域的高端科技产业化项目。

硬科技吸引国内不同领域竞相开展研究

国内学术界对硬科技的思考越来越多、关注度越来越高，科研机构和企业围绕硬科技的内涵、本质、特性、发展路径等进行研究，发表论文数量逐渐增多，新的研究成果和观点不断涌现。

中科院科技战略咨询研究院 STS 计划立项“硬科技发展战略研究与宣传”，通过加强学术研究，提高学术界对硬科技的认可度，从理论上准确把握硬科技的定义和范围，提高硬科技的品牌影响力。中科院科技战略咨询研究院副院长张凤表示，硬科技应具有引领性、基石性等特点，是能推动产业技术进步、支撑和引领经济社会发展的核心和共性技术，可以是经过长期研发、持续积累形成的原创技术，也可能是某细微领域形成的突破性技术。

阿里云高性能计算负责人何万青认为，国家必须掌握硬科技，例如，芯片、操作系统涉及生死存亡的问题，我们必须要坚定发展，必须啃硬骨头。清华大学长聘教授汪玉、美国犹他大学计算机系终身教授李飞飞等人认为，硬科技尤其需要产学研合作，例如，信息领域一个颠覆性的方向从作为想法到形成一定市场规模需要近 10 年的时间，需要产业和学术界共同育人、共同迭代。

◎硬科技上升为国家话语体系

2018 年 12 月 6 日，李克强总理主持召开的国家科技领导小组第一次会议强调：深化改革更大激发社会创造力，更好发挥科技创新对发展的支撑引领作用。提出“引导企业和社会增加投入，突出‘硬科技’研究，努力取得更多原创成果”。2019 年 11 月，习近平总书记在上海考察调研时，讲到“支持和鼓励硬科技企业上市”，进一步肯定了硬科技理念，并为硬科技的发展指明了方向。硬科技得到了国家领导人的高度关注，官方媒体和智库机构纷纷开始研究硬科技，并呼吁国家领导和社会大众聚焦硬科技，硬科技理念从西部走向全国，上升为国家话语体系。2021 年 1 月 31 日，“硬科技”概念首次被写入中办、国办文件。“十四五”规划在讲到完善企业创新服务体系时强调，要增强科创板的“硬科技”特色。

科创板引燃硬科技投资

2019年科创板的推出把硬科技投资推向了高潮。科创板首批上市的25家企业共涉及7个行业，其中，计算机和电子设备制造业9家，专用设备制造业8家，运输设备制造业3家，信息技术服务业2家，有色金属冶炼业1家，仪器仪表制造业1家，通用设备制造业1家。科创板与硬科技重点涵盖的几大领域方向基本一致，可以说，符合硬科技概念的企业就是满足科创板对其上市企业遴选要求的企业，只有真正的“硬科技企业”才能登上科创板。在此之前，硬科技和制造业属于“重资产”项目，投资门槛高、周期长、投入大的特点使其一直不太受资本的青睐。科创板的推出重燃了资本对硬科技的信心和热情。科创板对科技投资具有很好的导向，让资本更加愿意关注目前研发投入比较大的硬科技企业，因此对硬科技投资和硬科技企业本身都有较大的推动作用。在国产化加速替代的大背景下，科创板所引发的市场热情将在增加企业研发投入、培养专业技术人员、补足运营资金等多方面推动我国硬科技产业的发展。

科技部推进硬科技发展

科技部重视硬科技的发展，科技部部长王志刚多次批示，“高新区要成为硬科技聚集地、发源地，部内相关规划、指南要把硬科技作为重点”“要进一步明确硬科技及科技创新链条中‘硬环节’的内涵”。根据部领导指示，2019年10月16日，科技部火炬中心在京召开硬科技发展工作座谈会，北京市科委、西安科技局、上海张江高新区管委会、西安高新区管委会、国务院发展研究中心、清华大学、中科院科技战略咨询研究院、中科院西安光机所、华为、腾讯等高端智库、研究机构、企业的专家学者齐聚北京，共同研究推进我国硬科技发展。

2020 年 1 月，国务院发展研究中心国际技术经济研究所在京举办第一期“硬科技论坛”，来自政府机构、科研院所、科技企业、金融机构、新闻媒体等单位的专家，就什么是硬科技、硬科技发展面临哪些问题以及如何推动硬科技发展展开热烈讨论。为弘扬“硬科技”新理念、新思想，引导大众全面转向科技创新，研究所组织举办了系列“硬科技论坛”，邀请政、产、学、研等社会各界专家共商硬科技发展大计。

2020 年 12 月，科技部火炬中心批复西安高新区《创建硬科技创新示范区建设规划（2020—2023 年）》，西安高新区正式获批创建全国首个硬科技创新示范区。随后，硬科技创新示范区的发展方向论证在多名院士、众多专家学者及政府领导和工作人员的努力下得到确认。作为全国首个硬科技创新示范区，其对全国科技发展所起到的宏观引领作用在不断增强。硬科技企业社区将逐步成为“硬科技人才最密集、硬科技成果最突出、硬科技企业最集聚、硬科技服务机构最集中、硬科技政策最先行、硬科技品牌最彰显、硬科技形象最直观”的科技创新园区，给全国硬科技发展提供参考样板，为我国经济高质量发展增添助力。

特殊时期，硬科技成为“抗疫利器”

2020 年的新冠肺炎疫情给中国经济带来巨大冲击，人民生活与生命安全受到严重影响。在这严峻的时刻，中科院下属科研机构和广大硬科技企业发挥科技优势，为抗击疫情提供利器，为地方经济复苏贡献力量。

硬科技在新冠病毒检测治疗中发挥了重要作用。中科院针对临床救治的实际需求，围绕“综合诊断”“临床救治”“愈后评价”“心理援助”“溯源追踪”组织科研攻关，研究治疗方案，协助医疗救治，相关工作得到了中央、地方政府、一线医生及患者的充分肯定。中科院研发的新冠病毒核酸快速检测装备、人工智能辅助影像诊断系统、非接触式生命体征监护系统、多参数肺健康监测系统等在武汉抗疫前线得到了应用。硬科技企业参与研制的 CAStem 细胞注射液、化湿败毒颗粒等药物用于一线治疗，研制的新冠病毒灭活疫苗获批开展临床试验，无创呼吸机为肺功能受损患者呼吸“护航”，投影式红外血管成像仪有效解决了医护工作者扎针难题，核酸检测试剂盒、核酸提取试剂、血气分析仪等为全球新冠病毒检测提供支撑，云会诊、移动医院装备为抢救患者提供了诊断和救助平台。

硬科技为疫情下的日常防控保驾护航。红外测温仪、5G 热力成像测温系统等在人流密集场所实现了无接触高效测温，无接触自助机、无人驾驶、语音智能电梯、无人物流等一批“无人技术”成功运用于医疗物资运输和居民生活场景防护，大数据分析系统让人们随时随地获取最新疫情动态、科学防疫知识等各种数据。AR/5G 等人工智能、大数据、物联网技术的广泛应用，助力疫情防控安全、稳定、高效、智能。

硬科技成为疫情下城市治理和经济恢复的硬核力量。“城市超脑计划”为城市管理提供了完整的“人工智能＋”的解决方案，在政务服务、交通、医疗、智慧园区等多个领域大显身手；线上课堂、云会议、智能协同办公成为疫情下教育、工作与生活的新方式。虽然国内经济整体受疫情影响较大，但大部分省份的“新兴产业、高新技术产业”都实现了逆势增长，硬科技成为经济复苏的主要推动力量。

科学技术是社会进步的强大支撑，更是决胜疫情防控不可或缺的“硬核重器”。2020 年 3 月，习近平总书记在北京考察新冠肺炎防控科研攻关工作时强调，人类同疾病较量最有力的武器就是科学技术，人类战胜大灾大疫离不开科学发展和技术创新，他充分肯定了科技在防控疫情、战胜病魔中发挥的作用。在这场没有硝烟的战斗中，硬科技产品扮演了重要角色。2020 年 3 月，《人民日报》官方微博发文介绍了全自动口罩生产机、物资运输无人机、投影式红外血管成像仪等在这次战疫中应用的九项自主研发技术，获网友热评及点赞，话题高居热搜榜前列。随着硬科技的发展与不断应用，硬科技正与人们的生活息息相关，硬科技理念更加深入人心，得到公众和社会的广泛认可。

第三章　硬科技主导全球大变革

科学是一种在历史上起推动作用的、革命的力量。

——卡尔·马克思

一、当今世界处于百年未有之大变局

◎全球经济面临大衰退风险

当前全球经济发展环境发生了巨大变化，单边主义、区域贸易保护主义正严重威胁着世界经济的发展；贸易摩擦的升级和技术封锁的扩大破坏了全球市场开放合作的格局，经济增长的内生动能缺失。此外，2020 年的新冠肺炎疫情叠加上一轮金融危机留下的“后遗症”，让全球经济面临巨大的压力和变数。2008 年金融危机后，全球经济进入低增长时期，发达经济体普遍存在的人口老龄化和生产率增速低迷问题制约了经济增长，“刺激政策”带来的增长动力减弱；此外，新兴经济体劳动生产率和投资增长放缓，结构性改革难以短期见效，经济复苏势头不断削弱。与此同时，全球技术转移红利慢慢消退、贸易摩擦逐步增多、金融风险的外溢性不断增强，以及地缘政治局势复杂化、恐怖主义盛行进一步抑制了全球经济的增长。而为了阻止新冠肺炎病毒的传播，2020 年的大部分时间全球经济活动陷入停滞，企业停工停产，许多国家失业率不断上升，服务业遭受重创。这使早因国际贸易争端而遭受打击的制造业再次承压，各国生产制造规模不断下滑，供应链中断，全球贸易和投资遭受重创。

鉴于疫情持续蔓延，以及对应疫苗进入市场较慢，世界经济面临的严峻形势世所罕见。2020 年 4 月联合国秘书长安东尼奥·古特雷斯警告说，这场新冠肺炎疫情是二战以来世界面临的最大挑战，它可能会引发一场“近代历史上无可比拟的”经济衰退。根据联合国的报告，此次疫情可能在全球造成多达 2 500 万个工作岗位流失，全球外国直接投资量将面临最高 40%的“下行压力”。越来越多的国家和国际机构下调经济增速预期。2020 年，英国 GDP 下滑 9.9%，美国 GPD 下滑 3.5%。包括发达经济体、新兴经济体和发展中国家在内的世界上 90%的经济体陷入衰退。国际货币基金组织预计 2020 年和 2021 年全球 GDP 因疫情危机而累计损失约 9 万亿美元，超过日本和德国经济的总和。全球贸易下降幅度，远远高于经济增长的下降幅度。2020 年英国经济增速是－9.9%，是英国 300 年以来最严重的经济衰退。美联储、摩根士丹利、标准普尔对美国及全球经济情况的预测，比国际货币基金组织更悲观。

◎国际政治格局和秩序动荡

当今世界已进入深度调整期，地缘政治引起的冲突此起彼伏，民粹主义与民族主义日益抬头，逆全球化现象显现。具体来说，美国单边主义、法国“黄背心”运动、中美贸易摩擦、英国脱欧等乱象丛生，世界格局和秩序正在发生一系列深刻变化。

随着新兴市场国家和发展中国家的群体性崛起，世界格局已经由西方主导逐步转变为东西方平衡，多极化深入发展。中国、俄罗斯、印度等已成为重要的多极力量，以美日欧为代表的西方世界的整体实力出现相对衰落，对世界事务的主导能力下降。全球治理体系正在由欧美发达国家主导的传统格局，向发达国家与新兴国家联手共治的新格局转变。可以看到，包括发展中国家在内的G20（二十国集团）作用日益突出，金砖国家机制、上海合作组织等非西方国家主导的国际机制正在产生重大影响。东盟、非盟等地区合作机制的作用不断增强，也在推升新兴经济体和发展中国家的整体国际影响。

大国博弈日益加剧，致使国际秩序动荡，全球治理格局面临变革。当今世界保护主义和民粹主义逆流涌动，强权政治和霸凌行径四处横行。美国在特朗普政府领导时期将“美国优先”奉为圭臬，大搞单边主义和保护主义。一方面，美国把中国和俄罗斯明确为战略竞争对手，以贸易战为前奏，展开对中国产业升级、经济提质和国力增量的战略阻击，中美关系严重倒退；同时，美俄关系在新冷战轨道上渐行渐远，美国退出《中程导弹条约》，体现了强化军事优势的战略意图。另一方面，美国与盟国关系发生了深刻的变化。在重大国际问题上，美国与盟国裂隙扩大，相互关系跌入二战以来最低点。在西方，国家利益至上，减少对美国的依赖日益成为主导盟国关系的核心因素，美国盟国正试图走上战略自主道路。美国先后退出《跨太平洋伙伴关系协定》、《巴黎气候协定》、联合国教科文组织、伊核协议、万国邮政联盟等多个国际组织和协议，严重破坏了现行国际规则，试图以不平等的双边关系取代现有国际政治经济秩序。在贸易问题上，特朗普政府以“国家安全”为由，推行贸易霸凌主义，挑起贸易争端，致使以 WTO 为核心的全球贸易治理机制陷入困难的境地。在公共卫生安全领域，美国无视世界卫生组织在抗击疫情中的贡献，宣布停止会费资助。在其他重大国际问题上，美国置现行国际规则于不顾，以牺牲别国和世界整体利益为代价，拓展自身利益，变成了一个利益索取者。

二、全球科技竞争日趋激烈

◎新一轮科技革命不断孕育

进入 21 世纪以来，全球科技创新进入空前密集的活跃期，新一轮科技革命和产业变革正在重构全球创新版图、重塑全球经济结构。以人工智能、量子信息、移动通信、物联网、区块链为代表的新一代信息技术加速突破应用，以合成生物学、基因编辑、脑科学、再生医学等为代表的生命科学领域孕育着新的变革，融合机器人、数字化、新材料的先进制造技术正在加速推进制造业向智能化、服务化、绿色化转型，以清洁、高效、可持续为目标的能源技术加速发展将引发全球能源变革，空间和海洋技术正在拓展人类生存发展新疆域。

综观当前全球科技发展情况，从技术成熟度和系统性来看，以人工智能、5G 通信技术、光电芯片技术、大数据等为代表的智能化技术已经成熟，这些技术最有可能率先推动人类社会变革，驱动人类进入“智能时代”。智慧工业、智慧医疗、智慧农业、智慧金融、智慧城市将深入人们的生活和工作。未来机器人会取代很大一批人力，人类大脑甚至可能与机器结合实现超脑，人工智能将解放人类的双手甚至大脑。

全球科技创新力量的天平悄然发生倾斜，创新主体开始从发达国家向发展中国家转移。与以往几次科技革命由大西洋两岸国家唱主角不同，在新一轮科技革命和产业变革中，虽然美国仍然扮演着领导者角色，但以中国、印度等为代表的新兴国家占据越来越重要的地位，在一些重要领域跻身技术引领之列。比如，在人工智能领域，中国涌现出一批领先科研成果和全球主导企业；印度的软件制造、生物技术、新材料技术等高新技术在全球位居前列。此外，老牌强国俄罗斯则在武器装备、飞机制造、核产业方面始终保有优势。从 2001 年到 2018 年，美国研发投入占全球比重由 37％下降到 25％，以美国为代表的发达国家在科技创新上的领先优势正逐渐缩小；中国、印度、巴西、俄罗斯等新兴经济体已成为科技创新的活化地带，在全球科技创新“蛋糕”中所占份额持续增长，对世界科技创新的贡献率也在快速上升。全球创新中心由欧美向亚太、由大西洋向太平洋扩散的趋势明显。未来 20 至 30 年内，北美、东亚、欧盟三个世界科技中心将鼎足而立，主导全球创新格局。

伴随着新兴国家参与新一轮科技革命的角逐，当今世界科技竞争愈演愈烈。新兴市场通过科技发展带动产业升级，实现综合实力的跨越式提升，又将对发展中国家产生示范效应，展现技术叠加人力的成本优势，释放发展的巨大能量。发达国家则希望凭借固有优势巩固其领先地位，一方面加大自身在新兴技术研发上的支持力度，另一方面为将多数发展中国家遏制在产业链低端，采用了诸多“不堪入目”的科技竞争手段——从干扰正常的科技交流，到利用非法手段打击竞争对手，再到直接动用国家机器封杀企业与个人，威吓其他国家切断企业之间正常的合作等。这让竞争越来越超越科技本身，非正当的手段越来越突破底线。但这也越发体现出谁能抢占科技高地，谁就有可能站在产业变革的前沿，占领全球价值链的高地，从而在未来的竞争中赢得先机。

◎科技变革支撑了全球经济发展周期变迁

科技是驱动经济发展的核心力量。自科技革命出现以来，科技变革不断支撑、引领着经济发展的进程。根据康波理论，商品经济存在着为期 50～60 年的周期性波动特征，且这种波动（复苏—繁荣—衰退—萧条）与技术创新周期存在高度重合。在每个周期里，前 10～15 年是复苏期，一些重大技术不断孕育并初步应用，推动经济从上一轮经济周期中走出并开始复苏；接下来是 20 年的繁荣期，新技术被大规模推广采用，支撑经济快速发展；随后进入 5～10 年的衰退期，技术基本完成在全球的转移和扩散，它对于整体经济的支撑作用逐渐减弱，经济增速明显放缓；最后是 5～10 年的萧条期，这一轮技术红利消失殆尽，经济缺乏新增长动力，导致经济大萧条。经济伴随着技术的扩散，经历“复苏—繁荣—衰退—萧条”的周期性变化，同时，在新的技术不断出现和扩散的情况下，全球经济呈现总体增长趋势。其中，在原有技术红利消退、新的技术红利尚未培育起来前，全球经济增长会处于一个短暂的缓慢增长或者停滞期。

自工业革命出现以来，全球已经历四轮完整的康波周期，每一轮周期的起始或者结束都以一项突破性的技术作为标志。第一次康波周期是 1783—1842 年（长达 59 年），这个时期正是作为第一次科技革命成果的蒸汽机在纺织业广泛应用和推广的阶段，推动第一次产业变革发生。第二次康波周期是 1842—1896 年（长达 54 年），这个时期的特征是第一次科技革命成果在钢铁和铁路领域广泛应用推广，推动第二次产业变革的发生。第三次康波周期是 1896—1949 年（长达 53 年），这个时期的特征是作为第二次科技革命成果的电能和内燃机广泛应用和推广，推动第三次产业革命发生。第四次康波周期是1949—2004年（长达55年），这个时期正处于第三次科技革命技术成果——信息技术的推广和应用阶段，推动第四次产业革命的发生。

当前，全球经济处于新一轮的康波周期中。中信建投首席经济学家周金涛认为，1982—1990年是回升期；1991—2004年为繁荣期；2004—2015年是衰退期；2015年之后就进入了本轮康波周期的萧条期，房地产转跌，“互联网+”的热潮退去，全球资产价格全面回落。从实际发展来看，当前全球经济发展状况与康波周期基本吻合。时至今日，全球经济整体处于萧条状态，增速呈现下滑趋势。第三次科技革命带来的技术红利在全球范围内已扩散完毕。从2004年开始到2016年，随着英特尔宣布延长CPU发布周期，闻名世界的摩尔定律濒临失效。人类迫切需要寻找新的技术红利，并将催生第四次科技革命。世界经济论坛创始人、执行主席施瓦布教授在他的著作《第四次工业革命：转型的力量》中提到第四次工业革命正以前所未有的态势向我们席卷而来，它发展速度之快、范围之广、程度之深丝毫不逊于前三次工业革命。它将数字技术、物理技术、生物技术有机融合在一起，迸发出强大的力量，影响着我们的经济和社会，必将驱动世界经济进入新一轮增长周期。

◎科技变革影响着大国兴衰和全球格局变迁

大国崛起与科技发展密切相关。纵观人类历史，世界每隔百年便有新的大国崛起，国际政治格局也随之发生重大变化。这其中，科技一次次成为大国崛起的驱动力量，从18世纪的英国成为“日不落帝国”，到19世纪末20世纪初的德国、美国以及日本的快速发展，再到20世纪后期美国超级强国地位的确立，都是在科技革命的大浪潮中发展起来的。科技的持续发展，支撑了这些国家经济实力的强大及其大国地位的保持。可以说，大国的兴衰史就是一部科技史。科技进步和大国兴衰相互交替，共同演绎了世界发展的交响曲。

18世纪60年代，英国开始从第一次科技革命中崛起。在这之前的大航海时代，荷兰、西班牙、葡萄牙等因较早掌握了航海技术，从全球获得了源源不断的原材料和大量的白银，国家财富积累几近巅峰。然而，这些靠殖民掠夺起家的国家在经历纸醉金迷的短暂繁华之后，一夜之间轰然衰落。其原因在于：常年热衷于殖民贸易，导致了本土产业的空心化，曾作为其国民经济支柱的手工业、养殖业、冶炼业百业俱废，最终一蹶不振，颓势难掩。大量的商人醉心于挣快钱和不劳而获，却忽视了发展的原动力是科技这一实质。最后，当英国工业革命的蒸汽机隆隆响动的时候，这些昔日的大国无奈地沦为历史的配角。英国在从事对外贸易上非常理性，尤其注重资本投入在科技和贸易上的分配权衡。经历了文艺复兴、科技革命之后，英国步履坚实地开始了第一次工业革命。搭载着瓦特蒸汽机带来的动力，英国国内纺纱、煤炭开采、钢铁冶炼、铁路运输、船舰建造等现代工业快速发展起来，英国成为了当时世界上最强大的“日不落帝国”，号称“世界工厂”，称霸世界达半个世纪之久。依靠硬科技，英国在不到一百年的时间里就改变了国际格局。

19世纪70年代第二次科技革命发生期间，德国、美国、日本相继崛起。第二次科技革命首先在德国爆发，并推动德国迅速崛起。电动机、内燃机、大功率直流发电机、汽车、合成染料、合成氨等科技在德国诞生，为德国带来了赶超强国的强大动力。紧随而来的是美国，它以极大的热情拥抱电气革命的到来，科学研究和技术发明以更大规模和更有组织的方式广泛开展，研究创新成果较快得到应用，大大提高了劳动生产率。到 19 世纪末，美国经济总量跃居世界首位，跻身强国行列。日本在二战结束后大量引进国外先进技术，再结合本国特点进行改进，迅速建立起了以钢铁为中心的工业体系和电子、化学、汽车等新兴产业集群。正是因为日本注重制造业研发，在汽车制造、精密加工、新型材料、消费电子、精密仪器、数控机床等科技为主导的工业体系中处于世界领先地位，所以日本在 1968 年经济总量超越德国跃居世界第二。

20 世纪 50 年代，美国抓住第三次工业革命的机遇巩固了其世界第一强国的地位。20 世纪的新四大发明——原子能、半导体、计算机、激光器全部诞生在美国，而这些硬科技构成了第三次工业革命——信息化革命的基础。硅谷，是全球最前沿技术创新所在地，也是靠以芯片为代表的高科技起家的。1939 年，在半导体技术的积累下，惠普公司成立；1971 年，英特尔微处理器诞生；1976 年，苹果个人电脑问世；1990 年，思科联网路由器让全球互联成为现实。在激光、光纤、计算机等硬科技要素打好信息化时代的基石后，谷歌互联网搜索、Facebook 互联网社交才相继登上历史舞台。科技创新的硅谷也给美国带来巨大的财富，助推美国稳居世界第一强国之位。

回溯以上历史，我们可以清楚地看到科技创新与大国崛起之间的紧密关系。科技的进步带动了国家的产业发展，加速了经济结构变化和生产力的提高，壮大了国家的政治、经济和军事实力，提高了其国际地位和话语权。它可以使一个国家在相当程度上摆脱地缘及资源禀赋方面的不足：即便是一个国土狭小、资源短缺的国家，如果科技力量雄厚，并且具有使科技成果迅速转化为生产力的制度基础，仍然能够在一定时间内，通过国家力量体系中“质”的优势，崛起为世界大国。日本科学史学家汤浅光朝通过对科技重大发明的统计分析发现：世界科学中心在不断转移，每次转移周期大约为 80 年，由 16 世纪的意大利先后转移到 17 世纪的英国、18 世纪的法国、19 世纪的德国、20 世纪的美国。这一转移过程与大国崛起的过程相一致。

◎硬科技将主导新一轮全球变革

当今世界正面临百年未有之大变局。未来 10～20 年将是世界经济新旧动能转换的关键时期，也是国际格局和力量对比加速演变的关键时期，更是全球治理体系深刻重塑的时期。科技创新将成为影响和改变未来世界发展格局的关键力量。新一轮科技革命孕育兴起之际，以光电芯片、人工智能、生物技术、信息技术、新能源、新材料等领域的关键技术为代表的硬科技正在加速突破应用，它具有极大的冲击力，将主导全球新一轮变革，颠覆现有产业结构和组织方式，重塑一个国家的竞争力，重构人们的生活、学习和思维方式。世界主要国家纷纷加大对硬科技的投资研发和战略布局，大国间科技竞争将更趋激烈。

硬科技将突破世界经济面临的供给侧约束，推动世界经济进入新一轮长周期的上升阶段。当前世界经济增长仍然乏力，其根本原因主要是在供给侧还没有产生类似蒸汽机、电力和信息技术等具有引领性、基石性的新技术，不能广泛促进全要素生产率提高和资本深化，推动经济增长。随着以新一代信息技术和人工智能为核心的新一轮科技革命实现突破，世界经济面临的供给侧约束将得到根本缓解，数字化和智能化技术的大规模运用将带来深刻变化，推动新一轮世界经济增长。企业方面，将有机会参与更大范围的国际贸易，提高资本使用效率，并面临更多同行竞争以提高创新动力；居民方面，将有机会提高劳动生产率，并得到更多消费者福利；政府方面，将有机会提高公共服务能力，并对社会需求更好地做出回应。

硬科技将重塑全球产业链结构布局。20 世纪末和 21 世纪初这一轮全球化，给发展中国家提供了利用低要素成本承接国际产业转移、加快实现工业化的机遇。未来，随着新一轮科技革命深入推进，这种状况将发生显著变化：一方面，新材料、智能制造、3D 打印和网络协作等全新的生产方式和生产工序，将导致价值链不同环节的要素投入比例日益趋同，数字化、智能化设备和技术成为决定各环节成本的主要因素，劳动力在生产中的地位大幅下降并很容易被机器取代，发达国家的劳动力成本劣势弱化乃至消失，技术创新优势凸显，不少价值链环节特别是加工组装环节很可能加速回流发达国家。另一方面，个性化、定制化需求成为主流。能否贴近市场进行快速回应，设计出符合当地特色的产品和服务，将成为决定企业成败的关键。市场潜力大的国家和地区将对价值链的研发、设计、销售等环节产生强大吸引力。技术和市场将取代成本，成为价值链布局的决定性因素。拥有技术优势和市场优势的经济体将在吸引价值链布局方面掌握更多主动权。

硬科技将导致国家竞争力格局再次发生深刻变化，科技发展水平高低将会拉大国家间的实力鸿沟。尽管进入 21 世纪后发达经济体与发展中国家的经济实力差距逐渐缩小，但在新一轮科技革命的关键领域，发达经济体仍牢牢掌握技术优势、资金优势和规则优势，新一代网络和传输技术打通了各种界限和壁垒，实现了人、网、物三者融合，科技创新周期越来越快。围绕新一轮革命的关键技术之争将愈演愈烈，预计经过本轮争夺，国际权力金字塔将重构，掌握了人工智能、先进制造和生物技术等硬科技的国家会高居顶端；在科技竞争中落伍的国家，未来在国际权力结构中将处于极为被动的地位，落后者基本没有赶超机会。

总之，科技作为推动经济发展和国家崛起的第一因素，正在成为各国谋求在新的世界格局中占据有利地位的重要砝码。经济的崛起及大国地位持久的保持，主要依靠科技；而且每 80～100 年的时间，全球格局将会随着科技革命的发展进行重新调整。新一轮科技革命到来之际，也是大国抢占历史机遇的关键时期。谁能抢滩此次科技革命，谁就能领先站在世界之巅。

硬科技聚焦新一轮科技革命中的核心关键技术，注重科技成果转化，让科技真正转化为生产力，推动国家发展壮大。世界各国纷纷围绕硬科技开展战略布局。新兴市场和发展中国家希望通过发展硬科技带动产业升级，实现跨越式发展，提升其综合实力。发达国家则希望巩固其领先地位，因而加大了对新兴技术的研发和支持力度。科技能力已经成为衡量一个国家综合实力的重要指标，更上升为大国竞争的主战场。

第四章　中国崛起靠硬科技驱动

科学技术是第一生产力。

——邓小平

科学技术是第一生产力，是国家硬实力的关键所在，是大国竞争的制高点。17 世纪以来，英国凭借牛顿的经典力学理论与瓦特的蒸汽机发明成为世界科技中心。之后，西门子发明直流电发电机，爱因斯坦提出相对论，普朗克奠定量子力学，德国成为 19 世纪末 20 世纪初的头号科技强国。二战前后，爱因斯坦移民美国、世界首颗原子弹在美国爆炸、贝尔实验室的肖克利研究小组成功研制出晶体管，这种种都使美国取代德国成为世界科技中心并保持至今。

日本科学史学家汤浅光朝提出的关于世界科技中心转移的学说被称为“汤浅现象”。他提出，当一个国家的科学成果数量占世界科学成果总量的 25%时，这个国家就可以称为世界科学中心，并依此将历史上的世界科学中心转移分为 5 个阶段：意大利（1540—

1610 年）、英国（1660—1730 年）、法国（1770—1830 年）、德国（1810—1920 年）、美国（1920 年之后），平均维持时间为 80 年。按照这一预判，2000 年前后美国的世界科技中心地位将受到新兴势力的挑战，挑战者正是中国。

一、中国处于转型发展的关键时期

经济学家、哈佛商学院教授迈克尔·波特认为，世界上有较强竞争力的经济体大致要经历四个发展阶段：生产要素导向阶段、投资导向阶段、创新导向阶段和财富导向阶段。新中国成立以来，我国经济相继经历生产要素导向、投资导向两个发展阶段，但随着我国经济发展由高速增长向高质量发展转变，投资导向发展模式已经适应不了我国经济发展的新需求，需要依靠技术创新来支撑我国经济可持续进步，推动我国步入创新导向阶段，实现经济从“富起来”走向“强起来”。

◎过去 40 多年，投资驱动下我国经济发展成绩显著

过去 40 多年，我国经济发展取得了举世瞩目的成就：经济总量增长了 34 倍，年均增长 9.5%；制造业从占全球比重的 1%增长到 25%，我国成为世界第一制造大国；全球 500 强企业数量从 1996 年的 2 家增长至 2019 年的 129 家。过去 40 多年，我国经济在规模上取得了巨大成就，但在一定程度上还存在“大而不强”的现象。对中美两国市值最大的 10 家企业进行对比：美国以高科技公司为主，如苹果、谷歌、微软、亚马逊等；中国以提供生产要素（资金、原材料、能源等）的企业为主，如工商银行、建设银行、中石油、中国平安等，这与中国强调投资拉动、强调规模有关。

过去40多年，投资导向对中国经济增长作用显著，成为中国经济发展的主要驱动因素，对GDP年均贡献率为38.3%，2000年达到51.91%，即使是2017年44.4%的贡献率依然高出印度近13个百分点，成为推动中国经济增长最重要的驱动引擎。中国依赖投资需求拉动经济发展的模式不可持续，未来中国经济要保持中高速增长，根本上要依靠创新驱动，推动高质量发展。

◎生产要素和投资驱动阶段，我国经济增长后劲不足

改革开放以来，我国经济实现了快速发展。在经济较为落后的阶段，固定资产的投资、劳动力人口的增加能够在短时间内促进我国经济高速增长。但是随着我国经济发展达到一定体量，人口红利、投资等要素投入对推动经济增长的作用越来越小，我国产业升级乏力、增长率逐年降低，面临巨大的发展压力。第一，经济快速发展带来实体经济供需结构性失衡。一方面，低端产能面临着严重过剩；另一方面，高端供给难以满足需求。第二是金融和实体经济失衡，金融脱离实体经济自我循环，存在较大的金融风险。第三是房地产和实体经济失衡。一方面，高房价产生的泡沫经济对实体经济形成了挤压，资金进一步脱实向虚，产生挤出效应，间接抬高实体经济融资成本；另一方面，高房价抬高了实体经济经营成本。

从世界各国经济发展的规律来看，在工业化初中期阶段，实现经济增长主要依靠资本、劳动力以及资源。这种仅仅依靠生产要素投入的增长模式，很快就面临“规模报酬递减”的瓶颈，同样的投资规模只能换来越来越低的经济增长率，以至于最终经济不再增长或增长的幅度较小。在投资边际效应降低的情况下，还要按照投资驱动模式保持经济的中高速增长，就需要更大量的生产要素投入，而这背后对应的是高杠杆，系统性金融风险较大。2017年国际清

算银行的数据显示，中国公司债务为 GDP 的 1.6 倍，而同期美国企业债务仅为 GDP 的 2/3 左右。

采用柯布-道格拉斯生产函数模型分析我国经济增长规律，依靠生产要素驱动已呈“边际收益递减”态势。以投资驱动为例，2010—2018 年，我国固定资产投资总额持续增加，从 2010 年的 24 万亿元增长到 2018 年的 63.56 万亿元，但固定资产投资对于 GDP 增长的贡献比例从 2010 年的 7.1％下降至 2018 年的 2.2％，呈边际收益递减态势。同时，固定资产投入的增加并没有推动我国经济增长率的相应提升，自 2010 年以来我国 GDP 增长率逐年递减，从 2010 年的 10.64％降至 2018 年的 6.6％。

因此，不少经济学家认为，靠投资拉动经济是寅吃卯粮。未来要保持经济的持续健康发展，必须改变发展方式。

◎技术创新驱动能够促进我国经济可持续增长

国际经验表明，一个地区科技创新成果转移转化能力强，会对提升区域经济发展质量和效益产生巨大且持续的推动力。遵循并把握科技创新规律和市场经济规律，首要任务是提高科技创新成果转移转化能力。20 世纪 50 年代，美国经济学家罗伯特·索洛提出经济增长“索洛模型”，论证了技术进步对于经济可持续增长的作用。索洛在经济增长中引入了“技术进步乘数”，认为技术进步是推动经济增长的源泉，并且经济产出与技术进步的平方成正比，技术进步能够推动经济呈指数型增长。该理论为我国经济发展提供了重要的指引，未来我国经济的可持续增长需要依靠技术创新。

索洛模型同样也适用于解释技术创新与模式创新对于经济增长的作用（见图 4-1）。技术创新在起步阶段的前 5～10 年，投入和回报率成反比，甚至还要经历亏损，“十分耕耘，一分收获”。在技术的研发和成长期，科技回报的增长是低于线性增长的，然而一旦过了拐点，就是指数型增长，并能够迅速成为支撑经济的支柱。而依靠投资驱动的模式创新则相反，其增长会出现边际递减现象，对经济所起的支撑作用越来越弱。

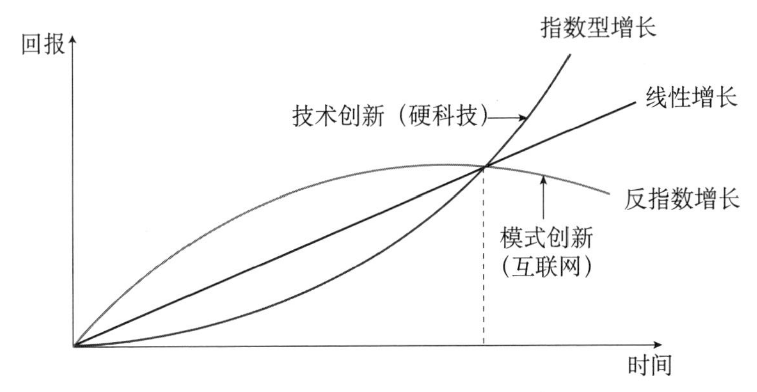

图 4－1　技术创新与模式创新增长模型

我国经济已由高速增长阶段转向高质量发展阶段，经济增长方式也正在由传统的要素驱动、投资驱动转向创新驱动。科技创新已成为经济结构调整和持续健康发展的决定性力量，许多国家都将创新提升到国家发展的战略核心层面。并且，科技创新成为驱动经济发展的主要动力，也是国家进入国际创新发展序列的重要表现。首先，从技术进步对经济增长的贡献程度来看，发达国家一般已经达到70％～80％。其次，新型创新创业人才、研发机构和科研基地、风险型和创业型投资等创新要素的高度集中，也是创新驱动经济发展方式的衡量准则。目前，我国在这两方面与发达国家尚有差距，需要释放创新活力，构建创新体系，提高科技创新成果转化效率，转向以创新驱动为主的经济发展方式。

◎我国需要向创新导向阶段迈进

习近平总书记在欧美同学会成立 100 周年大会上指出："创新是一个民族进步的灵魂，是一个国家兴旺发达的不竭源泉，也是中华民族最鲜明的民族禀赋。在激烈的国际竞争中，惟创新者进，惟创新者强，惟创新者胜。"

当前，我们迎来了世界新一轮科技革命和产业变革同我国转变发展方式的历史性交汇期。我国原有的经济增长机制和发展模式矛盾凸显，原有发展优势逐渐消失，需要向新的发展阶段迈进。一方面，主要依靠资源、资本、劳动力等要素投入支撑经济增长和规模扩张的方式已不可持续；另一方面，我国发展日益面临着动力转换、方式转变、结构调整的繁重任务和紧迫压力，发挥科技创新的支撑引领作用正当其时。创新知识和技术可以作为传统生产要素的补充，甚至替代传统要素，达到"规模报酬递增"的效果，推动经济增长的"驱动轮"持续滚动，突破传统增长模式的"天花板"。例如，新加坡曾经是亚洲的一个弱小穷国，但通过几十年大力发展高新技术产业和建设国际化大都市，发展水平已经跃居世界前列，成为 2019 年世界经济论坛排行榜上全球最具竞争力的经济体。

从理论上分析，根据波特国家经济发展四阶段理论（见图 4-2），可以判断我国经济发展的下一阶段必然是、也必须是创新导向阶段，否则我国将与巴西、南非、马来西亚、泰国等国家一样陷入中等收入陷阱。科技创新将作为经济增长的主动力，驱动我国经济快速发展，推动我国经济结构调整和产业升级，顺利实现高速增长向高质量增长的转变。

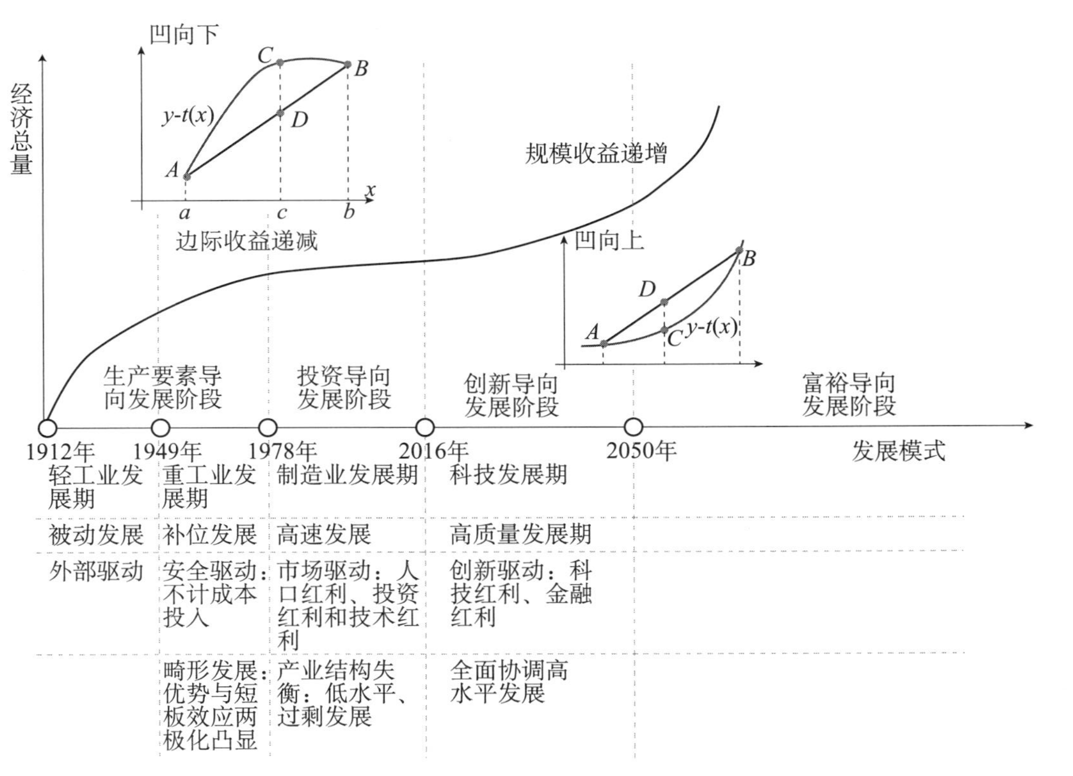

图4－2　波特发展理论模型下的我国经济发展路径

二、硬科技助力创新驱动发展

当今世界，国际经济合作和竞争局面正在发生深刻变化，全球经济治理体系和规则面临着重大调整，新一轮科技革命和产业变革的机遇与冲突并存交错。在这样的时空背景下，我国将用30年左右的时间，推进从全面建成小康社会到基本实现现代化、再到全面建成社会主义现代化强国的伟大事业。建设现代化强国需要各方面共同努力才能实现。发展硬科技，掌握核心技术，促进产业转型升级，是实现这一目标的重要手段，因为只有把核心技术掌握在自己手中，才能真正掌握竞争和发展的主动权，才能真正自主可控地实现国家的战略目标。

◎硬科技促进国家战略实施

面对错综复杂的世界竞争格局，国家实施创新驱动发展战略，并于2016年印发纲领性顶层设计文件《国家创新驱动发展战略纲要》，提出三步走战略目标：第一步，到2020年进入创新型国家行列；第二步，到2030年跻身创新型国家前列；第三步，到2050年建成世界科技创新强国。加快建设创新型国家，准确把握全球科技创新发展态势，在与国外同处一条起跑线的前沿引领技术、现代工程技术、颠覆性技术领域集中攻关，实现突破，很有可能实现从跟跑并跑到并跑领跑的位势转变，成为世界单项冠军，实现科技强国梦想，这正是硬科技的发展本质。大力发展硬科技，真正掌握关键核心技术，掌握竞争和发展的主动权，才能有效支撑实施创新驱动发展战略和建设世界科技强国的伟大目标。

从全球视野来看，全球科技创新进入空前密集活跃的时期，新一轮科技革命和产业变革正在重构全球创新版图、重塑全球经济结构。谁能找到科技创新的突破口，谁就能抢占未来经济发展的先机。在贸易保护主义抬头、全球经济增长乏力的不利环境中，经济增长对科技创新的依赖作用日益凸显，世界各国都把科技创新作为推动经济发展的重要战略举措，纷纷围绕以5G为代表的信息技术、人工智能、智能制造、航空航天、生物医药、生命信息等硬科技领域进行战略布局，抢占发展制高点。我国在重大科技领域的瓶颈有待突破，关键领域核心技术受制于人的格局没有从根本上改变，科技基础仍然薄弱，科技创新能力特别是原创能力与国际先进水平相比还有较大差距。我们国家要实现“两个一百年”奋斗目标、实现中华民族伟大复兴的中国梦，必须攻坚克难，自主创新，发展硬科技和培育硬科技产业，提高硬科技核心技术和核心零部件的自主研发和自主供给能力，使硬科技成为推动我国经济高质量发展的强大动力。

◎硬科技助推区域产业结构调整

区域经济高质量发展是我国经济高质量发展的重要支撑，创新驱动对推动区域经济高质量发展具有至关重要的作用。

区域内生产要素的排列组合决定着该区域的经济结构，而强调自主创新的硬科技，首先可以通过核心技术革新重组原有产品中生产要素的比例和结构，优化配置和合理利用资源，从而优化区域内生产要素比例，改变产品生产方式，催生出新产品和新产业，带动新的消费和就业，从而实现对区域内产业结构调整的带动，助推经济结构转型升级。其次，硬科技能极大促进区域竞争力提升。区域内的硬科技企业不仅能带动其他企业寻求自主创新的新突破，而且为了保持其在行业和区域内的竞争性地位，会持续加大创新投入和产出。这些点状分布的硬科技企业，其创新性和竞争力上升到区域这一宏观层面，就表现为强有力的区域创造力和竞争力。最后，科技创新特别是硬科技的扩散效应能促进区域内外的经济增长。科技创新不仅能够带动本区域内的技术进步，其扩散效应还会延伸至整个集群及区域内外，从而提升区域内及相邻区域的产出水平。

◎硬科技助力区域经济发展

从全球卫星灯光图和跨城出行轨迹图看，城市群已经成为世界经济重心转移的重要承载体，决定着未来世界政治经济发展的格局。世界级城市群随着开放型经济快速发展，东京湾区、纽约湾区、旧金山湾区和大伦敦都市区等世界级城市群大都是所在国家的金融中心、工业中心、创新中心，拥有充满活力的产学研创新体系和包容失败的创新文化。世界级城市群的发展经验表明，高质量发展的城市群能够优化区域发展格局，带动整体经济高质量发展。

京津冀、长三角、粤港澳大湾区三大城市群作为中国最重要的经济区域，引领着国内高水平城市群建设，肩负着打造世界级城市群的重要使命。三大城市群作为国家发展的重要引擎，均在科技、人才、资本为核心的新经济发展要素上持续发力，呈现出具备全球竞争力的自主研发和自主创新能力。

各区域、各城市群、各核心城市大力进行科技创新，强调掌握关键核心的硬科技对区域产业和经济产生辐射带动作用，推动相关产业转型升级，打造区域乃至国家经济高质量发展新的增长极。例如，北京、上海这样的具有全球影响力的科技创新中心，雄安新区和粤港澳大湾区国际科技创新中心，上海张江、北京怀柔、安徽合肥、广东深圳综合性国家科学中心，这些国家科技创新基地和重大科技基础设施逐步构建起重大创新的新格局，成为区域经济转型升级的策源地和发展引擎，是我国在交叉前沿领域的创新能力源头和科技综合实力的承载平台，代表我国在更高水平上参与全球科技竞争与合作。

三、中国硬科技发展正当时

面对当前世界百年未有之大变局，每一个更迭的临界点对于中国而言都意味着极大的机遇和挑战。中国要抢滩此次历史性的交汇期，关键就在硬科技。习近平总书记指出，“在这个阶段，要突破自身发展瓶颈、解决深层次矛盾和问题，根本出路就在于创新，关键要靠科技力量”，“科学技术从来没有像今天这样深刻影响着国家前途命运，从来没有像今天这样深刻影响着人民生活福祉”。党的十八大以来，我国做出了实施创新驱动发展战略和建设世界科技强国的重大战略部署，国家创新格局基本形成，我们已经走出一条战略强、人才强、科技强、产业强、经济强、国家强的中国特色发展路径，全国各领域上下同欲共话科技，共谋发展。当今的中国，发展硬科技正当时。

◎科技创新上升到前所未有的战略高度

中国发展进入新时代，我国科学探索在各个尺度上向纵深拓展，经济和科研实力增强。党的十八大明确提出“科技创新是提高社会生产力和综合国力的战略支撑，必须摆在国家发展全局的核心位置。要坚持走中国特色自主创新道路、实施创新驱动发展战略”。在这一战略的指导下，我国形成了以科技创新为国家发展核心、以科技创新强国为目标、科技与经济融合发展的科技战略。科技创新前所未有地上升为国家战略，肩负起中华民族伟大复兴的历史使命。

新时代，我们在科技创新的战略部署上，紧紧围绕经济竞争力提升的核心关键、社会发展的紧迫需求、国家安全面临的重大挑战，采取差异化策略和非对称路径，强化重点领域和关键环节的任务部署。在战略实施上，一方面聚焦于激发创新主体活力，深化体制机制改革，确立企业主导研发创新的体制；另一方面，聚焦于创新驱动发展的核心瓶颈和关键环节，强化科技成果转移转化，相继修订和颁布了《中华人民共和国促进科技成果转化法》《实施〈中华人民共和国促进科技成果转化法〉若干规定》《促进科技成果转移转化行动方案》科技成果转化"三部曲"，将科技成果转化上升到顶层设计层面，从修订法律、出台配套细则到部署具体任务，科技成果转化工作拥有了指引和依据。这些措施旨在释放科研强大的内在动力。科技成果转移转化将作为创新驱动发展战略任务的核心手段，支撑创新驱动战略落地和实施。2015 年，为适应新的改革形势和发展要求，中科院调整办院方针，确定了"三个面向""四个率先"，即"面向世界科技前沿，面向国家重大需求，面向国民经济主战场""率先实现科学技术跨越发展，率先建成国家创新人才高地，率先建成国家高水平科技智库，率先建设国际一流科研机构"。中科院新时期的办院方针，树立了科技发展要全面支撑我国创新型国家建设的风向标。

在创新驱动战略的推动下，这一阶段我国取得了众多举世瞩目的成就：我国超级计算机连续 10 次蝉联世界之冠，采用国产芯片的"神威·太湖之光"获得高性能计算应用最高奖"戈登·贝尔"奖；载人航天和探月工程取得"天宫""神舟""嫦娥"

“长征”系列重要成果，北斗导航进入组网新时代；载人深潜、深地探测、国产航母、大型先进压水堆和高温气冷堆核电、天然气水合物勘查开发、纳米催化、金属纳米结构材料等正在进入世界先进行列。我国科技逐渐从“跟跑”走向了部分“并跑”和局部“领跑”。

新时代，我国科技创新不再只是作为国民经济发展的手段和动力，而是与经济发展融为一体。未来我国的经济是创新驱动的科技型经济，硬科技作为第一生产力，将在创新驱动战略中真正得到体现。

◎我国科研水平整体提升，科技实力显著增强

新中国成立以来，随着我国科研投入逐渐增加，我国科研水平呈现整体高速增长，从新中国成立初期科研体系的“积贫积弱”，到改革开放后实施科教兴国战略，科技体制改革深入推进，一系列重大科技计划出台，产学研结合不断强化，科技领域投入持续增加，带动创新产出不断跨入大国行列。我国逐渐形成五位一体、全链条的研发体系，为硬科技的全面发展提供了强大支撑。从基础研究和应用基础研究，到面向国家重大需求的战略高技术研究，一批重大科技项目和工程带动了一系列产业从无到有、从有到优，有力推动经济发展实现质量变革、效率变革、动力变革，显著增强了我国经济的质量优势。

研发投入方面，我国全社会研发投入从1995年的400亿元左右，以每年近20%的速度逐年增长（见图4-3）。2006年以来，我国的研发经费支出相继超过了韩国、英国、法国、德国和日本，位居全球第二。2019年我国研发经费高达2.17万亿元，已超过排名第三的日本两倍多，《2018年国民经济和社会发展统计公报》显

示，在研发投入曲线中，只有美国可以和中国并行；法国、德国、日本、英国和韩国等的研发投入曲线趋于水平，中国的曲线则一路向上。在研发支出强度方面，1995 年我国研发支出强度仅为 0.5%，而 2019 年这一数值上升至 2.23%，已超过英国、加拿大等国家，居于世界第八位，达到中等发达国家水平，但与美、日、德、韩相比仍有一定的差距。

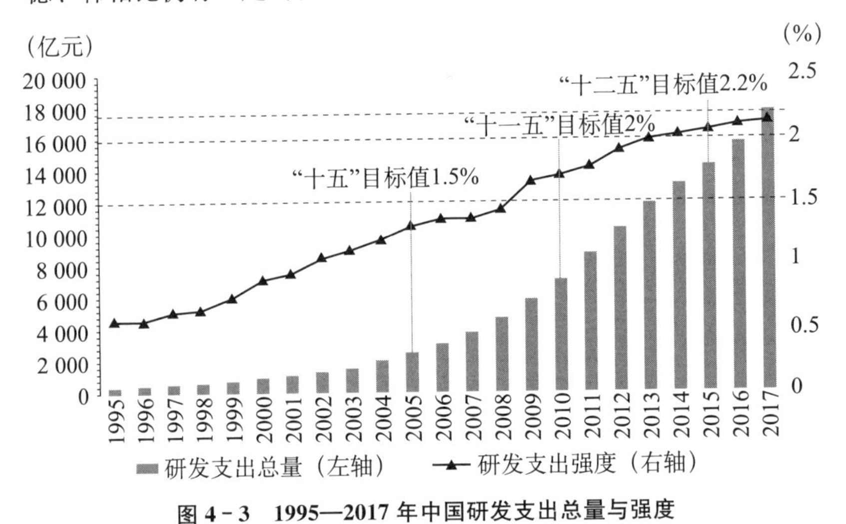

图 4-3 1995—2017 年中国研发支出总量与强度

资料来源：大连理工大学管理与经济学部《2018 中国研发经费报告》。

科研体系建设方面，我国逐渐形成涵盖国家自然科学基金、国家科技重大专项、国家重点研发计划、技术创新引导专项、基地和人才专项的五位一体研发体系，搭建起涵盖基础研发、重大战略技术和产品、产业能力提升、转移转化、人才建设等的全链条研发体系。我国科研载体立体布局迅速完成，逐渐建立起涵盖国家实验室、综合性国家科学中心、全国科创中心的科研载体体系，形成"2（两个科创中心）+4（综合科学中心，未来还会增加）+N（国家实验室）"的由点到面、由区域到全国的立体化格局。综合性国家科学中心是国家科技领域竞争的重要平台，是我国构建世界级重大科技基础设施集群、肩负国家重大科技任务、发起大科学计划、实现重大原创突破和关键核心技术攻关、带动国家和区域创新发展的辐射中心。目前，上海张江、安徽合肥、北京怀柔、广东深圳四个综合性国家科学中心已获批建设。全国科创中心是我国创新驱动发展和创新型国家建设的先行区和重要支撑，将集聚我国最丰厚的科技创新资源，践行更多依靠创新驱动、更多发挥先发优势的引领型发展，持续创造新的经济增长点，为把我国建设成为世界科技强国、实现“两个一百年”奋斗目标提供强大动力，将代表国家在全球范围内开展竞争，在全球价值链中发挥价值增值功能并占据领导和支配地位。

科研成果产出方面，数据显示，2009—2019 年（截至 2019 年 10 月），中国科技人员共发表国际论文 260.64 万篇，继续排在世界第 2 位；论文共被引用 2 845.23 万次，排在世界第 2 位。按美国自然科学基金会的统计数据，中国科学论文数量已经超过美国。2017 年我国主要科技指标和世界排名见表 4－1。2019 年中国国家知识产权局共受理了 140.1 万件发明专利申请，我国（不含港澳台）发明专利拥有量共计 186.2 万件。同时，我国高质量创新成果及新技术、新模式、新业态不断涌现。我国化学、材料、物理等学科居世界前列，铁基超导材料保持国际最高转变温度；量子反常霍尔效应、多光子纠缠研究世界领先；中微子振荡、干细胞、利用体细胞克隆猕猴等取得重要原创性突破；“悟空”、“墨子”、“慧眼”、碳卫星等系列科学实验卫星成功发射；散裂中子源、500 米口径球面射电望远镜、上海光源、全超导托卡马克核聚变装置等重大科研基础设施为我国开展世界级科学研究奠定了重要的物质技术基础。

表 4-1　中国 2017 年主要科技指标和世界排名

序号	指标	中国	全球	中国占比（%）	世界排名
1	人员（万人）	375.9	1 061.4	35.4	1
2	科技期刊论文（万篇）	42.6	229.6	18.6	1
3	SCI（万篇）	32.4	189.6	17.1	2
4	EI（万篇）	22.6	68.31	33.1	1
5	经费（亿美元）	2 285.5	16 679.8	13.7	2
6	论文被引（万次）	1 934.9	—	—	2
7	专利申请（万件）	124.6	294.6	42.3	1
8	PCT 专利（万件）	4.9	24.4	20	2
9	高科技出口（亿美元）	4 960（2016 年）	21 460（2014 年）	—	1
10	国家创新指数	69.8	—	—	17
11	世界 500 强企业（个）	115	500	23	2
12	世界 500 强品牌（个）	37	500	7.4	5

资料来源：华景时代《中国科技发展进入了新的阶段》。

◎金融助推科技成效显著

在科技创新中，硬科技是骨头，实体经济是肌肉，虚拟经济是脂肪，金融是血液。金融是促进科技高速发展的助推器，是助力科技走向产业的重要支撑力量。从世界科技发展史来看，每一次科技革命的诞生和推进都伴随着金融领域的变革。当代，可以说哪个国家率先建立契合此次科技革命的金融体系，哪个国家就能够率先完成这次科技革命和产业变革，在新一轮世界格局调整中占据有利地位。而目前我国缺乏向硬科技精准输送血液的“毛细血管”对接机制，存在金融资金大水漫灌问题。在当前硬科技发展的关键时期，更需要把金融血液输送到各个关键环节，以支持骨骼与肌肉的健康生长。

随着我国科技创新能力逐步提高，我国初步建立了直接融资与间接融资构成的完整体系，组建了多层次的资本市场，成立了一批服务于科技创新的专业化金融机构，形成了具有突破性的金融模式，金融对科技创新的支撑作用越来越强。

从金融对科技的总投入来看，全国财政科技支出从 2006 年的 1 688.5 亿元，增长到 2019 年的 10 717.4 亿元，整体增长了 5 倍。2000 年至 2016 年，中国研发支出增长超过 20 倍，年均复合增速达到 21.3%；同期美国研发支出增长不到 2 倍，年均复合增速仅为 4.1%。按照 2010 年以来中美研发国内支出的复合增速测算，到 2024 年前后中国在研发方面的整体资金投入将超越美国，成为世界第一。从研发强度（研发支出/GDP）来看，2016 年研发支出排名靠前国家的研发强度普遍维持在 3%左右，其中韩国（4.24%）、日本（3.14%）、德国（2.94%）、美国（2.74%）位居前列。中国 2016 年研发强度达到 2.12%，相较于 2000 年 0.89%的强度水平明显提升，目前已经接近法国（2.25%）并且超过英国（1.69%）等发达国家，与美国等发达国家的差距不断缩小。

从金融服务科技市场的建设来看，我国密集进行支持创新的金融安排，优化金融服务，形成了体量庞大的间接融资市场，以及日渐强大的直接融资市场，基本建立了“科技金融生态”。我国间接融资市场主要由各类银行构成，为科技企业获得发展资金提供了强大的助力。《2018 年中国银行业服务报告》显示，截至 2018 年年底，银行业各项贷款余额 140.6 万亿元，其中小微企业贷款余额达 33.49 万亿元，弥补了科技型小微企业的资金缺口。同时，我国积极进行间接融资机制创新，在深圳、南宁、成都、上海等地成立 160 余家科技支行，探索金融支持科技的新路径。

我国直接融资市场主要由股权融资市场构成。2018 年，我国直接融资总额为 2.4 万亿元，其中股权投资市场新募集 1.3 万亿元以上资金，新产生 1 万余起投资案例，目前资本管理量约为 10 万亿元，为众多初创型企业提供了有效支持。2018 年，我国中小板、创业板、新三板和区域性股权交易市场融资额规模超过 6 000 亿元。科创板 2019 年 7 月在上海证券交易所设立并试点注册制，开市首周交易额就突破了 1 400 亿元。除此之外，我国还设立了国家集成电路产业投资基金、先进制造产业投资基金、国家新兴产业创业投资引导基金等各类国家和地方支持科技发展的基金。同时通过税收、金融等政策的支持引导，实施科技企业税费减免，切实减轻了科技企业负担。我国逐渐开始构建科技金融生态，推动金融创新与科技创新实现相互融通。

◎科技人才体量雄厚，人才红利爆发优势

习近平提出，“人才是创新的根基，创新驱动实质上是人才驱动，谁拥有一流的创新人才，谁就拥有了科技创新的优势和主导权”。我国坚持创新驱动实质是人才驱动，始终强调人才是创新的第一资源，不断改善人才发展环境。我国人才引领创新发展的作用显著增强，创新人才在总量和质量上取得突破，硬科技发展已经具备了储备充足、实力雄厚的人才体系基础。

进入 21 世纪以来，我国对人才战略的重视逐步提升，先后出台了一系列战略、规划、政策和计划，协同推进创新型人才工作。“科教兴国”“人才强国”“创新驱动发展”三大战略激发科技人才活力，培养造就了一大批具有全球视野和国际水平的科技人才。从人才规模总量看，根据国家统计局发布的《新中国成立 70 周年经济社会发展成就报告》，2018 年我国科技创新人才总量按折合全时工作量计算的全国研发人员总量为 419 万人年，是 1991 年的 6.2 倍，已连续 6 年稳居世界第一位。我国引才规模较大。《中国人力资源发展报告（2017）》显示，引进的这些人才专家在量子通信、

铁基超导等领域取得了一大批突破性科研成果。我国的人才计划极大地支持了高端创新型人才的科研和创新创业工作。图 4 - 4 显示了我国 2010 年至 2017 年试验发展人才、应用研究人才和基础研究人才数量的增长状况。

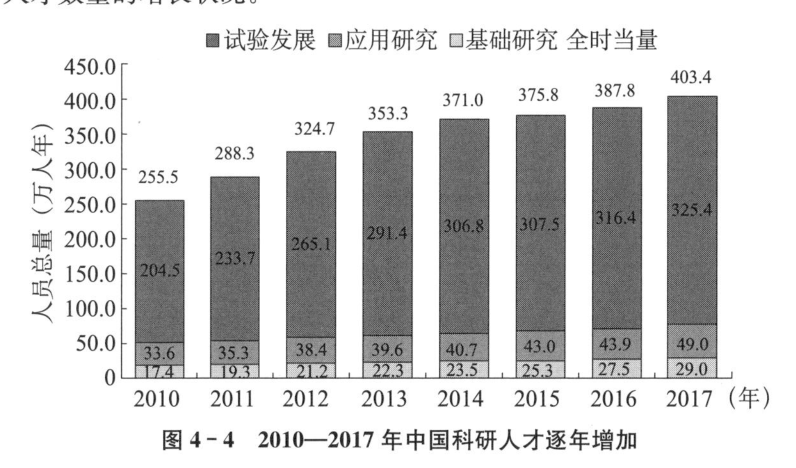

图 4 - 4　2010—2017 年中国科研人才逐年增加

同时，我国科技人才结构和学科分布也日趋完善。国家科学事业发展、科研活动开展离不开一支强大的科学家与工程师队伍。2014 年自然科学与工程学学士学位获得人数排名靠前的国家与地区分别为中国（145 万人）、欧盟 8 国（57 万人）、美国（38 万人）、日本（12 万人）、韩国（11 万人），中国排名世界第一。我国专业技术人才队伍蓬勃发展，截至 2015 年年底，全国专业技术人才总量达 7 328.1 万人，比 2010 年增加 1 778 万人，增幅达 32%，高、中、初级比例为 11∶36∶53，人才整体素质不断提高，人才结构不断优化。我国的人才优势也更多、更好地转化为了创新发展优势，屠呦呦研究员获得诺贝尔生理学或医学奖，王贻芳研究员获得基础物理学突破奖，潘建伟团队的多自由度量子隐形传态研究位列 2015 年度国际物理学十大突破榜首，我国科技人才在全球人才和创新版图中的地位大大提升。

◎科技成果转化体系日趋完善

总体来看，我国发展硬科技已经具备坚实的基础。在一系列高瞻远瞩的科技创新战略指引下，我国经济实力跃居世界第二，国际影响力日渐提升，产业发展日新月异，一大批中高端企业走在了世界前列。我国科技事业密集发力、加速跨越，实现了历史性、整体性、格局性重大变化，重大创新成果竞相涌现。科技创新得到的金融支撑日渐有力，居世界前列的科研投入与日渐完整的金融市场，为科技创新注入源源不断的动力。我国打造出世界最大规模的科技人才队伍，他们肩负起历史赋予的重任，不断发挥“排头兵”作用，引领科技发展方向。

科技发展的最终目的是满足国家的需要，只有科技真正转化为生产力，才能够推动整个人类的进步和变革。虽然我国科研与经济实力雄厚，但我国科技与经济之间存在“死亡之谷”（见图 4－5），我国硬科技发展面临转化的“肠梗阻”，成熟转化体系的缺失造成我国大量科技成果停留在“实验室”。由于对转化重视程度不足，以及人才、金融等缺失，硬科技发展多是点上的进步，无法取得质的突破，我国科技潜力远远没有得到释放。

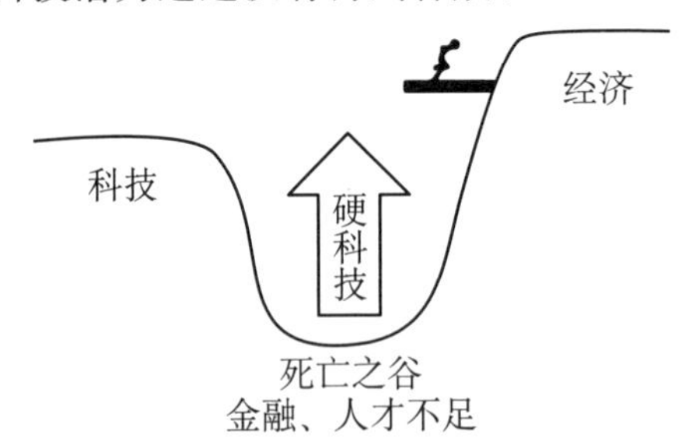

图 4－5　硬科技能够填平科技与经济之间的“死亡之谷”

在这个时代，发展硬科技就是聚焦核心关键技术，并让科技真正转化为生产力，服务于我国的各项需要。在这个时代，发展硬科技要关注科技成果转化这一环节，呼吁国家搭建成熟的科技成果转化体系，助力科技与经济高效对接，实现创新驱动发展。重视硬科技，发展硬科技，把硬科技作为主攻方向，在创新体制机制、促进产业集聚、实施精准金融支持、加强人才队伍建设、营造硬科技氛围等方面探索路径，应成为当代中国长期关注的话题。

第二篇

科技篇

第五章　硬科技之信息技术

真正的问题并不是智能机器能否产生情感，而是机器是否能够在没有情感基础的前提下产生智能。

——马文·明斯基（人工智能之父）

信息技术自 19 世纪 40 年代诞生以来，持续推动社会向电子化、信息化、数据化和智能化全面转变。第三次科技革命推动人类科技和文明实现巨大飞跃，全球由此迎来信息大爆炸和数字化时代。信息、新材料、生物、新能源和海洋等诸多领域的前沿技术均呈现出一系列重大突破和进展，不仅带来人类社会经济、政治、文化领域的革新，也影响了人类生活方式和思维方式的转变。信息技术成为推动整个社会前行的不可或缺的底层力量，尤其是社会在经历互联网时代和移动互联网时代的洗礼后，以 5G、大数据、人工智能和工业互联网为依托，逐渐向万物互联时代迈进，自动化、数字化和智能化程度不断攀上新的高峰。掌握最前沿的信息技术已成为国家间竞争角逐的第一目标。而信息技术的快速更新和深入应用，也为新一轮科技革命的加速推进铺平道路。随着信息技术的不断发展，光刻机、5G 技术、人工智能等硬科技对整个信息数字技术的重要性愈发显现。

一、光刻机

◎综述

光刻技术是使微电子和纳米电子器件在过去半个世纪中不断微缩的基础技术之一，光刻制造是晶圆制造最关键、最复杂和时间占比最高的环节。

受通信、计算机等行业不断增长的需求影响，半导体市场持续向好发展。据全球半导体贸易统计组织（WSTS）估算，2020 年全球半导体市场规模达到 4 259 亿美元，比 2019 年增长 3.3%。据国际半导体产业协会（SEMI）2021 年 4 月公布的数据，2020 年全球半导体生产设备的销售达到了 712 亿美元，较 2019 年的 598 亿美元增加 114 亿美元，同比增长 19%。随着 AI、5G 应用的不断扩展，终端设备的需求不断提高，光刻机在半导体行业中的重要地位还将不断攀升。

目前，全球光刻机已由荷兰 ASML、日本尼康和佳能公司完全垄断。据芯思想研究院（ChipInsights）数据，2020 年上述三家公司半导体用光刻机出货 413 台，较 2019 年的 359 台增加 54 台，涨幅为 15%。其中，ASML 公司出货 258 台，占比 62.47%；尼康公司出货 33 台，占比 7.99%；佳能公司出货 122 台，占比 29.54%。

光刻技术的原理是在硅片表面覆盖一层具有高度光敏感性光刻胶，再使光线（紫外光、深紫外光或极紫外光）透过掩膜照射在硅片表面。此时，被光线照射到的光刻胶会发生化学反应。此后，用特定显影液洗去光刻胶，即实现了电路图从掩膜到硅片的转移。一般的光刻工艺要经历气相成底膜、旋转涂胶、软烘、对准与曝光、曝光后烘培、显影、坚膜烘培、显影检查八个工序，其占晶圆制造耗时的40%～50%。据估算，光刻机约占晶圆制造设备投资额的23%，再加上光刻工艺步骤中的光刻胶、光刻气体、光罩（光掩膜版）、涂胶显影设备等诸多配套设施和材料投资，整个光刻工艺占芯片成本的30%左右。

区别于晶圆制造其他工艺，光刻机组件及配套设施复杂，形成了自身的产业链概念。光刻机的制造研发并不是某一个企业能够单独完成的，光刻作为晶圆制造过程中最复杂、最重要的步骤，主要体现在光刻产业链高端复杂，需要很多顶尖的企业相互配合才可以完成。光刻产业链主要体现为两点：一是作为光刻核心设备的光刻机组件复杂，包括光源、镜头、激光器、工作台等在内的组件技术往往只被全球少数几家公司掌握；二是与光刻机配套的光刻胶、光刻气体、光罩（光掩膜版）等半导体材料和涂胶显影设备同样拥有较高的科技含量。

伴随着工艺与设备的双重突破，光刻设备成为推动摩尔定律的核心设备。截至本书成书，光刻机已经历经五代发展。随着制程精度提升，光刻机复杂程度提高，ASML（阿斯麦尔）公司贯通光刻产业链，完全垄断了10纳米以下的工艺。以ASML的EUV（极紫外）光刻机为例，7纳米制程的EUV光刻机内部共有10万个零件，重达180吨，包含硅片输运分系统、硅片平台分系统、掩膜版输运分系统、系统测量与校正分系统、成像分系统、光源分系统等13个系统，90%的关键设备来自外国而非荷兰本国。ASML作为整机公司，实质上只负责光刻机设计与各模块集成，需要全面精的上游产业链作为坚实的支撑。纵观ASML的5 000多个供应商，其中与产品相关的供应商提供直接用于生产光刻系统的材料、设备、零部件和工具，此类别包括 790 家供应商，采购和运营支出占 ASML 总开支的 66%。

在 10 纳米节点以下，ASML 稳稳占据 100%的市场，佳能和尼康等同业竞争对手已无力追赶。如果芯片制造商想要生产 10 纳米节点以下的芯片，必须得有 ASML 供应的 EUV 光刻机及相应的支持服务。

◎近年重要趋势

受疫情和芯片供应短缺影响，美国、日本希望推动半导体产业链回流，以改变半导体制造“空心化”的局面，拟加大对半导体行业的投资，其中包括对半导体生产设备进行投资、吸引先进半导体制造商前往建厂。同时，半导体厂商展开新一轮的并购以增强自身实力。作为先进芯片制造中必不可缺的设备，光刻机的需求势必保持长期的增长。

2020 年，受新冠肺炎疫情影响，美国国防部认识到国防产业供应链的脆弱，开始制定一项“微电子回流战略”，旨在通过公私合作等方式，将微电子制造、组装和测试产业从亚洲转移至美国，以解除对微电子产品供应链安全的担忧。2020 年 5 月，美国白宫与英特尔、台积电进行谈判，成功说服这两家公司在美国本土新建芯片制造厂。2021 年 2 月，美国总统拜登签署一项行政命令，要求美国政府对半导体芯片、电动汽车大容量电池、稀土矿产和药品四种关键产品的供应链进行为期 100 天的审查。2021 年 4 月，美国拜登政府公布了一项 2 万亿美元的基础设施投资计划，涉及芯片供应链的投资规模达到 500 亿美元。2021 年 4 月，美国白宫召开线上峰会以商讨如何应对芯片短缺的困境，与会者包括三星、英特尔、台积电和谷歌等公司。拜登称，加强美国半导体产业和供应链韧性是美国两党的共识，已有 23 名参议员和 42 名众议员来信支持美国的《为芯片生产创造有益的激励措施法案》（CHIPS），以应对中国等其他国家的快速发展，消除美国在研发和制造方面的局限性。芯片短缺的现状虽与美国供应链对亚洲的依赖并不直接相关，却掀起了一轮有关芯片制造回流美国的广泛讨论，并赢得美国国会内部对于深度投资美国本土半导体制造环节的有力支持。

2020 年 4 月，日本政府召开经济增长战略会议，针对全球半导体供应不足问题，讨论国内投资支持措施，以确保国内稳定供应。日本拥有全球最多的半导体工厂，但生产的一大半都是用途广泛的产品，没有附加价值高的尖端半导体制造能力。政府对逾六成国内半导体需求依赖进口的现状表示担忧。日本官房长官加藤胜信表示，“将促进研发和投资，力图构筑切实的供应体制”。4 月，美日两国首脑召开会议，确认建立分散型供应链的重要性，讨论了构建生产基地不偏重于地缘政治风险高的中国台湾和与美国对立加深的中国大陆等特定地区的体制。

2020 年起，全球半导体企业迎来并购热潮，半导体企业通过并购壮大自身实力以应对激烈竞争。2020 年，美国英伟达公司（NVIDIA）宣布将斥资 400 亿美元收购英国 ARM 公司；模拟芯片企业亚德诺半导体公司（Analog Devices Inc.，ADI）宣布以 210 亿美元全股票收购另一大模拟芯片公司美信（Maxim Integrated）；AMD 公司宣布以 350 亿美元全股票收购全球最大的现场可编程门阵列独立供应商赛灵思（Xilinx），以扩大其日益增长的数据中心业务；美满电子科技公司（Marvell）宣布将以 100 亿美元收购 Inphi 公司；韩国 SK 海力士公司（SK Hynix）宣布将以 90 亿美元收购英特尔 NAND 存储芯片业务。随着车载芯片、消费电子等行业需求不断增长，半导体制造设备的需求也将持续攀升。

◎近年重大进展

韩国三星电子公司推出全球首款采用极紫外光刻技术制造的动态随机存取存储器。2020 年 3 月，韩国三星电子公司推出全球首款采用极紫外光刻（EUV）技术制造的动态随机存取存储器（DRAM）。此前，由于 EUV 技术复杂、价格高昂，厂商更多将其用于制造处理器芯片。借助 EUV 技术，三星公司将可制造晶体管密度更高、能耗更低的存储芯片，并提高制造精度、缩短开发时间。三星公司表示，将在未来所有的 DRAM 芯片中使用 10 纳米光刻技术。

中科院上海光机所取得光刻机关键图形筛选技术新进展。2020 年 7 月，中国科学院上海光学精密机械研究所（简称“上海光机所”）在计算光刻技术研究中取得进展。关键图形筛选技术是决定光源掩膜优化技术（SMO——主要计算光刻技术之一）速度与效果的关键技术。中科院上海光机所信息光学与光电技术实验室提出了一种 SMO 关键图形筛选技术，并联合中科院微电子所研究团队，利用国际主流商用计算光刻软件进行了仿真验证，结果表明该技术优于国际同类技术水平。部分研究工作已发表在《光学快报》《光学学报》刊物。

欧洲微电子研究中心和荷兰 ASML 公司有望合作开发出 1 纳米光刻机。2020 年 12 月，在欧洲微电子研究中心（IMEC）举办的一次论坛活动上，IMEC 首席执行官兼总裁 Luc Van den hove 表示，在与荷兰 ASML 公司的合作下，更加先进的光刻机已经取得了进展。IMEC 宣布了 3 纳米及以下光刻工艺的技术细节，并表明 ASML 公司已经明确了 3 纳米、2 纳米、1.5 纳米、1 纳米甚至 1

纳米以下的芯片制程技术路线图。而日本、美国等国的许多半导体公司出于成本考虑，已经停止了光刻工艺小型化的研究。IMEC 和 ASML 的合作或将进一步推动超精细芯片制程的研发，延续“摩尔定律”。

◎我国现状、面临的挑战和建议

国际半导体产业协会（SEMI）公布的数据显示，2020 年全球半导体生产设备的销售达到了 712 亿美元，较 2019 年的 598 亿美元增加 114 亿美元，同比增长 19%。中国大陆市场的设备销售额比上年增长 39%，达到 187.2 亿美元。由 5G 的普及和新冠肺炎疫情导致的居家办公需求，半导体代工企业的投资旺盛。

我国在光刻机方面的技术积累和人才储备相对不足，虽无法制造高端光刻机，但可以制造一些低、中端的光刻机。

2008 年起，我国开始重视光刻机的研发。为推动我国集成电路制造产业的发展，国家决定实施科技重大专项“极大规模集成电路制造装备及成套工艺”项目（又称“02 专项”）。在该项目下，我国研究团队一路攻坚克难，国产首套 90 纳米高端光刻机已经研制成功。2019 年 4 月，武汉光电国家研究中心甘棕松团队通过 2 束激光，在自研的光刻胶上，突破光束衍射极限的限制，并使用远场光学的办法，光刻出最小 9 纳米线宽的线段。该成果一举实现光刻机材料、软件和零部件的三大国产化。2020 年 6 月，上海微电子设备有限公司透露将在 2021—2022 年交付首台国产 28 纳米工艺浸没式光刻机。这意味着国产光刻机工艺从以前的 90 纳米一举突破到 28 纳米。

虽然国产 28 纳米光刻机与已面世的 5 纳米顶尖制程存在较大差距，但常见的射频芯片、蓝牙芯片、功放芯片、路由器上的芯片、各种电器的驱动芯片等非核心逻辑芯片，仍采用28～90纳米工艺。

在光刻工艺进入28纳米以下制程之后的较长一段时间里，16纳米和14纳米制程的成本一度高于28纳米，与摩尔定律的运行规律相反，这也使得28纳米制程工艺极具性价比。在实际应用中，28纳米光刻机不仅能用来生产28纳米芯片，更有望通过多重曝光的方式生产14纳米、10纳米、7纳米芯片。尽管我国自主光刻机与外国先进水平仍有不小代差，但未来可期。

对我国光刻机及半导体设备的发展建议如下：

一是把握半导体产业扩展的最佳时机。当前，全球半导体产业正在发生以5G、物联网为标志的第三次大转移，为我国半导体产业崛起提供了机遇。产业转移叠加安全需求，半导体国产化趋势明确。我国电子行业仍大规模依赖美国技术，尤其是中上游对外依赖度高，半导体材料与设备国产化率平均不足20%。尤其是芯片、射频器件和FPGA（现场可编程门阵列）等核心元器件，仍面临着美国的大规模垄断。随着摩尔定律逐渐无以为继，通过快速技术升级提升半导体供应能力的路线难以走通，全球对半导体的需求却随着人工智能、5G等新一代技术加速部署，以及数据中心的扩张而快速增长，半导体行业供需关系出现倒挂，未来半导体产业的地位越发关键，对半导体的投资也将迎来黄金时刻。此外，技术更迭的速度逐步加快，在对半导体加大投资的过程中，须对产业前景做好预判，防止出现半导体行业成果出现后赛道被抛弃的局面。

二是发挥体制优势，建立协同的投资和发展模式。我国拥有“集中力量办大事”的体制优势，在市场经济条件下，也应发挥社会资本的重要作用，坚持国家资本和社会资本双管齐下投资产业发展。就国内未来半导体市场规模而言，在半导体领域的投资不会面临产品无人购买的状况，但前提是投资领域需为科技水平领先的技术。相对于国家资本而言，社会资本对行业具有天然的亲和性，更贴近行业现状，对动向的洞悉更敏锐，也更容易实现技术突破。利用国家大基金等资本的带动作用，引导社会资本深入半导体产业，布局先进技术，更能推动产业整体进步。对于光刻机等技术要求高、研发投入大的领域，可以由国家推动，仿照荷兰 ASML 公司构建产业同盟。即以最先进的半导体技术为目标，以实用为导向，拉拢最优质、对技术应用最了解的客户，与世界领先的供应商合作，通过利益共同体的模式带动产业发展。这就要求我国在专注核心技术的前提下坚持全球范围内的开放合作，通过对整个产业链的开放合作降低技术研发和应用成本，促进技术快速迭代升级。

三是坚持人才托举。我国半导体人才培养应坚持以人为本，参照世界半导体行业发达地区的人才从业模式，创造最适合、最能吸引人才的工作和生活环境，对中国籍、华裔和外国人才一视同仁，向欧洲、日本等国家和地区的人才敞开国门，鼓励国内外人才以各种形式投身我国半导体行业建设，发挥人才的溢出效应。对人才引进不能只是刻板地引入，更要尝试“外放”式人才引进，只要人才为我所用，可通过海外研究基地等模式挖掘人才，并将国内人才送至海外基地培养，坚持引进与培养“两条腿走路”。

四是避免闭门造车式创新。日本尼康公司在与荷兰 ASML 公司的竞争中失败的一个重要原因，是尼康坚持自产自研的发展模式；不论是光刻机中的零件，还是关键技术，尼康都希望通过自主研发获得完全掌控。ASML 则背靠荷兰飞利浦，以欧洲精密机床和仪器为基础，以美国先进技术为核心，与台积电等制造公司紧密合作，坚持互利共赢、开放合作的发展模式。在半导体这个对技术要求苛刻、资金需求巨大的行业内，闭门造车式创新不仅成本过重，而且后继乏力，更难以形成正向的产业循环，我国应引以为戒。

二、5G技术

◎综述

商业消费和工业需求对高性能移动网络的追求推动了移动通信技术的更新换代。从第一代移动通信技术（1G）到第四代移动通信技术（4G），主要是以人为中心，满足人们随时随地语音通话与上网的需求。然而，4G网络已经无法满足移动互联网及物联网快速发展的需求。为应对未来移动互联网及物联网发展带来的移动数据流量的爆发式增长、海量的终端连接、终端的多样化及不断出现的新应用场景，第五代移动通信技术（5G）应运而生。5G将以人为中心的通信扩展到同时以人和物为中心的通信，从消费型互联网转向生产型互联网，为社会的生活与生产方式带来巨大变革。①

自2019年4月韩国率先实现5G商用以来，各国竞相扩大5G商用规模、完善5G建设。截至2020年12月，全球5G用户数量达到2.29亿，5G商用网络数量达到近180个。5G技术将促进工业互联网、远程医疗、智慧城市、自动驾驶等领域的应用落地，赋能行业，带来万物互联的新局面，改善人类生产生活。

瑞典爱立信公司预测，到2025年年底，全球5G签约用户将突破28亿。届时5G将覆盖全球近65%的人口，45%的数据流量将由5G网络承载。根据德勤公司发布的《5G重塑产业白皮书》，

① 艾瑞咨询．未来已来——2019年5G行业研究报告．2020-01-02.

2020—2035年间全球5G产业链投资额预期将达到4万亿美元，其中中国约占30%；与此同时，由5G驱动的全球产业应用将创造超过12万亿美元的销售额。未来，5G将与多个行业深度融合，与全球多个产业链协同创造更高价值。美国麦肯锡咨询公司预测，2030年前全球5G网络建设投资额将高达7 000亿～9 000亿美元，中低频5G网络将覆盖全球80%的人口（约70亿人）。

◎近年重要趋势

为满足不断增长的需求，各国加大了对5G技术的投入，推动技术持续进步。此外，5G开放架构引发各国对通信安全的关注，各国纷纷提出5G安全措施。

5G商用规模不断扩大，5G发展不断完善

2020年3月，日本三大电信运营商相继推出了5G商用服务，标志着日本正式进入5G时代。3月25日，日本最大的移动运营商DoCoMo成为日本首家启动5G商用移动通信服务的电信运营商。KDDI和软银分别于3月26日和27日启动5G服务。同年5月，南非电信巨头沃达康成功基于南非独立通信管理局（ICASA）临时分配的5G频谱，在南非推出5G商用服务，使南非成为非洲首个5G网络商用的国家。

2020年5月，全球31家公司共同宣布成立“Open RAN（开放无线接入网）政策联盟”，并呼吁开发“开放且可互操作的”5G无线系统，从而消除对单个供应商的依赖。这些公司包括微软、谷歌、IBM、思科等科技巨头，AT&T、Verizon、Vodafone等运营商，以及高通、英特尔和三星等硬件厂商。该联盟希望通过促进标准化和开发开放接口的政策，确保不同参与者之间的互操作性和安

全性，并降低新创新者的进入门槛。

2020 年 8 月，俄罗斯外交部长拉夫罗夫表示，俄准备与中国以及华为公司在 5G 技术上开展合作。2019 年，华为与俄罗斯最大电信运营商 MTS 签署了合作协议，该协议包括“开发 5G 技术，并在 2019 年和 2020 年试点推出 5G 网络”。2020 年 7 月，MTS 已成为俄罗斯第一家获得 5G 许可证的运营商，可为全俄罗斯 83 个地区提供 5G 服务。

各国加大 5G 投资

2020 年 6 月，日本政府拟从新能源产业技术综合开发机构的 1 100 亿日元（约合 64.3 亿元人民币）基金中，划拨 700 亿日元（约合 40.9 亿元人民币）提供相关援助，以推动和支援日本企业对 5G 及更新一代通信技术的研发。NEC、富士通、乐天 Mobile 等厂商有望获得相关援助，用于执行核心网络的开发和基站建设等任务。

2020 年 7 月，英国政府宣布启动 3 000 万英镑（约合 2.65 亿元人民币）的“5G 创造”基金。该基金将作为 5G 试验平台和试验计划（5GTT）的一部分，用以帮助开发 5G 技术的创新项目。英国数字基础设施部长马特·沃尔曼（Matt Warman）表示，利用 5G 的力量，英国能够提高经济生产力、减少污染和拥堵，并开发下一代娱乐，为英国消费者和企业带来切实的好处。

各国愈发重视 5G 安全

2020 年 1 月，欧盟出台名为《5G 网络安全工具箱》的指导性文件，要求欧盟成员国评估 5G 供应商的风险情况，对所谓“高风险”供应商设限。欧盟成员国均同意采取措施应对 5G 网络现有及潜在风险，尤其是要确保可以限制、禁止 5G 网络设备的供应，或对5G网络设备的供应、部署和操作制定特定要求，并采取多供应商策略降低风险。

2020年3月，美国白宫发布《美国5G安全国家战略》，正式制定了美国保护第五代无线基础设施的框架。该份文件提出四项战略措施，并阐明了美国要与最紧密的合作伙伴和盟友共同领导全球安全可靠的5G通信基础设施的开发、部署和管理的愿景。

2020年5月，捷克共和国与美国签署了一项联合声明，就5G技术的安全性问题进行合作。该声明表示："保护通信网络不受干扰或操纵，并确保美国和捷克共和国公民的隐私和个人自由，对于人民能够利用5G技术巨大的经济益处至关重要。"

2020年6月，美国众议院提出《国防部5G法案》，旨在加强国防部的5G基础设施安全性。根据该法案，国防部长须负责"开发、保护和有效实施"5G技术，并向国会提供一份报告，其中包括对国防部5G安全性的全面评估，内容涵盖减轻漏洞影响的建议以及对如何实施建议的解释。

2020年8月，美国国土安全部网络安全与基础设施安全局（CISA）发布该机构的5G战略，提出5项战略计划以确保5G技术的安全性和韧性。作为全面战略的补充，CISA还发布了5G基础知识图表，旨在对利益相关者进行5G相关的风险教育。CISA表示，其设想的5G基础架构应"促进美国及其盟国的国家安全、数据完整性、技术创新和经济机会"。

美国加强频谱管理

2020年3月，美国联邦通信委员会（FCC）通过了一项有争议的计划，拟向卫星公司支付近100亿美元费用，回购中频频谱，以供5G使用。同月，美国国家标准与技术研究院（NIST）表示其正构建5G频谱共享测试平台，以探究5G通信与其他无线电之间的互干扰问题。该工作将有助于美国改进网络配置并优化频谱分配，更好地发挥5G通信效能。

2020年5月，美参议院商务、科学和运输委员会提出《频谱IT现代化法案》，旨在改进联邦政府管理通信频谱的方式。在既有的框架下，美国商务部下属的国家电信和信息管理局（NTIA）控制分配给联邦机构的频谱，而联邦通信委员会控制民用频谱。新的法案将要求商务部负责通信和信息的助理部长确定使频谱分配过程现代化的目标。

2020年8月，美国政府宣布了一项新的5G频谱拍卖计划，拟拍卖军用3.5GHz频谱中的100MHz频段，以用于商业用途，推动美国5G网络发展。美国联邦通信委员会预计将在2021年12月发起竞拍，并在2022年夏季开放相应频段。

◎近年重大进展

美国推动国家频谱战略制定

为加快5G技术应用落地，美国政府推动制定长期国家频谱战略，为全面部署5G网络做好准备。2019年5月，美国白宫科技政策办公室（OSTP）发布《美国无线通信领导力研发优先事项》《新兴技术及其对非联邦频谱需求的预期影响》两份5G技术报告，阐述美国在无线通信领域的研发重点并对新兴技术进行展望。报告指出，白宫科技政策办公室明确美国5G发展的三大优先领域，分别为：追求频谱的灵活性和敏捷性以使用更多的频段及波形，提高频谱实时感知能力，通过安全的自主频谱决策提高频谱效率和效益。美国将通过研发更先进的射频技术，以一种安全的方式提高频谱感知能力，增强频谱干扰检测和分辨率，使5G更好地应对不断变化的环境条件。美国政府将频谱可用性及频谱的有效利用率作为国家安全和繁荣的基础，希望建立一个涵盖科学研究、技术、政策、立法、运营和经济的全频谱解决方案，为5G部署铺平道路。

作为美国通信领域的主要管理机构，美国联邦通信委员会重金支持5G基础设施建设。2019年4月，时任联邦通信委员会主席阿吉特·派（Ajit Pai）表示，美国在5G终端和基站建设方面落后于韩国和中国，将在未来10年内向5G通信基础设施建设投入204亿美元，通过补贴推动基站和天线的建设，将用户与5G技术更紧密地联系起来。联邦通信委员会除将向民营企业分配更多的5G专用频段外，还将向民营通信公司及线缆公司发放补贴，以推动地方高速通信网络的普及。

瑞典爱立信公司刷新5G毫米波传输速率纪录

2020年2月，瑞典爱立信公司将5G通信的传输速度提升至4.3吉比特/秒，刷新华为公司于2019年10月创下的3.67吉比特/秒的纪录。爱立信公司通过汇总8个毫米波频段共800兆赫兹的频谱实现此次测试，进一步证明5G通信替代光纤的潜在可能性。但是，此次测试是在高度理想化的环境中完成的，这表明5G设备在实际使用中将很难达到该峰值速率。

美国国家标准与技术研究院正构建5G频谱共享测试平台

2020年3月，美国国家标准与技术研究院宣布建立5G频谱共享测试平台，以探究5G通信与其他无线电之间的互相干扰问题。由于5G使用的频段可能与其他系统重叠，因此需要明确5G、Wi-Fi、GPS和军用雷达等系统如何在互不干扰的情况下实现频谱共享。为此，美国国家标准与技术研究院开发了新的测试方法和分析工具，以构建新型无线系统的测试基础架构。该工作将有助于美国改进网络配置并优化频谱分配，更好发挥 5G 通信效能。

诺基亚计划为其电信设备添加开放式接口

2020 年 7 月，诺基亚公司计划为其电信设备添加开放无线接入网（OpenRAN）接口，以使该公司的无线接入网技术能与竞争对手实现互操作，提高自身设备竞争力。此前，移动运营商不得不敲定一个完整解决方案，以减少混搭组网时可能存在的兼容性和成本问题。而诺基亚公司的新计划将使客户可以更轻松地选择设备，实现更便捷的混搭组网，从而为通信解决方案提供更快的部署、更低的成本、更灵活的架构以及更强的可操作性。凭借这些努力，诺基亚期望在 5G 市场份额上进一步追赶并超越华为、爱立信等竞争对手。

3GPP 组织宣布 5G 技术 R16 标准冻结

2020 年 7 月，第三代合作伙伴计划（3GPP）组织宣布 5G 技术 R16 标准冻结，标志着 5G 第一个演进版本标准完成。R16 标准面向工业互联网应用、车联网应用及其他行业应用场景引入了许多新的技术，优化了网络时延、连接质量、可切换性能、终端能耗等性能指标。本次冻结的 R16 标准实现了 5G 网络性能的提升，围绕“新能力拓展”“现有能力挖潜”“运维降本增效”三方面进一步增强了 5G 服务于行业应用的能力。①

---

① 赵媛 . R16 标准冻结 5G 完成第一版演进　中国运营商提案数占全球运营商的四成 . 人民邮电报，2020－07－06.

◎我国现状、面临的挑战和建议

我国5G网络于2019年11月正式商用。至2020年11月，我国5G基站建设数量已超过70万个，占全球比重近7成，连接超过1.8亿个终端。预计到2023年，5G基站数量将超过300万个。

中国信通院发布的《中国5G发展和经济社会影响白皮书(2020)》预测：2020年，5G间接拉动GDP增长将超过4 190亿元；2030年，5G间接拉动GDP增长将达到3.6万亿元。白皮书指出，5G对经济的直接拉动主要是来自运营商、用户和其他企业在设备和信息服务等方面的支出，间接拉动则体现在5G技术在加速经济发展、提高现有产业劳动生产率、培育新市场和产业新增长点、实现包容性增长和可持续增长中所发挥的关键作用。工信部赛迪研究院预测，预计到2026年，中国5G产业的市场规模将达到1.15万亿元，超过4G产业总体市场规模近50%；5G在光纤光缆、光模块、网络规划运维三方面的市场规模也将达到889.2亿元、997.5亿元和1 300亿元。[①]

从技术与专利方面来看，从2020年起，全球5G网络中的中国技术占比超过1/3。在5G的强势带动下，数据中心、物联网、车联网等产业发展迅猛。在5G专利方面，据德国专利统计公司IPlytics统计，截至2020年1月1日，全球5G标准专利申请数量为21 571件。其中，从专利授权量来看，华为、三星、高通分别位居前三名，获得的专利授权量分别为2 993件、2 628件和2 332件，诺基亚、LG分别以1 963件、1 663件位居第四名和第五名。总体来看，中国5G应用速度和专利占比都在世界上位于前列。

---

① 赛迪顾问．2018年中国5G产业与应用发展白皮书．2018－05－15.

然而，在快速发展的同时，中国 5G 产业目前仍存在一些亟待解决的风险和隐患。

一是部分核心技术仍无法完全自主掌握，如芯片、射频器件等零部件仍大量依赖进口，其中射频芯片自给率仅为 5%，产业链安全问题浮现。企业和研究机构要坚定不移地坚持自主创新，努力做到重点技术加强攻关、前沿技术提前布局，避免关键技术出现卡脖子问题。

二是国际上也出现构建开放无线接入网（OpenRAN）的提议，并成立了 OpenRAN 联盟，意在基于开源软/硬件部署电信网络。通过 OpenRAN 的方式，运营商可以利用多家供应商的软/硬件部署无线网络，使供应链更具韧性。尽管短期内 OpenRAN 还没有形成通用的标准，但未来可能还将有更多的厂商加入这一阵营，中国企业应及时跟进相关动向。

三是美国与其盟友对华为等通信企业实施打压制裁，阻碍中国 5G 技术在海外的扩张，并使该类企业难以获得芯片等关键元件，发展进步受到制约。

5G 技术被认为是第四次工业革命中全球竞争的新基础，其建设和发展是一项长期过程。为促进 5G 技术进一步成熟及落地应用，须在保证安全的前提下，推动数字基础设施的全面铺设，鼓励市场探索 5G 技术和应用创新，构建完善的产业链和生态系统，确保我国在 5G 及未来通信技术领域的领导地位。企业和研究机构须坚定不移地坚持自主创新，对重点技术加强攻关，对前沿技术提前布局，树立持久战意识，而不是期望速胜。

同时，面向未来围绕 6G 技术必然出现的激烈竞争，我国必须抢夺发展时机，抓住 6G 技术应用前的 10 年窗口期，开展高频通信、光通信和太赫兹等技术的相关研发。

三、人工智能

◎综述

1956年，人工智能（artificial intelligence，AI）的概念正式提出，标志着人工智能学科的诞生，其发展目标是赋予机器类人的感知、学习、思考、决策和行动能力。经过60多年的发展，人工智能已取得突破性进展，在经济社会各领域开始得到广泛应用并形成引领新一轮产业变革之势，推动人类社会进入智能化时代。[①]

人工智能技术随着算法更新、数据扩容和计算能力的提升不断取得新的突破，其应用场景已覆盖生产生活、经济运作、社会管理和军事作战等方方面面，赋能消费、金融、农业和制造业等许多实体行业。

根据Capital IQ数据库，2010年至2019年10月，美国人工智能企业累计融资773亿美元，占全球总投资额的50.7%；中国人工智能企业累计融资约453亿美元，落后美国320亿美元。中国电子学会预测，2022全球人工智能市场将达到1 630亿元，2018—2022年复合年均增长率达31%。德勤公司发布的《未来已来·全球AI创新融合应用城市及展望》报告预测，2025年世界人工智能市场规模将超过6万亿美元，2017—2025年复合年均增长率达30%。未来，人工智能仍将持续迭代进步，应用场景不断增多，使用效能不断提升，为人类发展带来切实的好处。

---

① 谭铁牛．人工智能的创新发展与社会影响．［2018-10-29］http：//www.npc.gov.cn/npc/c541/201810/db1d46f506a54486a39e3971a983463f.shtml.

由于人工智能技术和产业发展方兴未艾，有关各领域存在的可能性和不确定性使得各国踌躇满志、雄心勃勃，多国不约而同地表达了对全球领先地位的战略追求。美国、日本、欧盟、德国、英国、法国、俄罗斯等20余个国家和经济体相继制定了发展人工智能的国家战略，并提出多项举措促进人工智能发展，将获得人工智能领域的全球领先地位作为战略目标。①

2020年1月，韩国科技部公布2020年度工作计划，提出“启动韩国人工智能国家战略”，在未来10年内为人工智能和半导体技术投资约59.4亿元人民币。根据该计划，韩国政府将与民间机构合作对5G通信技术进行投资、建立AI专用基金、扩大AI运算支持机构数量、打造AI集群园区。此外，韩国政府将全面开放公共数据用于AI开发，并为AI初创企业提供放松管制、完善法律等全方位支持。

2020年2月，欧盟委员会发布《人工智能白皮书》，提出一系列政策措施，旨在大力促进欧洲人工智能研发，同时有效应对其可能带来的风险。同时，欧盟拟为“数字欧洲”计划拨付75亿欧元，其中21亿欧元用于人工智能，以提高欧洲数字经济的竞争力。欧盟将人工智能战略视为其数字战略的核心支柱之一，提出要建立一个“可信赖的人工智能框架”，并计划在未来10年内每年投入高达200亿欧元的技术研发和应用资金。

2020年2月，美国白宫向国会提交了2021财年联邦政府预算报告，提议将联邦研发支出增加到1 422亿美元，比2020年预算增加6%，尤其计划大幅增加人工智能和量子信息科学等未来产业的研发投资，承诺到2022年将非国防人工智能和量子信息科学中的研发支出增加一倍。2020年8月，美国白宫科技政策办公室宣布，

① 汪前元，吴立军．欧美日人工智能战略比较．中国社会科学报，2020-06-15.

将在2020—2025年投资超过10亿美元，在全美范围内设立12个新的人工智能和量子信息科学研究机构，旨在让美国在人工智能和量子技术方面保持全球竞争力。2020年12月，美国众议院投票通过一项提案，以支持制定国家人工智能战略，来打破美国在全球人工智能领域的领导力真空状态。该提案包含了数十条有关投资和监管人工智能的提议，以确保人工智能为社会积极创造价值，并重塑美国在全球人工智能领域的领导力。

2020年12月，德国政府决定对2018年版的国家《人工智能战略》做出修订，计划到2025年把对人工智能的资助从30亿欧元增加到50亿欧元。德国希望成为欧洲未来人工智能技术的主要创新驱动力，确保欧盟能够引领全球标准，并最终在人工智能等未来领域中加强欧洲的技术主权。

◎近年重要趋势

技术方面，人工智能基础研究不断丰富。各类模型、算法的不断改进，算力的不断提升，使得人工智能在计算精确度、学习能力和应用面等方面得到极大提升。总体而言，人工智能系统朝着高算力、低功耗和迅速反应等方向演进，性能日渐强大。模式识别技术的发展使得人工智能对图像、音频、语言的识别和分析能力取得长足进步，如人工智能系统已能帮助医生进行疾病诊断，自然语言处理模型能理解人类语言并写作；复杂系统可自主做出决策、执行操作，如AlphaGo和Pluribus等游戏机器人能在棋类等博弈游戏中战胜人类顶级选手，谷歌公司使用人工智能系统实现芯片的自动化设计。

监管方面，欧美国家愈发重视人工智能治理和数据可利用性。2020年1月，美国白宫科技政策办公室发布美国人工智能监管原则提案，敦促联邦法规放宽对人工智能的限制，以推动创新并避免监管过度。2020 年 1 月，IBM 公司宣布成立政策实验室，旨在为各国政策制定者就人工智能等技术问题提供建议。2020 年 2 月，美国国防部正式采用国防创新委员会于 2019 年 10 月提出的“责任、公平、可溯源、可信赖和可控”等人工智能伦理准则。2020 年 8 月，美国国家标准与技术研究院提出 4 项原则，以确定人工智能所做决定的“可解释”程度。2020 年 2 月，欧盟委员会在布鲁塞尔发布《人工智能白皮书》，旨在提升欧洲在人工智能领域的创新能力，推动道德和可信赖人工智能的发展。2020 年 2 月，欧盟委员会宣布放弃为期 5 年的面部识别禁令，并鼓励各成员国制定自己的面部识别法规。2020 年 11 月，欧盟提出了《数据治理法案》。该法案将促进整个欧盟以及各部门之间的数据共享，从而在增强公民和企业对数据的掌控力度，提高其对数据的信任程度的同时，为欧盟经济发展和社会治理提供支撑。

人工智能应用能力的提高，也为隐私和网络安全带来新变革。近年出现的“深度伪造”（deepfake）视频技术能实时替换视频中的人脸和声音，催生了娱乐行业新业态。不法分子可能使用该技术制作重要人物的虚假视频，可能造成隐私问题和虚假信息的泛滥。为此，美国多个研究机构开发出能够识别深度伪造视频的技术，以抵御这一风险。同时，网络攻防态势也因人工智能的融合而更加复杂。借助人工智能，黑客组织可对漏洞及系统薄弱处进行自动攻击，威胁网络安全。

人工智能在军事领域的应用愈发广泛，有助于提高后勤保障效率和作战效能。美国陆军引入由人工智能与分析驱动的预测维护能力，提高了战车维护的效率，降低了成本。美国陆军与 IBM 公司合作，借助 IBM“沃森”人工智能系统替代人工分析维修部件的物流，以实现最及时和经济的物资供应。2017 年 9 月，美国陆军“后勤支持行动”项目第二阶段项目启动，“沃森”系统仅对10%的物流需求进行分析，就为美国陆军节约了1亿美元/年的成本。未来，“沃森”还能够与陆军全球作战保障系统、后勤现代化计划等陆军企业资源规划系统相结合，通过分析相关数据为陆军提供与装备维护相关的人员、预算、训练需求等方面的建议。

美国国防部高级研究计划局（DARPA）正开发基于人工智能技术的“蜂群”技术。在该技术中，无人机编队可根据外界信息实现自主控制，并自动实现个体间的分工与协同。“蜂群”将由数十个甚至更多的互联无人系统组成，可在所有领域运行，共同执行诱导、打击、防空、监视、电子战等功能。“蜂群”内的机器人将保持相互联通，人工智能系统做出决定后，机器人将分工或协同执行任务。操作人员可对“蜂群”系统进行编程以满足不同的任务需求。此外，“蜂群”同样具有认知适应敌方对策和不断变化的操作环境的能力。2016年11月，美国海军试验了由5艘无人艇组成的“蜂群”，该编队能够执行协同巡逻任务并成功拦截了一艘“入侵”的船只。该试验成果验证了人工智能技术在港口防御、猎潜或者在大型舰艇编队前方执行护卫任务的可能性。此外，美国国防部战略能力办公室（SCO）已成功试验了103架微型无人机的“蜂群”战术，美国海军也计划测试水下无人系统的“蜂群”战术。

◎近年重大进展

2019年7月，卡耐基梅隆大学与Facebook公司共同开发的AI扑克机器人“Pluribus”，在无限制德州扑克6人对决比赛中战胜5名专家级人类玩家。Pluribus研发的核心策略是运用改进版本的蒙特卡洛遗憾最小化算法（Monte Carlo Counterfactual Regret Minimization，MCCFR），通过自我博弈的方式学习。Pluribus首先随机地选择玩法，通过蛮力计算得到收敛的结果，并对这些行动拟合概率分布，使得其实力在不断自我博弈中逐步变强。在整个学习过程中，AI 机器人和自己进行对战，不使用任何人类游戏数据作为输入。研究人员利用较经济的硬件资源，在 8 天时间里完成了 Pluribus 的自我博弈训练，其成本大约为 150 美元，同其他自我对弈的 AI 研究相比，成本极低。而且算法上的进步，让研究人员可凭借较少的资源消耗实现极大的性能提升。Pluribus 提出了在大型状态空间、隐藏信息中有效地应对博弈论推理挑战的方法，所开发出的技术很大程度上独立于扑克领域，可用于大量不完美信息博弈，服务于金融、军事等行业的决策工作。

2020 年 1 月，丹麦奥尔胡斯大学研究人员成功使用谷歌公司旗下的人工智能软件 AlphaZero 控制量子计算系统。AlphaZero 可在没有任何人工标注和知识预存的状态下进行自主学习，研究人员将其与专用量子优化算法结合，所得成果展现出优异性能。此前，AlphaZero 已通过此方式学习国际象棋玩法并战胜顶级人类玩家。此研究成果或将进一步推动科学家对量子系统控制的研究。

2020 年 4 月，美国国防部高级研究计划局（DARPA）与英特尔公司及佐治亚理工学院合作，共同开发可抵抗欺骗攻击的人工智能工具。由于人工智能算法存在被欺骗的风险，DARPA 启动了一项名为“增强人工智能对欺骗的鲁棒性”（Guaranteeing Artificial Intelligence Robustness against Deception，GAIRD）的项目。该项目的初始阶段将着重于利用图像和视频中的空间、时间和语义的一致性来改进物体检测，使人工智能能够自适应地学会如何识别欺骗。DARPA 表示，希望通过该项目产生可以广泛应用于各种场景的防御方法，确保人工智能不会受到欺骗。

2020 年 5 月，美国非营利组织 OpenAI 发布超大型自然语言理解模型 GPT-3，该模型拥有强大的语言处理功能。该模型拥有 1 750 亿个参数，其训练所用数据集容量达到 45 太字节。开发人员仅需输入文本提示，GPT-3 即可根据指令完成写作、翻译、问答、完形填空和推理等语言任务，且准确度极高。该成果证明，使用大量文本进行预训练，并针对特定任务进行微调，可以使语言处理模型的性能获得巨大提升。

2020 年 11 月，谷歌旗下公司 DeepMind 推出“AlphaFold2”模型，可通过蛋白质的氨基酸序列高精度地预测其 3D 结构。AlphaFold2 通过对专用数据集中超过 17 万种蛋白序列与结构进行学习，以利用氨基酸片段结构预测蛋白质完整结构。DeepMind 公司凭借 AlphaFold2 在国际蛋白质结构预测竞赛（CASP）上击败了其余的参赛选手，能够精确地基于氨基酸序列预测蛋白质的 3D 结构。其准确性可以与使用冷冻电子显微镜（Cryo-EM）、核磁共振或 X 射线晶体学等实验技术解析的 3D 结构相媲美。该研究被认为是“首个证明人工智能研究可以驱动和加速科学新发现的重要里程碑”。

◎我国现状、面临的挑战和建议

我国是人工智能的后起之秀，发展路径与美国不同。美国人工智能发展源于学术界的兴趣，起于国防部、高校院所和众多私营企业的不断推动。这种模式促进了投资和人才培养，使得美国人工智能的发展轨迹具有韧性。我国的人工智能发展最早由国家级基金和科研计划推动，如今的研发主力包括国有企业、高校院所、互联网平台企业和人工智能开发企业等。

近年来，我国人工智能快速发展，应用成为其中的重要支撑。据统计，我国人工智能企业主要集中在应用层，占比近 80%，主要是生产人工智能应用终端和提供人工智能应用行业解决方案的企业。如果将算力、算法、数据作为人工智能成功发展的三大要素，我国在数据方面有着最为突出的优势。凭借着众多的人口、机构和复杂的应用场景，以及多年来数字经济发展奠定的基础，我国有大量的数据可供训练人工智能算法与系统，这也成为吸引众多国外人工智能企业来华发展的重要因素。而阿里巴巴、腾讯等企业不仅拥有丰富的应用和数据资源，还在人工智能研究方面投入巨资，在全球招聘顶级人才，从而引领我国企业在全球人工智能赛场上脱颖而出。无论是产业整体还是龙头企业的进步，都是我国人工智能发展无可争议的成就。

然而，我国人工智能发展水平与美国仍存在明显差距。我国人工智能学术研究与行业发展间的联系仍十分有限，存在着脱钩情况。整体来看，国内研究对基础技术、尖端技术的自主掌控不足，且很多研究精力花在增加专利数量上，但这些专利的可用度并不高。借助与美国人工智能创新系统（如谷歌 TensorFlow 和脸书 PyTorch 平台等）的深度集成，我国的人工智能企业多将大部分精力集中在应用市场上，在人工智能的基础技术方面严重依赖国外技术。在人工智能高端人才方面，我国仍大量依赖海外高校培养的中国留学生，本土化培养模式仍有待进一步探索。在全球开源项目方面，中国开发者的贡献较为有限。

为此，我国应正视差距、找准短板，确定科学有效的路径和方法，深耕核心领域，如重视人工智能核心算法的开发、重视芯片等核心元器件的自主掌握。面对欧美国家开放数据使用带来的竞争压力，唯有打牢基础，不断扩大应用面、深化应用层次，才有望维持在人工智能、大数据领域的应用优势，持续创造价值。而在数据应用方面，应加大数据保护力度，通过法律手段创造严格的监管环境，杜绝隐私泄露、大数据杀熟现象，防止数据滥用带来的危害。

第六章　硬科技之光电芯片

集成电路和芯片是信息技术的主要推动力，信息产业每一个进步都离不开芯片的进步。

——邓中翰（中国芯片之父）

半导体是各国科技创新及产业发展的基础性技术。在21世纪，控制先进芯片的制造能力的意义丝毫不亚于20世纪控制石油供应的意义。能掌控半导体产业命脉的国家甚至可以在相当程度上扼住其他国家的军事和经济命脉。

近年来，中美两国之间的“芯片之争”愈发激烈，从2018年的“中兴事件”，到2019年华为被美制裁，再到中芯国际被列入美国出口管制名单，这场没有硝烟的科技战争已然进入白热化阶段。根据波士顿咨询公司的数据，排除中国工厂为外国企业提供的产品，中国企业对半导体的需求占据全球近1/4的比重，然而中国国内的半导体产业产能仅占其中的14%。所以，我们会看到，美国下达“限芯令”会轻易卡住芯片整体进口的脖子，而当芯片设计等领域有所发展时，美国又可以通过芯片制造产业链上的各环节（制造设备、原材料、设计软件等）来抑制中国芯片产业的发展。因此，中国要走出“缺芯”困境，势必面临一条异常崎岖坎坷的道路。在这条路上需要勇气，更需要理性的客观判断。一方面需要在受制于人的领域追赶，另一方面也应注重技术路线的升级与转换问题。

如今集成电路的发展已触及摩尔定律的“天花板”，伴随着电子信息技术快速发展而来的经济爆炸式增长已经放缓，光子信息技术的时代则正处于类似 1967 年大规模集成电路发展初期的关键节点。由此看来，下一轮由科技突破带动经济再次快速增长的机遇，极大可能会出现在集成电路到集成光路的范式转移之上。从这个意义来看，光子芯片将成为中国在芯片制造领域“弯道超车”的关键机会。

一、又一次技术突破的历史节点

在过去 40 余年中，半导体产业一直是信息和通信技术（ICT）取得革命性突破的核心与基础。人们对数据获取、存储和处理需求的快速增长，驱动着以半导体产业为基础的电子信息技术经历了极为快速的发展。

当今，全世界都在积极迎接社会生产生活的全面数字化转型以及人工智能时代的到来。随着 AR/VR 技术、无人驾驶汽车、物联网、工业 4.0 系统等应用的纷纷落地，智慧城市的理念正逐步转变为商业现实，人们对芯片提出了更高的性能要求，但以硅为主体的经典晶体管的尺寸缩放进程已经愈发难以持续，传统半导体产业发展正面临瓶颈。

当晶体管尺寸缩小后，单位面积上的晶体管数量增加，芯片集成度得以提升，既可以增加其功能，又能带来成本的降低。同时，体积的缩小能够降低芯片整体的供电电压，从而降低功耗。但关键问题在于，从物理原理来看，单位面积的功耗并不会降低，当晶体管缩小到一定程度时，芯片由于温度过高和能量外泄等问题而性能无法保障。这是摩尔定律在底层物理原理上难以维系的原因。

从另一角度——制造平台来看，决定晶体管最小尺寸的光刻机也无法满足后续的发展要求。光刻机是把预先印制好的电路设计，像洗照片一样用光将其“刻到”晶片表面上。因此，光刻机能够刻制的最小尺寸通常与其采用光源的波长成正比：波长越短，尺寸就可以做到越小。但只要使用到光，就都会遇到衍射问题。光刻技术在最近十多年的时间里，通过研发浸入式光刻、相位掩膜等技术在一路缩小的进程中避开了衍射效应；但在使用更短波长的光源上，面临着极为艰难的工艺问题。这就引出了高端光刻机的光源问题。在使用波长更短的高端光刻机方面，我们一直被美国限制；而当下主要倚仗的深紫外曝光技术（DUV）则只能触及 7 纳米技术节点的极限，但从工艺和成本的角度来看，规模化生产也面临巨大困难，这是当下我国在芯片制备领域面临的最大掣肘之一。

即便是极紫外（EUV）光刻技术，在其使用的波长范围内也已经很难找到合适的介质来折射光以构成需要的光路。在如此复杂且精密的光学设计要求下，使用反射光的技术难度也是相当高的。因此，近几年学术界在材料、机理、工艺和结构这四个方向上进行了众多创新研发，新的材料和器件架构如高介电常数介电层（high-k dielectrics）、鳍式晶体管（FinFET）及铜质导线等拓展了传统半导体产业选择的范围，但并没有从根本上改变传统的逻辑、存储及互联的原理，也并未能摆脱半导体器件所面临的底层物理原理的困境。

总之，一边是在新材料的探索上仍需漫长的周期，另一边若想改变物理机制，就需要量子理论的突破，但基于量子效应的工作体系还处于非常早期的阶段。所以，当下信息技术产业迎来了“从电到光”的最佳转换契机，而这也正契合科技革命通常五六十年的更迭周期，光电子技术将成为新一轮科技革命的驱动力。

想象在5G、物联网和人工智能相结合的场景下，人们需要大量的传感器来实时收集上下游数据，更有数十亿个终端设备需要安全高速、低延迟的无线网络连接，计算能力则需要更高性能的处理单元以满足机器学习、计算机视觉和自然语言理解能力，等等。光电子技术带来的新型光电芯片，或可成为未来真正“万物互联”的智能时代的基础设施，带领人们进入“消费光子时代”。

二、从集成电路到集成光路

光子信息技术就是“后发制人”版的电子信息技术，这一点不论是从物理学原理的角度，还是从与技术相应的产业发展情况来看，都能得到验证。

从发展路线上看，电子和光子分别从真空电子学、光子学进展至固体电子学、光子学，并最终都朝着元器件集成化而努力，也就是微电子学和微光子学。这就意味着，必然会出现一个微光子学时代。微光子技术和元器件的集成化，可以提供尺寸小、重量轻、效率高、功能强、价格便宜，并且能避免电磁干扰的系统。这将使光子学发生与微电子技术和集成电路在过去几十年经历过的一样的巨大革命性变革。

在微电子和光子集成的早期阶段，电路复杂度还比较低，设计与技术开发是紧密联系在一起的，芯片设计是有技术针对性的。随着电路复杂性不断增加，这种设计与技术之间的紧密联系变得越来越困难且低效。因此，发展半导体集成技术的一个重要步骤是引进通用的集成过程，即通过向芯片设计者提供一组定义好的标准化模块（利用这些模块，他们可以设计广泛应用的特定电路），让设计与技术能够解耦。

在微电子学中，卡弗·米德（Carver Mead）和琳·康维（Lynn Conway）在 1979 年提出了创新可扩展的结构化设计方法，以及高度简化的硅芯片设计方法，为超大规模集成电路（VLSI）开辟了道路，促进了硅谷初创设计公司和 EDA 公司的发展。随后，1980 年二人共同出版的《VLSI 系统导论》（*Introduction to VLSI Systems*）也成为世界各所大学的教材。使用标准化、模块化进行设计的一个重要优势，是它可以将多个不同设计师的设计组合在一个多项目晶圆（Multi Project Wafer，MPW）上，从而大大降低了原型制作的成本。此外，该技术独立于设计不断改进。

在光子学领域，这种方法是由眼镜蛇研究所（COBRA research institute）率先提出的，该研究所就是目前荷兰埃因霍温大学（TU Eindhoven）的光子集成研究所（Institute for Photonic Integration）的前身。这种方法被许多欧洲研究课题组采用，在 2008 年给欧洲带来了全球第一个在磷化铟（InP）和硅光子上的多项目晶圆（MPW）。在通往更为成熟集成技术的道路上，一个重要的里程碑是将致命缺陷密度降低到一个级别——小于 $1cm^{-2}$。对于硅电子来说，这一里程碑是在 1987 年达到的；基于磷化铟的光子学则是在 23 年后的 2010 年达到这一里程碑的。

当下业界已普遍认可，光子学具有类似于电子学的发展模式——由光子器件向光子集成，再向光子系统方向发展。在集成光路研究早期，研究人员的精力主要集中在创建更高功能电路所需的构建模块。阵列波导光栅（AWG）是实现大规模集成电路元件的一个特别重要的进展。这种解压/多路复用装置将激光和调制器等并行电路元件结合起来，从而形成波长多路复用电路，而这项技术如今正是现代互联网的基础。图 6-1 中的黑点显示了阵列波导光栅在集成光路（PIC）复杂性方面的进展。在 21 世纪初，几十个组件是可行的。而随着与激光和调制器有关的集成技术已经成熟，现在有数百个组件正被集成。最复杂的电路装置包括激光器、调制器、检测器和多路复用器等，在一个芯片中已有 1 000 多个组件。其中一个例子就是太比特/秒光发射机（Terabit/Second optical transmitter）。

传统的磷化铟集成技术很难进一步提高其光子集成水平。但是，当光被限制在薄膜中的集成光路（例如硅光子）中时，无源组件会变得更小，并且集成密度可能更高。到目前为止，对于硅光子学实现的 64×64 相控阵列，每个芯片中最多的组件数量是 4 096 个，即图 6-1 中的虚线。目前，每个芯片所包含的组件数量受到电气连接和温度管理的限制。

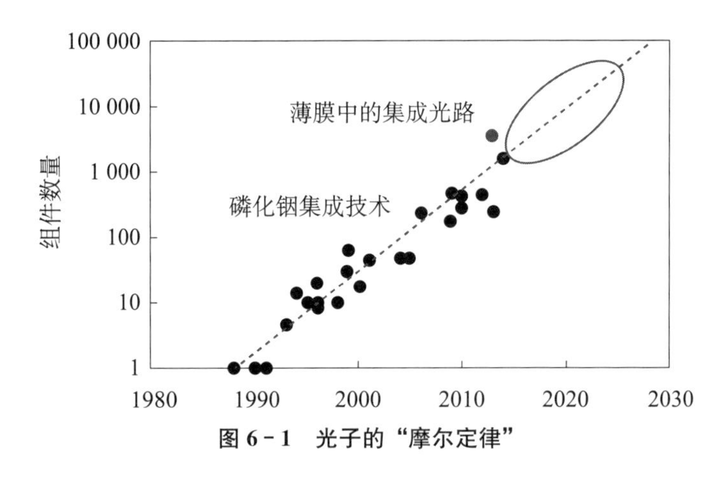

图 6-1 光子的“摩尔定律”

总而言之，我们目前还不能完全断言集成光路在未来能够达到集成电路所达到的集成水平——因为光子电路的物理尺寸和热耗散要比晶体管大几个数量级。在这方面，光子学则跟模拟与射频电子学相类似，它们的集成规模都比数字电子学小得多。然而，最值得关注和期待的是，当在热管理、集成光路与集成电路的有效集成等方面的技术瓶颈得到解决时，人们一贯期望的指数级发展能够再向前推进二三十年。

所以，光电子技术作为目前信息科技领域的关键核心，其不仅对市场经济的增长作用明显，还会极大地推动社会进步。如今，科技进步及经济发展的增长速率已相对放缓，光电芯片则是下一轮科技革命的催化剂，其发展将极大推动人类文明的进步，也会影响到我国在下一轮全球科技产业格局变革中的地位。

三、什么是光电子技术

光电子技术由光子技术与电子技术结合而成，具有从信息获取、传输，到处理、存储显示覆盖全链条的应用潜力：

信息获取，包括光学传感与遥感、光纤传感等。

信息传输，包括光纤通信、空间与海底光通信等。

信息处理，包括计算机光互联、光计算、光交换等。

信息存储，包括光盘、全息存储技术等。

信息显示，包括大屏幕平板显示、激光打印及相关印刷技术等。

总之，光电子技术主要是研究光与物质相互作用，以及将能量作为转换对象的技术，也是继微电子技术之后快速发展起来的综合性技术。它围绕着光信号的产生、传输、处理和接收，涵盖了包括新型发光感光材料、非线性光学材料、衬底材料、传输材料和人工材料微结构在内的多种新材料，以及微加工与微机电、器件与系统集成等一系列从基础到应用的全产业链条。

回顾过去几十年的信息技术发展过程，作为信息载体的电子是技术升级演进的关键核心，但其在速率、容量和空间相容性等方面的发展至今仍面临极为艰难的挑战。而当人们采用光子作为信息载体时，其响应速度可以达到飞秒量级，要比电子的响应速度快三个数量级以上；除此之外，光子还拥有高度并行处理能力，不存在电磁干扰和路径延迟等特点，这使其具备远超电子信息容量与处理速度的潜力。

随着光子技术的不断发展，光子集成在集成光子回路、互联光路，以及光计算等方面，均展示出比传统集成电路更大的潜力和优势，未来也很可能成为取代“集成电路”的新一代信息技术的重要支柱。

四、光电子技术的国际发展态势

进入 21 世纪后，光电子技术不但全面继承并兼容了电子技术，还具有微电子无法比拟的优越性能，以及更为广阔的应用范围。当前，光电子技术在信息基础网络的建设中得到了规模化应用，并起到了重要支撑作用，正逐步走向主导位置。信息光电子技术的先进性、实用性、灵活性、可靠性、经济性，将直接影响到整个信息网络的生命力和市场竞争力。作为下一项影响国家全球竞争力的技术，光电子技术已成为众多国家和地区进行产业布局时的重点关注对象。

美国作为半导体行业的绝对领导者，早在 2014 年 10 月由时任总统奥巴马宣布建立“国家光子集成制造创新研究所”，致力于改造“终端—终端的光子学生态系统”，并将光电子确定为国家重点发展技术，建立了若干个光子学技术中心，还建立了位于亚利桑那大学的“美国光谷”。此外，以 IBM 和英特尔（Intel）为首的“芯片巨头”也投入极大的人力物力在相应的技术研究上。IBM 在 2010 年 12 月首次基于 90 纳米 CMOS 工艺实现光电混合集成芯片，并计划投资 20 亿美元推动光子技术的研究工作。英特尔则在 2010 年 10 月首次实现 50 吉比特/秒硅基光传输芯片，并在 2013 年将速率提升到了 100 吉比特/秒。此外，美国国防部高级研究计划局和美国国家科学基金会（NSF）资助了多项重大研究计划，包括 HPC/UHPC、EPIC、UNIC、POEM 和 MURI 等。

在欧洲，对光电子技术的研究采取了统一部署、多国合作的方式。2013 年，欧盟和欧洲议会理事会投入了 700 亿欧元在欧洲范围内对光电子技术的研究给予资助，并且发布两项与光电芯片相关的召集令：ICT 27，价值 4 400 万欧元；ICT 28，价值 5 600 万欧元。同年 5 月，法国 HELIOS 项目得到欧盟 850 万欧元资助，主要致力于打造基于 CMOS 工艺的硅光子芯片设计和制造供应链；欧洲 DISCUS 研发团队也在 2013 年 8 月组建完成，项目一期的研发投入预算达 8 200 万欧元。世界上最大的移动通信网络公司之一——沃达丰（Vodafone）在德国的分部在 2017 年 9 月宣布计划于 2021 年年底追加 20 亿欧元部署千兆宽带；并发布“Horizon 2020”计划，其内容主要在于部署光电子集成研究项目，旨在实现基于半导体材料或二维晶体材料的光电混合集成芯片。德国将光电芯片列为 21 世纪保持其在全球市场上先进地位的九大关键技术之一。而英国为走在光电子技术研发前沿，也实施了“阿维尔计划”；法国也在巴黎南部联合建立了一个国家级的光电子技术基地。

作为半导体产业中具有极大影响力的另一个国家——日本，其在国内联合十余家大企业组建了光子技术研究所，将光电子技术研究提升到国家层面。日本先后实施了多个国家级重点研究开发项目，包括光电子技术开发项目、TIA项目（筑波纳米技术革新平台），以及下一代高效率网络器件技术开发项目等。2010年，日本开始实施由日本内阁提供支援、项目资助总金额达到1 000亿日元的尖端研究开发资助计划（FIRST），其在实施第一阶段便部署了“光电子融合系统技术开发项目”（PECST）。

总而言之，无论是美国国家研究理事会（NRC）的报告《光学和光子学：美国的关键技术（2012年）》、美国国家纳米技术计划组织（NNI）的《2020及未来纳米电子器件发展计划（2010年）》，还是欧洲的《走向2020：光子学驱动欧洲的经济增长（2013年）》和“电子器件与系统”计划（ECSEL）（2014年），以及其他国家的诸多研究报告，都指出了光电芯片在未来信息产业和国家经济发展中的重大作用，并点明了未来一段时间内光电子研究的发展趋势。

五、中国的光电子技术发展现状

中国在光电子领域的发展包含技术与产业两方面。

◎技术发展现状

中国的光电子技术研究起步较早，在部分领域有所突破，但客观来看，整体发展水平仍然落后于国外。

面对西方国家对中国长期以来实施的高新技术封锁与禁运限制，中国科学院半导体研究所、武汉邮电科学研究院、中国电子科技集团第四十四研究所、中国电子科技集团第十三研究所联合起来，自力更生、同心协力地研制出了波长为850纳米的短波长激光器。此后，上述机构又联合开发了波长为 1 310 纳米和 1 550 纳米的长波长激光器，满足了中国光通信起步阶段的需要。[①]

在 1993 年之前，中国光通信所需的大部分芯片基本实现了国内生产的“自主可控”。西方国家当时便认识到，在光有源器件方面再对中国进行技术封锁和禁运，反而会失去巨大的市场空间。于是，西方在该领域放开了限制，国外的光有源器件开始大量涌入中国市场。[②]

而后，随着光通信技术的迅速发展，对光有源芯片的技术要求越来越高。虽然国内有关单位做出了很大努力，紧跟国际发展趋势，在量子阱半导体材料与器件等技术领域取得了突破，分布反馈（DFB）半导体激光器等先进器件的实验室水平也得到了极大提高，但是，由于投入的人力物力远逊于国外，中国与国际先进水平之间的差距日益扩大。

光无源芯片，则是从 20 世纪 70 年代后期随着光纤技术的诞生而出现的。当时，光纤连接是光纤通信必须解决的六大问题之一；此外，还要解决分路、开关及波长复用等问题。为此，中国电子科技集团第二十三研究所、武汉邮电科学研究院固体器件研究所（现武汉光讯科技股份有限公司）和中国电子科技集团第三十四研究所等单位，投入到全光纤结构和微光学分立元件组合型的研究工作中，开发出了多模光纤连接器、拼接型和熔融拉锥型的光耦合器和机械式光开关等产品，满足了当时短波长和长波长多模光纤通信研究的需求。

此后，光通信逐步进入到单模长波长阶段并得到大规模应用。对光无源芯片来说，其不仅对技术的要求更为严格，对数量规模也提

---

①② 周天宏，马卫东．光通信器件的发展历史、现状与趋势．科技导报，2016，34（16）．

出了更高的要求，因而迫切需要将其进行产业化、规模化。中国在光连接器方面首先引进了光学定心切削加工的APT连接器生产线，满足了国内单模光通信发展初期的需求。此后，陶瓷套管大批量生产技术的研发成功，使光连接器的装配变得更加便利，也使其质量有了进一步的提高。于是，国内涌现出了众多组装散件连接器的公司。

在光纤耦合器方面，国内引进了由微机控制的熔融拉锥设备，使耦合器的生产难度明显降低。通过理论研究与实践探索，国内实现了在同一台设备上生产出各种宽带耦合器和双波长的波分复用器，产品性能优良。但进入21世纪，光纤接入网、密集波分复用系统和全光通信网的不断发展，使国内现有的、能够进行大批量生产光无源芯片的平台逐渐落后于新时代的产品需求。例如，高光纤密度的配线架要求小型化光纤连接器，熔融拉锥设备又无法生产密集型波分复用器，传统小端口数的光开关不能级联形成大端口数的矩阵光开关。[①]

国内各大研究单位，尤其是中科院系统在光子集成功能器件方面经过十余年努力，取得了一系列的关键突破，包括核心单元如激光器、调制与探测器等技术都取得了重要进展。中科院西安光机所的程东团队拥有世界最先进的SiON高折射率差纤维波导技术，波导损耗为0.06dB/cm；在探测器方面，潘栋博士掌握了两个世界"第一"的技术——第一个实现产业化的高速硅基雪崩二极管，世界上唯一实现25G接收速率的雪崩光电二极管；而在调制器方面，冯宁宁博士的研发团队则掌握低功耗以及高速硅光调制器，现在已成为国际硅光子领军公司Kotura（后被Mellanox收购）的解决方案。

除此之外，中科院半导体所在集成发光器件领域具有几十年的

① 周天宏，马卫东．光通信器件的发展历史、现状与趋势．科技导报，2016，34(16)．

技术积累，在全波长覆盖、高速调制、高效高功率、阵列激光器方面有全方位的理论、设计、工艺设备和技术；上海微系统所在硅光调制器方面也取得了重大突破。

总之，在光电子技术的基础理论研究方面，中国与国外先进水平相比差距并没有拉开很多。但关键工艺技术与装备平台相对薄弱，是制约中国光电子技术研究开发和可持续发展的瓶颈。国内在相关器件关键技术领域的创新能力、芯片工艺的研究能力，以及工艺技术研究所需装备的水平等方面还与国际先进水平存在一定差距。[①]

◎产业发展现状

中国是光电子产业全球最大的应用市场，但核心光电子芯片依然受制于人。目前的高端光电芯片市场基本被国外厂商垄断，市场份额高达 90%以上。以近年来网络中大规模部署的高端 100G 光通信系统为例，其中包含的可调窄线宽激光器、相干光发射/接收芯片、电跨阻放大芯片、高速模数/数模转化芯片、DSP 芯片均依赖进口。

光通信器件的核心是芯片，但芯片一直是中国制造的短板。目前国内 100G 高端芯片几乎全部依赖进口，包括集成可调谐激光器组件的 ITLA、集成相干发射机 ICT、集成相干接收机 ICR，以及 100G 客户侧器件等。此外，智能光网络用的无色、无向、无阻塞的可重构光分插复用器 CDC ROADM、波长选择开关 WSS、光交叉连接设备 OXC 等也均依赖进口。

目前，中国只有少数几家企业或机构可以自主生产激光器和探测器芯片，而且也仅限于 10 吉比特/秒以下速率的芯片。[②] 在高速模数/数模转化芯片、相关通信 DSP 芯片，以及 5G 移动通信前传

①② 周天宏，马卫东．光通信器件的发展历史、现状与趋势．科技导报，2016，34（16）．

光模块需要的50吉比特/秒PAM-4芯片的生产上，还没有任何一家国内厂商可以提供解决方案。

国内的无线网络基带芯片，4G及以上的主要基带来自Xilinx和Intel/Altera的高速FPGA芯片；射频RF芯片则主要来自Skyworks和Qorvo等公司。此外，包括PLL芯片、高速ADC/DAC芯片、电源管理芯片等在内的模拟芯片，主要来自TI等公司。

在光传输芯片领域，博通（Broadcom）公司基本垄断了40G/100G等中高端光交换和光复用芯片市场；在光收发模块领域，包括电信和数通市场光器件、模块和子系统等，国内主要使用Oclaro、Acacia等公司的产品；在数据通信的芯片领域，100G高端交换路由芯片也主要来自博通；最为严重的是以太网PHY和高速接口芯片，全部需要从博通、LSI和PMC等公司进口。

宽带接入芯片中，包括XPON局端和终端芯片、ADSL局端和终端芯片、CMTS局端和终端芯片、无线路由器芯片等，同样基本被博通公司所垄断。涉及媒体网关、会话控制器、分组网关、分组控制器等核心网芯片，国内主要采用Xilinx或Intel/Altera的高速FPGA芯片。[①]

此外，目前市场份额极为广阔的手机终端产品，其使用的高端产品芯片（包括BB/AP、WiFi/BT/GPS、RF、电源管理套片）主要来自高通，PA芯片则主要来自Skyworks和Qorvo；中低端手机所采用的主芯片套片，则大多从MTK、展讯、联芯等公司采购。[②]

国产光电子芯片整体在不断进步，但面对国际竞争的压力，中国光电子技术的发展仍然任重而道远。目前在芯片领域已有少数国

①② 王语晨．中兴通讯供应商集中度风险及管控研究．新疆财经大学学位论文库，2019.

内企业取得突破，比如武汉光迅科技可提供商用无源 AWG 及 Splitter 芯片；海信集团、华工正源光子可以生产 10 吉比特/秒以下速率的有源芯片。不过，更高水平的 25 吉比特/秒有源芯片，包括 VCSEL、DFB、EML、PIN、APD 等依旧全部依靠进口。虽然华为、中兴等公司和设备厂商都在进行芯片研发工作，但尚未形成规模，并且大多以中低端芯片为主。

一方面，光电子芯片所涉及的产品主要依赖进口；另一方面，中国光器件企业在市场需求高涨的环境下，却难以获得足够支撑企业进一步发展的利润空间，也就无法推动在芯片技术领域的研发投入。因此，国内的公司陷入了恶性循环，并逐渐拉大了和 Finisar Corporation、Lumentum、Avago Technologies、Source Photonics 等国际知名光电芯片厂商的差距，只能依托中低端产品生存。

总体来看，国内光电子芯片供应商以中低端产品为主，同质化竞争严重，并且自主知识产权欠缺，整体产业环境有待改善。依托中低端产品即使能够取得一些短期盈利，但未能投入到研发周期长、回报慢的高端产品的技术研发中会带来很多问题。这种状况会反馈到中低端产品的成本与性能上，使其逐步落后并失去市场竞争力，进而导致企业发展难以为继。[①]

六、国内具有代表性的光电芯片公司

◎奇芯光电

西安奇芯光电科技有限公司成立于 2014 年 2 月，如今已逐步

① 周天宏，马卫东．光通信器件的发展历史、现状与趋势．科技导报，2016，34 (16).

发展为国内高端光器件领域的技术领军型企业，拥有从光子芯片、光器件、光模块至子系统的全环节产品的集中整合能力，成为多家巨头企业的供应商，获得了国内外光通信厂商的一致认可。

奇芯光电的研发团队创造出了全球唯一兼具高折射率差、超低损耗、微小尺寸、多层回路的光子集成核心技术，搭建起独具优势的光电子集成芯片设计与制造平台、光子集成器件封装平台、高速光器件和光模块综合测试平台，一举将光子集成规模大幅提高了40倍，其产品将可能给光纤宽带通信运营商带来光子信息领域的巨大变革。

如今，奇芯光电正朝着光电子集成的时代稳步前行。5G时代最为关键的技术基础就是高速网络，而要实现高速，光子集成技术所独有的大规模、小尺寸、低能耗等优势就显得尤为重要。奇芯光电创始人程东表示，未来奇芯光电将继续依托自身的集成平台，针对差异化技术平台，扩充产品的深度和广度。同时，奇芯光电也计划不断开拓市场，将新技术应用于医疗、通信、交通以及生物科技等领域，实现技术成果的价值升级。

◎唐晶量子

除了奇芯光电这种在光电子系统集成角度取得成功的硬科技企业，还有诸多针对半导体产业链上游的设备与材料公司在近些年逐步发展起来，致力于解决高端器件与原材料的“卡脖子”问题。其中，2018年成立的唐晶量子就是具有代表性的一家公司。

2017年横空出世的iPhone X带火了结构光人脸识别功能，让3D遥感进入大众的视野，从而极大程度地推动了VCSEL的应用规模的扩大。国内也兴起一批相应的公司，但问题是国内的产业链并不完善，产业上下游缺失联系，甚至一些关键环节依然被国外所垄断。唐晶量子董事长龚平结合丰富的工作经验，选择了 VCSEL 外延片生产这一稀缺环节，再结合多年的工作积累，便开始了创业的计划。

2019 年年初，唐晶量子完成了 A 轮融资，盛和天镁、中科创星、鼎青资本、高捷资本参与了本轮投资，这笔资金也被全部用于扩大公司产能并实现更大规模的商业应用。目前，唐晶量子已经具备了批量生产 6 英寸 VCSEL 的能力，而此前 GaAs 激光器及探测器的外延片作为半导体激光器芯片的核心组件，国内 90%的市场依靠进口。龚平的研究团队已经突破了国外技术壁垒，生产的系列产品可以广泛应用于光通信、消费电子、工业、汽车等领域。此外，唐晶量子已开始研制 HBT 外延片，并已到了送样检测阶段，预计一年左右就会正式投产，主要应用于消费电子、5G 基站、光纤通信等领域。龚平表示：虽然光刻机等关键设备是重中之重，但我们不应在媒体舆论的目光关注下，忘记了上游材料部分的内容。硅基半导体仍是市场重头，但化合物半导体的市场每年都在稳步扩大；此外，化合物半导体在射频器件、功率器件等领域的关键作用不亚于手机处理芯片，即便规模小，依然也是“卡脖子”一环上的关键点，只有和传统硅基半导体一同突破，才能解决自主可控问题。未来，唐晶量子将只专注于外延片的生产，没有发展多元化业务的计划，将集中全部的精力，专注做一件事，争取做到又精又好。

七、大力推进国内光子芯片的发展

以芯片为主的半导体产业已走到了新技术发展的关键节点，“从电到光”已成最有潜力的发展方向。

当前，半导体产业的全球竞争异常激烈。2020 年 6 月，美国国会议员提出了大约250亿美元的资金和税收抵免建议，以加强美国的半导体生产并应对来自中国的日益激烈的技术竞争。此外，更有立法者考虑在未来五到十年内向美国半导体产业投资数百亿美元，以帮助美国保持其在全球范围内的领导者姿态。

从历史上看，美国芯片公司上一次与华盛顿政府“携手共进”的时间正是20世纪80年代中期。在那个时间节点，美国的芯片产业受到了来自日本的猛烈冲击。这种建立“公—私”合作伙伴关系的最大成果，就是在当时研发出了更为尖端的制造技术，帮助美国把自己开创的制造业（半导体行业）带回正轨。

中国在近几年对半导体行业的投入规模十分可观，但要知道，想在电子行业获得市场竞争力，需要押注于更为先进的技术线路和制造工艺。因此，对光电芯片及背后整体光电子产业的支持，也应更加重视。

目前，国外光电子技术厂商通过收购与兼并等方式在不断进行产业链拓展，部分已经成功地完成了技术与业务转型，其产品覆盖器件、模块领域的几乎所有环节。这样发展下去，光电芯片产业链的各个关键环节也将逐步被国外公司所掌握，高端技术仍会受制于人。

本章开篇提及，在21世纪，控制先进芯片的制造能力就如同在20世纪控制石油的供应一样重要，能掌控芯片制造的国家便可以扼制其他国家的军事和经济发展。因此，中国应该大力支持光电芯片企业的发展，鼓励其进行拥有自主知识产权的高端核心技术研发突破。同时，对产业链进行全面布局，避免在原材料、关键元器件，以及生产制造平台等重要环节的缺失。要形成有核心竞争力的国产产品，既能弥补当下集成电路的不足，也可在集成光路的时代占领技术高地。

第七章　硬科技之智能制造

新一代信息技术引领新一代智能制造。智能制造是用智能的技术和制造的技术相融合，用智能的技术来解决制造的问题。

——谭建荣（中国工程院院士、国家973项目首席科学家）

制造业是工业国家的支柱产业，是经济发展的基石。

近年来，发达国家技术工人短缺，新兴国家劳动力成本上涨，同时制造业又出现了制造地点分散、生产方式变更、制造技术日益复杂化等变革。为解决制造业竞争力下降的难题，美国、德国、英国、日本等发达国家大力倡导以重振制造业为核心的“再工业化、再制造化”战略，颁布了一系列以“智能制造”为主题的国家战略。智能制造成为建设制造强国的主攻方向。

智能制造是基于新一代信息通信技术与先进制造技术深度融合，涵盖设计、生产、管理、服务等制造活动的各个环节，具有自感知、自学习、自决策、自执行、自适应等功能的新型生产方式。加快发展智能制造，是培育经济增长新动能的必由之路，是抢占未来经济和科技发展制高点的战略选择。

当前，世界各国都将制造业放到非常重要的战略位置，智能制造已成为高端制造业竞争的主战场。美国、日本和德国位于第一梯队，是智能制造发展的“引领型”国家；英国、韩国、中国、瑞士、瑞典、法国、芬兰、加拿大和以色列位于第二梯队，是智能制造发展的“先进型”国家。目前全球智能制造发展梯队相对固定，形成了智能制造“引领型”与“先进型”国家稳定发展，“潜力型”与“基础型”国家努力追赶的局面。①

智能制造也是中国制造业转型升级的强烈需求。我国经济已由高速增长阶段转向高质量发展阶段。制造业是实体经济的主体，是供给侧结构性改革的主要领域，必须加快推动制造业实现质量效益提高、产业结构优化、发展方式转变。因此，要加速推进智能制造，推动制造业加速向数字化、网络化、智能化发展。我国高度重视智能制造发展，随着制造业智能化的升级改造，我国开始大量应用云计算、大数据、机器人等相关技术，智能制造产业实现较快增长。2017 年，中国智能制造产业产值规模将近 1.5 万亿元，预计 2021 年产值规模将超 3 万亿元。

结合当前全球智能制造的发展现状和发展趋势，国际市场研究机构 MarketsandMarkets 发布的研究报告显示，预计到 2025 年，全球智能制造市场规模将达到 3 848 亿美元，其间年复合增长率约为 12.4%。

智能制造的实现需要多个层次上的技术产品支持，其产业链涵盖智能装备（机器人、数控机床、服务机器人、其他自动化装备）、工业互联网（机器视觉、传感器、RFID、工业以太网）、工业软件

① 前瞻产业研究院．2019 年中国智能制造发展现状及趋势分析报告．[2019-12-11]. https：//blog.csdn.net/cf2SudS8x8F0v/article/details/1026563

(ERP、MES、DCS 等)、3D 打印、人工智能和虚拟现实，以及将上述环节有机结合的自动化系统集成及生产线集成。在硬科技的范畴内，我们重点关注工业机器人、3D 打印和数字孪生技术。

一、工业机器人

◎综述

工业机器人的研发、制造和应用是衡量一国科技创新和高端制造水平的重要标志，是“制造业皇冠顶端的明珠”。工业机器人技术是硬科技技术行列中的一位重要代表。

工业机器人是集合了机械原理、系统动力学、机构运动学、计算机技术、控制理论、传感和人工智能等多种先进技术于一体的综合性装备。自 20 世纪 60 年代初第一台工业机器人问世后，在近 60 年的时间中，机器人技术迅猛发展。在众多制造业领域中，工业机器人应用最广泛的领域是汽车及汽车零部件制造业，并且正在不断向其他领域拓展，如机械加工行业、电子电气行业、橡胶及塑料工业、食品工业、木材与家具制造业等。从当初只能完成简单的任务到现在发展为先进制造业中不可或缺的重要制造设备，目前工业机器人具备了高度集成、柔顺化、智能化、便捷化等先进特点。工业机器人作为先进制造业中不可替代的重要装备和手段，已成为衡量一个国家制造业水平和科技水平的重要标志。

美、日、德等发达工业化国家纷纷把工业机器人纳入国家战略，高度重视机器人的发展，凭借其技术优势，对机器人产业展开新一轮战略布局。

美国着力抢占智能机器人发展制高点。早在 20 世纪 50 年代，美国科学家便提出了工业机器人的概念，并在1962年开发出第一代工业机器人。美国在20世纪六七十年代高度重视工业机器人的理论研究，80年代制定了一系列政策措施，增加研究经费，鼓励工业界发展和应用机器人，并开始生产带有视觉、触觉的第二代机器人，很快占领了美国60%的机器人市场。进入21世纪以来，美国进一步提出，投资28亿美元用于开发基于移动互联技术的第三代智能机器人。目前，美国在视觉、触觉等方面的智能化技术已非常先进，高智能、高难度的军用机器人和太空机器人发展迅速，并应用到了军事、太空探测等方面。

日本把先进机器人纳入“新经济增长战略”。日本号称“机器人王国”，既是机器人生产大国，也是消费大国，本土装备量占世界的60%，出口也居世界第一。日本机器人工业依靠政府强大的低息贷款、长期租赁、鼓励中小企业发展和推广应用机器人等一系列扶植政策，培育了绝对的国家竞争优势。日本在2014年“新经济增长战略”中把机器人产业作为本国经济增长的重要支柱，通过扩大机器人的应用领域、设立“实现机器人革命会议”、加快技术研发、出台放宽限制的政策等，大力推动机器人的使用。日本于2015年发布了《日本机器人战略：愿景、战略、行动计划》，提出机器人革命的“三大实施举措”和“五年计划”，努力推动日本机器人技术、产业走向国际社会。

欧盟制定机器人“SPARC”计划。2014年6月，欧盟委员会和欧洲机器人协会联合180家企业及研发机构启动了民用机器人研发计划“SPARC”，重点研发制造、护理、交通、农业、医疗等领域的机器人，目标是将欧洲机器人产业占全球总产值的比例由2014年的35%提升到2020年的42%。

欧洲各国也高度重视发展机器人产业。德国早在20世纪70年代就强制要求部分有毒、危险等不利于人类健康的岗位必须使用机器人；法国2013年制订了《法国机器人发展计划》，提出通过政府采购、产学研合作、政府贴息贷款等九大措施促进机器人产业的发展；英国2014年发布机器人战略“RAS2020”，投资6.85亿美元发展机器人、自助系统（RAS）和建设机器人测试中心。

韩国分阶段实施“智能型机器人基本计划”。韩国机器人产业起步较晚，但目前已跻身机器人强国行列。韩国于1980—1990年代建立了独立的工业机器人体系，2004年启动“无所不在的机器人伙伴”项目，2009年提出“第一次智能型机器人基本计划”，2012年发布《机器人未来战略展望2022》。近年来，韩国还出台了一系列扶持机器人产业发展的政策措施，如建设机器人主题公园、举行机器人比赛、建立行业标准和质量认证体系、建立机器人论坛、组建机器人研究所和区域机器人中心等。

各国政府的动向表明，机器人技术已在全球范围内被定位为重要的战略方向与优先选择领域。

◎近年重要趋势

机器人按发展进程一般可分为三代：第一代机器人是一种“遥控操作器”；第二代机器人可以按人事先编好的程序自动重复完成某种操作；第三代机器人是智能机器人，这种机器人对通过各种传感器、测量器获取的环境的信息，利用智能技术进行识别、理解、推理，并最后做出规划决策，是能自主行动、实现预定目标的高级机器人。

产生和初步发展阶段：1958—1970年。1954年，乔治·德沃尔（George Devol）申请了一个“可编辑关节式转移物料装置”的专利，与约瑟夫·恩格尔伯格（Joseph Engelberger）合作成立了世界上第一个机器人公司 Unimation。1959 年，Unimation 研制出了第一台工业机器人 Unimate。1961 年，Unimate 机器人在通用汽车公司首次亮相，它被用来运送热的压铸金属件，并将其焊接到汽车车身部件上。

1969 年，机器人先驱维克多·沙因曼（Victor Scheinman）开发了斯坦福臂（Stanford Arm），这是世界上第一个电动关节型机器人臂。这种机械臂在 6 轴上操作，比以前的单轴或双轴机器有更大的运动自由度，被视为机器人技术的重大突破。斯坦福臂标志着关节型机器人革命的开始，它改变了制造业的装配线，并推动了包括库卡（Kuka）和 ABB 机器人在内的多家商业机器人公司的发展。

技术快速进步与商业化规模运用阶段：1970—1984 年。这一时期的机器人技术相较于此前有了很大进步，第一代机器人的性能越来越无法满足实际需要，带有视觉、力觉的第二代机器人开始出现，工业机器人开始具有一定的感知功能和自适应能力的离线编程，可以根据作业对象的状况改变作业内容。伴随着技术的快速发展，这一时期的工业机器人还突出表现为商业化运用迅猛发展的特点，工业机器人的“四大家族”——库卡、ABB、安川、FANUC 公司开始了全球专利的布局。①

1973 年，ABB 机器人公司和库卡机器人公司都将机器人推向市场。ABB 机器人公司推出了 IRB 6，这是世界上第一款商业化的全电动微处理器控制机器人。同年，库卡机器人公司制造了第一台机器人，被称为 FAMULUS，也是第一批拥有 6 个机电驱动轴的多关节机器人。

---

① 王公博．工业机器人重新定义工厂．互联网经济，2019，(21).

1978年，日本山梨大学的牧野洋发明了选择顺应性装配机器手臂（selective compliance assembly robot arm，SCARA）。这是世界上第一台SCARA工业机器人。同年，美国Unimation公司推出通用工业机器人（programmable universal machine for assembly，PUMA），应用于通用汽车装配线，这标志着工业机器人技术已经完全成熟。

智能机器人阶段：1985年至今。80年代，人工智能发展呈壮大之势，机器人也开始向第三代进化。智能机器人带有多种传感器，可以将传感器得到的信息进行融合，有效地适应变化的环境，因而具有很强的自适应能力、学习能力和自治功能。这赋予了机器人技术向深广发展的巨大空间。除工业机器人外，水下机器人、空间机器人、空中机器人、地面机器人、微小型机器人等各种用途的机器人相继问世，许多梦想变成了现实。

当前，新一轮科技革命蓄势待发，机器人技术与新一代信息技术、生物技术、新材料技术、传感器技术的融合不断加快，为工业智能机器人、仿生机器人以及新一代机器人的诞生与发展打开了大门。

未来，工业机器人技术发展将呈现以下趋势：一是人机协作。工业机器人将从与人保持距离作业向与人自然交互并协同作业发展。与传统机器人相比，协作机器人具有更强的安全性和灵活性，以及很好的通用性和易用性，其易于编程的特点使得同一台协作机器人可以快速应用到不同的岗位上，能够在多个场景中与人类互动。二是智能化。人工智能应用到机器人上，可使机器人从预编程、示教再现控制、直接控制、遥操作等被操纵作业模式向自主学习、自主作业方向发展。智能化机器人可根据工况或环境需求，自动设定和优化轨迹路径、自动避开奇异点、进行干涉与碰撞的预判及避障，可以提高生产力，使工作更安全高效。三是协同互联。越来越多的3D视觉、力传感器会使用到机器人上，机器人将会变得越来越智能化。随着传感与识别系统、人工智能等技术的进步，机器人从被单向控制向自己存储、自己应用数据方向发展，逐渐信息化。随着多机器人协同、控制、通信等技术的进步，机器人将从独立个体向相互联网、协同合作方向发展。

◎近年重大进展

近些年，工业机器人技术逐渐成熟并走向产业化，在汽车制造、电子电器、橡胶工业、铸造业、食品工业、化工、家电、冶金、烟草等行业实现广泛应用，性能不断得到提升，应用场景日渐明晰。

国际机器人联合会（IFR）发布的《2020 年世界机器人报告》显示，2020 年在世界各地的工厂中运行的工业机器人达到了 270 万台，较上一年增长了 12%。2019 年，全球新机器人的出货量仍处于高位，出货量约为 37.3 万台。亚洲仍然是最大的工业机器人市场。中国、日本、美国、韩国和德国是全球五大工业机器人市场。

随着机器人易用性、稳定性及智能水平的不断提升，机器人的应用领域逐渐由搬运、焊接、装配等操作型任务向加工型任务拓展，人机协作也成为工业机器人研发的重要方向。协作机器人是近年兴起的一种新型工业机器人，从多关节机器人基础上发展而来。最早的协作机器人仅仅是在传统多关节机器人外部包裹柔软材料，以减少对人体的伤害。随着技术的发展和相关规范的完善，协作机器人慢慢转向了区别于传统机器人的外形设计，并且借助表面力感知器、关节力矩传感器、电流估算力反馈模型等方式，搭配特殊的安全算法，协作机器人可在碰到人体后自动停止运行，大幅增强了工业机器人的安全性，使人机协作变为可能。

人机协作将人的认知能力与机器人的效率结合在一起，如德国库卡的协作机器人 LBR iiwa 可以以每秒 10 毫米或 50 毫米的速度抵近物体，并在遇到阻碍后立刻停止运动。瑞士 ABB 的双臂人机协作机器人 YuMi 在感知到人的触碰后，会立刻放慢速度，最终停止运动。优傲 e-Series 协作式机器人可设定机械臂保护性停止时间和停止距，并内置力传感器，提高精度和灵敏度。

国际机器人联合会的统计数据显示，2019 年协作机器人的安装数据较 2018 年增长了 11%。这种呈现增长态势的销售业绩与 2019 年传统工业机器人的整体趋势形成鲜明对比。随着越来越多的供应商推出协作机器人，这种机器人的应用范围也越来越广。

此外，工业机器人的应用场景越发广泛，苛刻的生产环境对工业机器人的体积、重量、灵活度等提出了更高的要求，工业机器人将朝着更小、更轻、更灵活的方向发展。例如，日本 SMC 致力于为机器人研制高品质的末端执行器，研发的新型汽缸体积缩小了 40%以上，质量减轻了 69%。德国费斯托（Festo）的新型全气动驱动机械臂，将刚性的“抓取”转变为柔性的“围取”，能完成灵活抓取不同大小部件的任务。

工业互联网的发展、智能工厂的落地对工业机器人又提出了新的要求：网络化、智能化。例如，库卡机器人可与基于云技术的库卡 Connect 相连，实现机器人与设备的联网，实时查看和分析工业机器人的运行状态，减少系统停机时间，进行预测性维护。ABB 推出 ABB Ability 工业云平台，同时与华为展开合作，联合研发机器人端到端的数字解决方案，实现机器人远程监控、配置和大数据应用，进一步提升生产效率和节约成本。

◎我国现状、面临的挑战和建议

目前，中国已成为工业机器人最大的市场。但是，从总体上看，中国的工业机器人关键技术在世界上还比较落后，很多关键部件还需要依赖进口。

减速器、伺服器、控制器是工业机器人的三大核心零部件，成本占总体比例超过 70%，其中减速器系统占 36%，伺服器系统占 24%，控制器系统占 12%。

减速器是连接动力源与执行机构之间的传动机构，能将发动机的转速降低，并让转矩提升。它的性能直接决定了机器人的控制精度和运行平稳性，是三大关键核心零部件中技术壁垒最强的。减速器要求高可靠度、高精度、高刚性，是一类重资产、高投入、慢回报的产品。全球减速器市场上，日本纳博特斯克及哈默纳科两大巨头占据了 70%以上的市场份额。

伺服器是工业机器人的动力系统，通过运用机电能量变换、驱动控制技术、检测技术、自动控制技术、计算机控制技术实现精准驱动与系统控制。伺服系统市场外资企业占据绝对优势，日系品牌占据大部分市场份额，主要有安川电机、松下、三菱电机、三洋。

控制器是机器人的大脑，负责发布和传递动作指令。包括硬件和软件两部分：硬件就是工业控制板卡，包括一些主控单元、信号处理装置等电路元件；软件部分主要是控制算法、二次开发等。主要厂商有贝加莱、倍福、安川电机、三菱、西门子等。

我国减速器研究起步较晚，技术落后于日本，严重依赖进口。但近年来，我国减速器技术有所突破，一些国产厂家已经拥有自主研发的减速器。但与日本谐波减速器产品相比，国内企业目前生产的谐波减速器传动精度、扭矩刚度、扭矩精度等与国外企业相比仍有差距。目前国产减速器厂家中，南通振康、绿地谐波、秦川机床已进入大批量生产阶段并拥有稳定的订单来源。

我国伺服电机与国外产品相比，自主配套能力已现雏形，产品功率范围多在 22 千瓦以内，技术路线上与日系产品接近。较大规模的伺服电机品牌有20余家，主要有南京埃斯顿自动化股份有限公司、广州数控设备有限公司、深圳市汇川技术股份有限公司等。

由于控制器的技术门槛较低，目前国内外企业技术差距较小，我国大部分具有大批量生产控制器能力的厂家均具有自主开发控制器的能力。国产的机器人控制器在硬件方面与国外产品差距不大，但在软件算法和兼容性领域还存在差距。国内的机器人控制器厂家主要包括新松机器人、新时达、广州数控、华中数控、汇川科技、固高科技。

与发达工业国家相比，我国工业机器人在机器人设计理论、应用开发等方面的创新能力不足，许多技术停留在仿制层面。国际机器人四大家族——发那科、ABB、安川、库卡基本垄断了全球中高端工业机器人市场，占据全球工业机器人市场约60%的份额。近年来，这四家企业纷纷抢滩中国工业机器人市场，在中国扩建生产基地，中国机器人企业面临极大的竞争压力。我国工业机器人技术在精密减速器、伺服电机、控制器等核心部件的质量稳定性和批量生产能力方面还有待全面提升。中国机器人企业大多集中在技术壁垒较低、市场竞争激烈、附加值较低的机器人集成领域。

基于我国工业机器人的发展现状，或许可以从以下几方面入手，进一步提升中国机器人的未来竞争力。

完善政策扶持体系。在资金、税收、产品销售补贴等方面出台相应的扶持政策，提高国产工业机器人使用率。落实生产企业税收优惠政策，健全完善首台（套）支持政策，加大政府采购支持力度，研究建立以政府引导、市场化运作为特征的首台（套）保险机制，以促进自主品牌工业机器人的研发和应用。

提升自主创新能力。加快技术研发，突破重大标志性产品的技术难题，加强对关键零部件和高端产品的技术和质量攻关，促进关键零部件、材料、工艺同步研发和协同配套，提升高精度减速器、高性能伺服电机和驱动器三大关键零部件的质量稳定性和批量生产能力。除提高机器人性能外，还须大力加强大型、专业应用工程软件开发工作。建设人工智能、感知、识别、驱动和控制等下一代技术研发平台，同时关注没有被现有机器人技术体系所纳入的（如能源、大数据、安全和材料等）领域的技术创新。

加强人才队伍建设。切实推进产学研一体化人才培养模式，建立校企联合培养人才的新机制，不断优化创新人才成长环境。依托中科院等知名研究机构，通过实施大型合作项目，联合企业培养从研发、生产、维护到系统集成的多层次技术人才。运用职业培训、职业资格制度，通过实际项目锻炼来培育人才。加强高层次人才引进，吸引海外留学人员回国创新创业。

加强行业规范管理。加快推进机器人产业政策落实，组织开展行业规范管理实施工作。鼓励企业积极申报，对符合工业机器人行业规范条件的企业进行公告，引导各类鼓励政策向公告企业集聚。扩大服务机器人制造的相关统计口径，开展产值、收入、利润等方面的统计，为产业研究和政策制定提供数据支撑。

拓宽投融资渠道。建立国家级产业引导基金，发挥财政资金的杠杆作用，从国家层面进行战略引导和统筹规划，加强企业的主体地位，优化资金配置方向。鼓励金融资本、风险投资及民间资本参与机器人产业，支持符合条件的企业在海外资本市场直接融资。引导地方设立基于本地优势和政策特点的专项配套资金，促进机器人企业与地方政府、园区互动合作。[1]

---

① 王雨阳．产业规模持续扩大，我国机器人产业核心技术亟待提升．中国工业报，2019－02－21.

二、3D 打印技术

◎综述

3D 打印是快速成型技术的一种，又称增材制造，它借助计算机软件，以数字模型文件为基础，运用粉末状金属、液体或塑料等可黏合材料，利用特定的快速成型设备，通过分层加工、叠加成型的方式构造出真实的三维物体，具有快速化、精准化、个性化等特点。

3D 打印技术颠覆了传统的减材与等材制造技术的生产模式。传统的制造技术一般是在原材料基础上，通过车铣刨磨等工艺，将多余部分去除，得到零部件，进而通过焊接、拼装等装配组合技法形成最终产品，整个生产研制过程需消耗大量的人力、物力和财力。而在 3D 打印技术的整个生产研制过程中不再需要模具和机床等设备，通过快速自动成型硬件系统与 CAD 软件模型结合，采用逐层堆叠累积的方法制造出各种形状复杂的产品，大大缩短了产品的设计和生产周期，生产成本也因此大幅下降。据美国能源部估算，与减材制造方式相较，增材制造可节省超过 50%的能源，将深刻影响制造业的未来，成为新的经济增长点。

3D 打印技术以其成本低、设计领域广和加工流程简化等优点，被英国《经济学人》杂志称为“具有工业革命意义的制造技术”，也被誉为 21 世纪最具颠覆性的技术之一。美国、欧洲等 3D 打印技术基础较好的国家和地区，充分认识到 3D 打印技术在推动传统制造业转型升级中的重要性，已经把 3D 打印技术纳入国家级发展战略，近年来通过加大财政支持力度、研究制定路线图、组织区域资源共享等多项举措加强对 3D 打印产业的引导和扶持。

2011 年，时任美国总统奥巴马出台了“先进制造伙伴关系计划”(AMP)；2012 年 2 月，美国国家科学与技术委员会发布了“先进制造国家战略计划”；2012 年 3 月，奥巴马又宣布投资 10 亿美元实施“国家制造业创新网络”计划（NNMI），全美制造业创新网络由 15 家制造业创新研究所组成，专注于 3D 打印和基因图谱等各种新兴技术，以带动制造业的创新和增长。2013 年，奥巴马在国情咨文演讲中强调了 3D 打印技术的重要性，希望推动美国 3D 打印业的发展。美国政府在俄亥俄州成立了首个制造业创新中心——国家增材制造创新中心。该创新中心由非营利性机构国家国防制造与加工中心领导，美国国防部、能源局、商务部、宇航局、教育部和自然科学基金 6 个部门均参与其中，成员横跨俄亥俄州、宾夕法尼亚州，西弗吉尼亚州的科技带，包括 40 个制造业企业、9 所研究型大学、5 个社区大学以及 11 个非营利组织。2013 年，该组织更名为美国制造（America makes）联盟，通过会议、培训、项目征集等方式推广 3D 打印技术。

欧盟在 3D 打印方面的布局和美国类似，于 2004 年开始搭建 3D 打印创新中心——欧洲增材制造技术平台（AM Platform）。在 20 世纪 80 年代 3D 打印技术刚刚出现的时候，欧盟就开始在“第一个框架计划”（FP）中布局 3D 打印的相关工作。30 年以来，欧盟通过各种计划对 3D 打印进行持续支持，推动其在各领域的应用发展。在美国战略性布局 3D 打印以后，欧盟于 2013 年通过了“第七个框架计划”（FP7），对 3D 打印投入大量经费，进行大范围部署。欧盟在进行资金投入的同时，也开展了路线图的研究工作。欧洲增材制造技术平台先后制定了欧盟 3D 打印的技术路线图、产业路线图和标准路线图。

韩国在2014年公布了长达10年的3D打印战略规划，以推动和发展3D打印技术，使之成为新兴增长市场，并帮助制造业部门实现转型。该战略为韩国政府布局3D打印项目提供了充分的依据和指导。

中国近年来也陆续出台了多项政策支持3D打印产业的发展。2015年，中国工信部、发改委及财政部联合发布的《国家增材制造产业发展推进计划（2015—2016年）》，首次将增材制造（3D打印）产业提升到国家战略层面。2017年，3D打印产业继续快速发展，这一年国家相关部门出台了8项对3D打印的支持政策，涉及的国家部门多达23个，工信部、发改委等十二部门联合印发的《增材制造产业发展行动计划（2017—2020年）》，为中国3D打印行业的发展提供战略性规划及基础性支持。2020年2月，国家标准化管理委员会、工信部、科学技术部、教育部、国家药品监督管理局、中国工程院6部门联合印发了《增材制造标准领航行动计划（2020—2022年）》，进一步推动中国增材制造行业的标准规范发展。

◎3D打印技术发展脉络

3D打印技术在2010年左右开始在全球流行起来。但实际上3D打印技术起源于19世纪，直到20世纪80年代才开始真正发展起来。1860年，法国人佛朗索瓦·威莱姆（François Willème）首次设计出一种多角度成像的方法获取物体的三维图像，这种技术叫作照相雕塑，通过将24台照相机围成360°的圆同时进行拍摄，然后用与切割机相连接的比例绘图仪绘制模型。

1980年代：主要3D打印技术诞生

20世纪80年代是目前主要3D打印技术的诞生时期。1984年，美国人查尔斯·W. 胡尔（Charles W. Hull）发明了立体平板印刷技术 SLA（stereo lithography appearance，SLA）。后人把胡尔称为“3D 打印技术之父”。他于 1986 年成立了 3D Systems 公司，并于 1988 年推出了全球第一台商业 3D 打印机。胡尔还研发了 STL 文件格式，将 CAD 模型进行三角化处理，成为 CAD/CAM 系统接口文件格式的工业标准之一。

1986 年，美国 Helisys 公司的工程师迈克尔·费根（Michael Feygin）研发出分层实体制造技术（laminated object manufacturing，LOM）。1988 年，美国人斯科特·克伦普（Scott Crump）发明了熔融沉淀成型技术（fused deposition modeling，FDM）。他在 1989 年成立了 Stratasys 公司。1992 年，Stratasys 公司在成立 3 年后，推出了第一台基于 FDM 技术的 3D 工业级打印机。

1989 年，美国得克萨斯大学奥斯汀分校的卡尔·罗伯特·德卡德（Carl Robert Deckard）发明了选择性激光烧结技术（selective laser sintering，SLS）。在 1984—1989 年五年的时间里，3D 打印的三项主要技术问世，3D 打印由此诞生！

1990—2010 年代：3D 打印厂商涌现

这 20 年中，3D 打印技术不断发展与提升，更多企业开始从事 3D 打印事业，陆续推出一些打印机产品与系统。此外，3D 打印与一些创客的结合，开始吸引越来越多媒体的关注。

1992 年，Stratasys 公司推出了第一台基于 FDM 技术的 3D 工业级打印机。

1992 年，美国 DTM 公司推出了首台选择性激光烧结（SLS）打印机。

1993 年，麻省理工学院教授伊曼纽尔·萨克斯（Emanual Saches）发明了三维印刷技术（three-dimensional printing，3DP）。

1995年，美国ZCorp公司从麻省理工学院获得唯一授权并开始开发3D打印机。

2005年，市场上首个高清晰彩色3D打印机Spectrum Z510由ZCorp公司研制成功。

2007年，英国巴斯大学的阿德里安·鲍耶（Adrian Bowyer）博士在开源3D打印机项目RepRap中，成功开发出世界首台可自我复制的3D打印机，代号达尔文（Darwin）。由于是开源的技术，更多人参与对此项技术的改进，从而使此项技术不断演化，3D打印机开始进入普通人的生活。

2008年，第一个3D打印假肢的横空出世，让3D打印在媒体上的曝光率进一步提高。人们发现，3D打印不仅能打印传统零件，还能应用于人体修复。

2009年是FDM专利进入大众消费领域的一年，这为FDM 3D打印机的广泛创新开辟了新道路。随着桌面级3D打印机价格下降，越来越多的人关注3D打印行业的发展。

2010年11月，美国吉姆·科（Jim Kor）团队打造出世界上第一辆由3D打印机打印而成的汽车Urbee。

2010年代后：3D打印技术进入创新和应用深耕时代

进入21世纪第二个十年的增材制造已成为企业真正可以使用且负担得起的原型制作技术，从而开辟了新的可能性。其技术在不断提升进步，应用范围也在逐步扩大深化。

2012年，英国《经济学人》发表专题文章，称3D打印将是第三次工业革命。这篇文章引发了人们对3D打印的重新认识，3D打印开始在社会普通大众中传播开来。同年，美国建立了国家增材制造创新中心。

2013 年，美国总统奥巴马在国情咨文中强调 3D 打印的重要性，这使“3D 打印”成为绝对的时髦词。

2013 年，麦肯锡公司将 3D 打印列为 12 项颠覆性技术之一，并预测到 2025 年，3D 打印对全球经济的价值贡献将为 2000 亿至 6 000 亿美元。

2015 年 3 月，美国 Carbon3D 公司发布一种新的光固化技术——连续液态界面制造（continuous liquid interface production，CLIP）：利用氧气和光连续地从树脂材料中逐出模型。该技术比目前任意一种 3D 打印技术要快 25～100 倍。

2019 年，迪拜 3D 打印出了一座 640 平方米的二层建筑，并被吉尼斯世界纪录评为世界上最大的 3D 打印建筑结构。

2020 年，俄罗斯研发的 3D 打印燃气轮机发动机 MGTD-20 飞行测试成功。该发动机采用耐热铝合金打印而成，可提供 22 公斤推力。通过采用 3D 打印技术，发动机的生产时间缩短了 20 倍，且生产成本大幅降低。

3D 打印技术目前仍处于发展时期，打印性能还在逐步提升，应用范围也处于持续深化和扩展过程中。未来，3D 打印技术发展将呈现一些明显趋势。

在技术与工艺方面，3D 打印将与传统的减材制造相融合，与机器人、机床、铸锻焊等多工艺技术相集成，从而提升 3D 打印的成形效率和精度，解决增材制造的复杂结构构件难以进行后续加工的问题，赋予现有设备或产线更高的柔性与效率。

在设备方面，3D 打印设备将朝着大型化、专业化、智能化方向发展。大型化：航空航天、汽车制造以及核电制造等工业领域对于大尺寸复杂精密构件的制造提出了更高的要求，金属 3D 打印设备大型化已成为必然趋势，设备成型尺寸已经迈入米级。专业化：针对不同领域应用的不同需求偏好，3D 打印设备也将朝着更加专业化和精细化的方向发展。智能化：智能传感器、数字总线技术等智能部件融入 3D 打印设备，控制技术与大数据、人工智能的结合，将使 3D 打印更加智能化。

在材料方面，随着金属 3D 打印产业规模的扩大，打印材料种类少、质量偏低、供给不足的弊端日益显现。因此，开发 3D 打印新材料，向多元化发展，单一材料向复合材料发展，建立相应的材料供应体系，也将成为未来 3D 打印的发展与研究趋势。

◎近年重大进展

近些年，3D 打印技术不断进步提升，朝着速度更快、设备更大、打印更高效的方向发展。其应用从文创、教育等行业扩展深化到航空航天、军事、汽车工业、医疗、电子、建筑、食品等领域。在各领域的应用中也出现了不少技术突破。

技术方面的进展

2017 年，美国劳伦斯利弗莫尔国家实验室研发出一种新的瞬时光刻技术，可以通过全息光场在几秒钟内完成 3D 打印。研究人员先将三维全息图像分成三个不同的部分，然后通过分开的激光束将其投射到光敏树脂槽中，激光从前部、底部和侧面进入，在激光重叠的地方形成 3D 光场，从而在 10 秒钟内一次性制造 3D 结构的产品。这项技术能够一次性构建整个物体结构，消除了逐层 3D 打印方法的局限性，显著提高了制造速度，是 3D 打印立体光固化成型技术的重大突破。

2017 年，GE Additive 公司于德国法兰克福 Formnext 展会上

推出了超大型金属 3D 打印设备。该设备采用了最新的激光技术，能够进行重新配置以添加更多的激光器，还采用了专有技术来控制金属粉末的铺设，能够节约粉末和成本，其分辨率和生产速度均高于当前设备。该设备能够打印直径为一米的航空零件，也适合制造喷气发动机的结构部件，还可应用于汽车、电力、石油和天然气等行业。

2020 年，德国勃兰登堡应用技术大学和洪堡大学研究人员开发出一种名为“Xolography”的 X 线照相体积 3D 打印技术。Xolography 是一种双光技术，它通过使用两束不同波长的相交 X 光束进行线性激发，从而在特定的范围内引发光敏树脂的局部聚合，形成固化。该技术能够以高达 25 微米的特征分辨率和 55 立方毫米/秒的固化速度 3D 打印物体，并且不需要打印后必须移除的打印对象支撑结构，其速度比双光子聚合 3D 打印技术高出 4～5 个数量级。

应用方面的进展

2019 年，加州大学圣迭哥分校（UCSD）利用自行研制的数字光处理（DLP）3D 打印机，成功打印出了复杂的血管网络，而此网络在被植入小鼠体内后居然成功地与后者的血管系统实现了融合，并且表现出了正常的功能。利用 3D 打印技术打印人体器官模型，不仅能够真实模拟人体对药物的反应，得到准确的测试效果，还能在很大程度上降低药物的研发成本。

2019 年，以色列科学家创造了一种血管化的人类心脏，使用 3D 打印机将患者的人体组织结合起来。这是首次成功地设计和打印了一整个充满细胞、血管、心室和腔室的心脏。该心脏由人体细胞和患者特异性生物材料制成，为未来医学界人士设计和研制个性化组织和器官提供了可参考的案例。

2019 年，以色列食品科技公司 Aleph Farms 与俄罗斯 Bioprinting Solutions 生物 3D 打印公司联合在国际空间站培育出了首块 3D 打印人造肉。该实验模仿了牛体内肌肉组织再生的自然过程，在微重力条件下成功培育出小型肌肉组织。该实验验证了在零重力环境中、远离土地和水资源的情况下生产肉类的可能性，或将为未来粮食安全和自然资源保护开辟新方向。

2020 年，美国陆军研究实验室弹药增材制造科学项目经理表示，3D 打印能提高弹药性能，当前已在部分组件上得到验证。陆军研究实验室已开发出含能聚合物以及金属（包括高强度钢）的 3D 打印技术，并率先演示了三维结构电路制造技术，这些技术将彻底变革弹药的引信和传感技术，同时还可以减轻重量、节省空间，增强下一代弹药的高过载生存力，有助于士兵在极端环境和未来战场上完成任务。

2020 年，在中国新一代载人飞船实验船在轨飞行的 2 天零 19 小时内，中国团队完成了多项空间科学实验和技术试验，其中包括多种 3D 打印技术的太空在轨验证。其中，中科院空间应用中心研究团队研制的“在轨精细成型实验装置”，成功克服了由太空失重环境导致的打印材料流变行为，创新采用立体光刻 3D 打印技术对金属/陶瓷复合材料进行了微米级精度的在轨制造，为未来在轨制造零件提供了技术储备。

◎我国现状、面临的挑战和建议

随着 3D 打印产业的兴起，中国以高校科研机构为主的 3D 技术研究也在不断取得进步。但中国 3D 打印技术的发展与欧美领先国家相比仍然存在较大的差距。首先，虽然我国在 3D 打印领域也拥有较多专利，但是在质量上与发达国家相比仍有较大差距，引用频率明显较低。其次，由于存在生产效率、材料质量、核心技术方面的问题，国内的3D打印产业规模化程度较低。一方面，3D打印专用材料发展滞后，所使用的材料非常受限，要么性质难以满足需要，要么价格过于昂贵，材料性能亟待提高；另一方面，关键技术滞后、关键装备与核心器件严重依赖进口的问题依然较为突出，导致3D打印机价格高昂。而且目前中国3D打印尚未出现大规模的市场应用，制约大规模产业化的原因在于打印速度较慢、成本相对较高。

在3D打印布局领域延伸和资本入局的推动下，3D打印的国内外市场规模不断扩大。根据2020年3月赛迪顾问发布的《2019年全球及中国3D打印行业数据》，2019年，全球3D打印产业规模达119.56亿美元，增长率为29.9%，同比增长4.5%。未来，全球3D打印市场规模将呈现爆发性增长，需求空间将得到极大延伸。2019年，中国3D打印产业规模为157.5亿元，较上年增长31.1%。

目前全球3D打印领域新老企业并存，竞争激烈。EOS、SLM solution、3D Systems等老牌3D打印巨头，在早期引领了产业的发展，凭借专利优势拥有十几年甚至二十多年的技术积累，已经拥有较高的市场份额和客户认知度。而Desktop Metal、Digital Alloys等初创公司，多数成立于2000年甚至2010年以后。一方面，系列专利到期后降低了进入壁垒，另一方面，这些公司通过改进工艺技术、创新业务模式和加强成本控制，具备一定的后发优势。除了专业从事3D打印技术研发的企业外，还有相当一部分传统制造业企业也将3D打印纳入了业务板块，如空客、福特、丰田、西门子、惠普等知名企业。

此外，中国的3D打印企业缓缓崛起，铂力特和先维三临挤进全球头部队列。其中，铂力特在2019年7月22日正式登陆中国A股市场，在上交所科创板挂牌上市，成为“科创板3D打印第一股”。而先维三临则持续开拓市场，成为具有全球影响力的3D数字化和3D打印技术企业。

基于我国3D打印现状，要进一步掌握3D打印核心技术，推进3D打印产业化发展，主要可从以下几方面入手：一是政府统筹规划，加强政策指导，加大对3D打印产业的财税政策支持力度，鼓励引导更多企业开展3D打印技术的研发和生产，优化资源配置，既要加快产业建设，也要避免投资过度、产能过剩、恶性竞争现象的出现。二是加大科研投入，继续发展和完善3D打印技术，提升3D打印技术的核心竞争力。要加强基础理论研究，加强各高校与研究院所等科研机构之间的技术交流，引导相关领域的科研人才参与3D打印的基础理论、制备技术及成形机理的研究与探讨。要建立高校、研究机构、企业协同共融的增材制造集群化产业园区，设立增材制造创新研发中心，搭建产学研一体化的产业链协同创新平台，打破企业、科研机构、高校各自为战的格局，优化资源配置，加快创新速度。三是积极制定技术标准和建立评价平台。3D打印产业化逐渐成熟，健全的标准对未来产业的发展具有重要意义。要引导科研机构、材料生产企业、设备制造企业和下游应用企业组建增材制造产业联盟，共同推动行业评价平台的建立，完善打印的缺陷检测方法与质量控制标准。同时，积极参与国际3D打印标准体系的建立。① 四是建立科学的人才培养机制，完善技术人才引进与培养政策，促进3D打印技术设备与人才配套。要深化校企合作，建立产学研一体化的育人模式。建立企业需求与人才培养机制相结合的快速育人与成果转化机制，共建协同创新合作研究中心和成果转化中心。

---

① 温斯涵，李丹.3D打印材料产业发展现状及建议.新材料产业，2019，(02).

三、数字孪生技术

◎综述

数字孪生（digital twin）技术是充分利用物理模型、传感器更新、历史运行数据等，集成多学科、多物理量、多尺度、多概率的仿真过程，在虚拟空间中完成映射，从而反映相对应的实体装备的全生命周期过程。数字孪生是一种超越现实的概念，可以被视为一个或多个重要的、彼此依赖的装备系统的数字映射系统，它成为现实世界和虚拟世界之间的桥梁。从2016年起，Gartner持续看好数字孪生在未来的发展前景。2016—2018年，Gartner连续三年将数字孪生列为十大战略科技发展趋势。2019年，Gartner表示数字孪生处于期望膨胀期顶峰，在未来五年将产生破坏性创新。

数字孪生作为以数据和模型驱动、数字孪生体和数字线程为支撑的新型制造模式，通过结合多物理场仿真、数据分析和机器学习功能，不需要搭建实体原型，即可展示设计、使用场景、环境条件和其他无限变量所带来的影响，同时缩短了开发时间，并可提高成品或流程的质量。利用海量传感器数据，数字孪生能够不断演进并持续更新，从而反映整个产品生命周期中实际对应物的变化，使工业全要素、全产业链、全价值链达到最大限度闭环优化。数字孪生技术已成为智能制造使能技术之一，是未来企业实现转型与创造价值的重要驱动力。国际数据公司（IDC）预测，到2022年，40%的物联网平台供应商将集成仿真平台、系统和功能来实施数字孪生，70%的制造商将使用该技术进行流程仿真和场景评估。

数字孪生可以在众多领域应用，目前在产品设计、产品制造、医学分析、工程建设等领域应用较多。在国内应用最深入的是工程建设领域，关注度最高、研究最热的是智能制造领域。

西门子、PTC、达索、ESI 等企业均在数字孪生业务方面进行了新布局。除科技行业普遍看好外，数字孪生技术发展已上升到国家策略层面。例如，美国的工业互联网联盟将数字孪生作为工业互联网落地的核心和关键，德国工业 4.0 参考架构将数字孪生作为重要内容。中国高度重视发展数字经济。2020 年 4 月，国家发改委、中央网信办印发了《关于推进“上云用数赋智”行动培育新经济发展实施方案》的通知，将数字孪生与大数据、人工智能、5G 等并列，并专辟章节谈“开展数字孪生创新计划”，要求“引导各方参与提出数字孪生的解决方案”；同月，工信部发布了《智能船舶标准体系建设指南》（征求意见稿），其中明确将建设“数字孪生（体）”纳入关键技术应用。2020 年 9 月，国资委下发了《关于加快推进国有企业数字化转型工作的通知》，要求国有企业在数字化转型工作中加快推进数字孪生、北斗通信等技术的应用。① 数字孪生正成为许多国家数字化转型的新抓手。

◎发展历程和趋势

“数字孪生”概念诞生于 21 世纪初。2003 年，美国密歇根大学迈克尔·格里夫斯（Michael Grieves）教授提出了“与物理产品等价的虚拟数字化表达”，后来被称为“镜像空间模型”“信息镜像模型”，即通过物理设备的数据，可以在虚拟（信息）空间构建一个可以表征该物理设备的虚拟实体和子系统，并且这种联系不是单向的和静态的，而是在整个产品的生命周期中都联系在一起的。

---

① 刘震．数字孪生：企业数字化未来之门．软件和集成电路，2020，(11).

数字孪生的概念在 2003 年提出时并没有引起太多的重视。直到 2011 年，美国空军研究实验室和 NASA 合作提出构建未来飞行器数字孪生体，此后数字孪生得到了广泛关注。国外学者针对数字孪生的内涵和演变过程、体系架构和参考模型、建模和交互融合等关键技术、实施途径、应用模式等开展了很多研究。包括美国军方、NASA、洛马、波音、诺格、空客在内的国际著名机构和企业均将数字孪生技术列为未来顶尖技术和战略发展方向，积极推进数字孪生技术的实际应用。2018 年，美国国家数字化制造与设计创新机构（DMDII）将数字孪生技术列为 2018 年战略投资重点，标志着数字孪生已成为美国政府和军方的关注重点。

近些年，学术和企业界对数字孪生的研究热度不减，愈发深入。纵观数字孪生的发展历程，伴随着相关技术的迭代，数字孪生的内涵也在不断丰富：从简单的对一个产品、一台设备、一条生产线等的数字孪生，演进到更为复杂的对一个企业组织、一座城市的数字孪生。英国和德国甚至提出“数字国家”这种更为宏观的概念。

未来，得益于物联网、大数据、云计算、人工智能等新一代信息技术的发展，数字孪生技术的实施将获得高效助力，或将呈现以下发展趋势：一是数字孪生与新一代信息技术深入融合，其解决实际问题的能力将不断增强。传统建模仿真技术与云计算、物联网、大数据、人工智能、虚拟现实（VR）/增强现实（AR）等技术的进一步融合，推动数字孪生技术不断成熟，其模拟、监控和优化实体世界的能力不断增强，将为传统业务向数字化转型提供更有利的技术支撑。二是数字孪生的应用范围不断拓展，将覆盖制造业全产业链和更多行业。数字孪生提出初期主要面向军工制造业需求，且主要应用于运行维护领域。近年来，数字孪生一方面面向研发设计和生产制造领域延伸，覆盖产品全生命周期、全产业链；另一方面逐步向电力、汽车、医疗等民用领域拓展，并开始向建筑、交通、城市等更复杂的行业推进，显示出了广阔的应用前景。三是数字孪生产业生态正在加速形成，有望改变行业竞争规则。在产学研各方的共同努力下，以数字孪生为核心的技术、产品、组织和产业正快速成长和成熟。特别是国外知名工业软件企业联合先进制造企业，围绕数字孪生技术形成了一整套的解决方案，走在了这项被誉为有望改变“游戏规则”的顶尖技术领域的前列。

◎近年重要进展

数字孪生最开始是为了服务制造业而生的，所以制造业成为如今数字孪生技术运用的主战场。数字孪生技术贯穿从制造到服务和运营的全生命周期。数字孪生技术主要可应用于数字化设计阶段、虚拟工厂以及设备预测性维护等场景。数字孪生技术可打造产品设计数字孪生体，在赛博空间进行体系化仿真，实现反馈式设计、迭代式创新和持续性优化。数字孪生技术可打造映射物理空间的虚拟车间、数字工厂，推动物理实体与数字虚体之间的数据双向动态交互，根据赛博空间的变化及时调整生产工艺、优化生产参数、提高生产效率。通过开发设备的数字孪生体并与物理实体同步交付，数字孪生技术能够实现设备全生命周期数字化管理，同时依托现场数据采集与数字孪生体分析，提供产品故障分析、寿命预测、远程管理等增值服务，提升用户体验，有效降低运维成本。

目前，国外数字孪生相关理论、技术、产品不断完善，众多国际厂商 GE、PTC、ANSYS、达索系统、西门子、SAP 等工业软件巨头都推出了自己擅长领域的数字孪生解决方案，深入应用到各细分行业领域，助力实现高效低成本的数字化转型。

西门子推出的数字孪生应用分为产品数字孪生（product digital twin）、生产数字孪生（production digital twin）和性能数字孪生（performance digital twin），形成了一个完整的解决方案体系，并把西门子现有的产品及系统包揽其中，这种数字孪生解决方案覆盖全面，从设计工具、虚拟仿真、制造运营管理到工业自动化、物联网平台等关键技术，均可提供相应的技术。达索系统依托其3DEXPERIENCE平台来实现数字孪生，通过将企业产品的开发、验证、生产、销售、运营全流程与企业项目管理流程整合，实现虚实融合与交互，测量、评估和预测工业资产的表现，并以智能方式帮助企业优化自身运营。中国企业美云智数推出的虚拟调试解决方案和数字孪生工厂解决方案，在美的集团等企业中应用，取得了显著效果。数字孪生工厂应用实现了设备联机、虚实结合、真实互动、设备故障预警和维修提醒，工厂审核效率提升了65%，设备故障率下降超过9%，问题响应速度提升了30%。力控科技的数字孪生解决方案通过集成三维可视化技术、快速建模技术、工厂设备实时状态监控技术、摄像监控技术等，实现了三维数字孪生工厂的整体管理。

近年来，随着数字孪生技术的进步，其落地应用也日渐深入，整体呈现快速发展态势。

航空航天领域是数字孪生技术应用的起源地，也是目前该技术应用较为深入的重要领域。在研发设计领域，达索航空将数字孪生技术应用于新型战斗机研发，实现降低浪费25%、质量改进15%。在生产制造领域，洛马部署了基于数字孪生的“智能空间平台”，每架F-35战斗机的生产周期从22个月缩短到17个月，制造成本将降低10%。美国通用公司在其工业互联网平台Predix上利用数字孪生技术，对飞机发动机进行实时监控、故障检测和预测性维护；在产品报废回收再利用的生命周期，可以根据产品的使用履历、维修物料清单和更换备品备件的记录，结合数字孪生模型的仿真结果，判断零件的健康状态。GE航空通过数字孪生模型记录了每台航空发动机每个架次的飞行路线、承载量，以及不同飞行员的驾驶习惯和对应的油耗，通过分析和优化，可以延长发动机的服役周期，并改进发动机的设计方案。

军事领域也是数字孪生技术的重要用武之地。美空军与波音公司合作构建了F-15C机体的数字孪生模型，便于预测其寿命期限以及维修换件时间。美国F-35战斗机的设计与生产，也采用了融合数字孪生的数字纽带技术的方法，实现了整条供应链的协同，很多厂商在一起协同设计研发，所有不同厂商的车床数据直接从数字孪生模型中读取。美国海军利用数字孪生技术完成了包含一组具有信息战功能的“数字林肯”模型，将安装在“林肯号”航母上，提高其网络电磁装备的安全性和可靠性。2019年3月，美国海军“托马斯·哈德纳号”阿利·伯克级导弹驱逐舰使用虚拟宙斯盾系统成功进行了首次实弹拦截试验，成为数字孪生技术应用于复杂系统的里程碑事件。通过利用虚拟宙斯盾系统控制舰上的多部雷达和传感器，美国海军可以用极少的经费验证宙斯盾系统的最新技术，以便加速作战系统升级，这对于水面舰艇编队意义重大。

◎我国现状、面临的挑战和建议

数字孪生是一项综合性的技术，涉及多项技术。数字孪生的成立与成熟，有赖大数据、云计算、人工智能等一系列技术的集成。这对于数据的收集、整合，以及网络传输等都提出了挑战，是一项庞大且成本高昂的系统工程，既需要深厚的技术沉淀，也需要巨大的资金投入，还需要管理水平和员工技能达到相应的层次。

现阶段，全球范围内，数字孪生技术发展时间短，尚处于起步阶段。欧美等发达国家虽然发展起步早，但技术成熟度也不高，未来还有较大的提升空间。全球市场上的主要企业有达索、西门子、PTC、GE、SAP、ESI、ANSYS 等。数字孪生是一个复杂的系统工程，目前仅有少数工业巨头能够独自构建数字孪生解决方案，大多数企业需要通过能力互补、共同合作提供数字孪生服务。在整个产业玩家中，达索、西门子、PTC 三个巨头已经形成一体化数字孪生解决方案；有很多专业技术服务商围绕某一个领域、某一种孪生模型构建工具提供相应的服务，还有就是为很多企业包括装备制造商提供孪生模型的构建服务。

与美国、德国相比，中国对数字孪生的研究和关注相对较晚。目前，中国在工业、城市等领域的数字化程度仍然较为薄弱，缺乏构建数字孪生所需要的数据基础和技术支撑。但许多企业也在积极关注并开展数字孪生实践，提供数字孪生技术咨询平台和数字孪生技术的应用方案。国内主要有华为、腾讯、阿里巴巴、航天云网、树根互联、上海优也、安世亚太等企业在从事数字孪生相关技术的研发、咨询与应用实践。

在国家政策及下游需求的带动下，中国数字孪生技术市场规模出现了较快增长。2014 年中国数字孪生技术市场规模约为 27 亿元，2018 年增长到约 80 亿元，复合增长率在 30%以上。随着中国新基建的兴起，工业互联网的热度持续升高。作为智能制造的关键技术，数字孪生也在工业互联网探索的过程中受到了更多的关注，并逐渐向智慧城市、智慧医疗、智慧建筑等领域扩展。

抓住数字孪生技术的发展机遇，推动技术应用落地是眼前的重要任务。中国发展数字孪生技术或可从以下几方面着力：一是加强顶层设计，制定数字孪生参考架构。政产学研各方力量应共同推动制定数字孪生总体架构，抢占数字孪生国际标准制定权。同时，兼顾数字孪生参考架构与我国工业互联网原有架构的有效衔接，以及与美国工业互联网联盟（IIC）、日本工业价值链促进会（IVI）等参考架构的融通发展。二是夯实基础研究，加快突破数字孪生技术短板。一方面，政府要加强政策引领，出台数字孪生建设指南，设立相关科技专项，引导产业界开展数字孪生技术基础研究。另一方面，鼓励高校设立数字孪生相关学科，调动广大高校师生的积极性和创新性，并吸引其投入到数字孪生基础技术的研究中。三是推进应用普及，宣传数字孪生应用成果。组织开展数字孪生优秀应用案例遴选工作，树立各行业数字孪生应用标杆企业。加强数字孪生实景展示，鼓励全国各地工业互联网创新展示中心融入数字孪生解决方案。四是培育产业生态，开发数字孪生解决方案。遴选数字孪生优秀技术供应商，构建数字孪生解决方案资源库。培育数字孪生创新生态，鼓励数字孪生产业链上下游企业积极开展合作，共同打造数字孪生解决方案。①

---

① 刘阳．数字孪生是驱动制造业数字化转型重要力量．人民邮电，2019-11-26.

第八章　硬科技之新能源

新能源具有清洁、低碳的特点，符合碳中和发展需求，将在新一轮能源革命中成为主角。

——邹才能（中国科学院院士）

能源是人类赖以生存和进行生产的重要物质基础。进入工业化社会以来，以煤、石油、天然气等化石类燃料为主的能源更是极大地促进了人类社会和经济的发展。但随着经济的快速发展和人口的迅速增长，人类社会对能源的需求量越来越大，伴随产生的是化石能源短缺、人类赖以生存的生态环境被破坏，以及在复杂的国际关系下过度依赖化石能源导致的能源安全等问题，这使各国迫切需要新能源来满足能源需求、减少温室气体排放，以及推进能源供给多元化、保障能源安全。20世纪70年代，世界各国开始探索新能源，此后新技术层出不穷。至今，太阳能、风能、核能、氢能、生物质能、地热能、海洋能和潮汐能等新能源品种取得了不同程度的发展，并已成为世界主要国家重要的能源来源。其中，新技术是应对世界能源发展诸多挑战的主要力量。能源的硬科技，就是指这种具有引领性、创新性、经济性的技术。能源硬科技，其“硬”体现在这些技术是以自主研发为主的，是有着较为清晰的研发路径的，是需要长期钻研的，是具有较高技术门槛和技术壁垒的，是有明确的应用产品和产业技术的。发展能源硬科技，对于确保我国能源安全、促进我国能源经济的可持续发展、促进我国能源产业在激烈的国际竞争中占据主导地位都具有重要意义。

一、氢能

◎综述

氢能是指氢和氧进行化学反应所释放出的化学能，是一种清洁的二次能源。从氢能生命周期的角度来看，只要有水，有太阳能、光能、核能、电能等一次能源或者二次能源，就可以制成氢气。氢气的用途非常广泛，无论是发电、发热还是用作交通燃料，最后氢气又会与氧化物反应生成水。氢就像和电一样的能源载体，将地球上的能量源源不断地应用到人类生活的方方面面。另外，只要制氢的能量来源是可再生能源，那么整个氢能的生命周期也将是清洁环保可持续的。从氢能的生命周期也可以看出氢能源的特点：来源广，不受地域限制；可储存，适应中大规模的储能；是可再生能源的桥梁，可以将其变成稳定能源；零污染，零碳排放，是控制地球温升的主要能源；是全能的能源，可发电、可发热，也可用作交通燃料。此外，氢能还有燃烧热值高和能量密度大等特点，被誉为21世纪控制地球温升、解决能源危机的“终极能源”。

早在20世纪70年代，美国就成功地将燃料电池应用于“双子星五号”太空船和“阿波罗号”宇宙飞船上，成为第一个实现氢能源技术应用的国家。然而20世纪末期至21世纪初期，因成本问题，氢能源技术的发展近乎停滞。直到2014年日本燃料电池技术获得突破,[1] 再加上石油、煤炭等一次能源的储量逐渐减少导致能源紧缺，各国构建“氢能社会”的愿景才又被重拾，氢能也重新受到重视。

当前，我国能源发展主要面临的问题是：石油对外依存度高，能源安全存在系统性风险；环境问题亟待解决；能源系统效率总体偏低；碳排放量居高不下。在此背景下，能源消费革命和产业结构调整迫在眉睫，加快发展氢能产业具有重要意义。一方面，推广应用电解水制氢来消纳结构性过剩的水电、风电及光伏发电等可再生能源，既是我国能源安全战略的重要组成部分，也是我国优化能源消费结构的重要途径；另一方面，氢能产业链包括氢能基础设施、燃料电池系统、燃料电池车辆及其他氢能应用领域，发展氢能产业能够有效带动新材料、新能源、新能源汽车及氢储存与运输等制造业快速发展，有助于加快推动我国产业结构调整。

◎发展历程

近年来，随着传统能源引发气候变暖、污染及地缘政治危机，世界主要发达国家纷纷布局新能源发展，想要在氢能领域抢占先机。1990 年，美国政府颁布了《氢能研究、发展及示范法案》，制定了氢能研发 5 年计划。通过在氢能方面的长时间持续投入，美国已经形成了一套系统的促进氢能发展的法律、政策和科研方案。2003 年 11 月，由美国主导的《氢经济国际伙伴计划》在华盛顿宣告成立，标志着国际社会在发展氢经济上初步达成共识。

2013 年，日本安倍政府推出《日本再复兴战略》，把发展氢能源提升为国策，并启动加氢站建设的前期工作。在第 4 次《能源基

① 李雪娇．氢出于蓝氢能前景可期．经济，2019，(07).

本计划》中，日本政府将氢能源定位为与电力和热能并列的核心二次能源，并提出建设“氢能社会”的愿景。2014 年，日本经济贸易产业省成立的氢能/燃料电池战略协会发布《氢能/燃料电池战略发展路线图》，详细描述了氢能源研发推广的三大阶段以及每个阶段的战略目标：第一阶段是从 2014 年到 2025 年，快速扩大氢能的使用范围；第二阶段是从 2020 年中期至 2030 年年底，全面引入氢发电和建立大规模氢能供应系统；第三阶段从 2040 年开始，确立零二氧化碳的供氢系统。

2017 年 7 月，欧洲研究机构 N. ERGHY 协会正式更名为欧洲氢能研究所，并加强与欧洲氢能组织的合作，以促进氢能和燃料电池的发展。

2019 年 1 月，韩国政府发布《氢能经济发展路线图》，旨在大力发展氢能产业，引领全球氢燃料电池汽车和燃料电池市场发展。根据该路线图，韩国政府计划到 2040 年使氢燃料电池汽车累计产量由当时的 2 000 余辆增至 620 万辆，氢燃料电池汽车充电站从当时的 14 个增至 1 200 个。韩国政府认为，如果该路线图能顺利得到落实，到 2040 年可创造出 43 万亿韩元（约合 2 386 亿元人民币）的年附加值和 42 万个工作岗位，氢能经济有望成为拉动创新增长的重要动力。

2020 年，新冠肺炎疫情席卷全球，世界主要经济体纷纷推出绿色能源政策，氢能技术备受关注。2020 年 6 月和 7 月，德国和欧盟委员会相继通过了《德国国家氢能战略》和《欧盟氢能战略》。德国和欧盟的氢能战略总体上一脉相承，并认为氢能——特别是可再生能源产生的绿氢——将是支持德国和欧盟 2050 年实现碳中和的必要条件。《欧盟氢能战略》中提出，到 2024 年将安装 600 万千瓦的电解设施，以具备 100 万吨绿氢制备能力；到 2030 年将安装

4 000 万千瓦的电解设施，以具备 1 000 万吨绿氢制备能力；到 2050 年，制备的氢均为绿氢，并将 25%的可再生能源用于电解制氢。《欧盟氢能战略》中预计到 2030 年将需要投入 240 亿～420 亿欧元，到 21 世纪中叶将需要投入 1 800 亿～4 700 亿欧元。

2020 年 10 月，西班牙政府批准了《氢能路线图：对可再生氢的承诺》。该路线图指出，绿氢将是西班牙实现气候中和以及于 2050 年之前实现全国 100%可再生电力系统的关键。为此，西班牙拟在 2024 年前使电解槽装机容量达到 300 兆瓦～600 兆瓦；到 2030 年，使电解槽装机容量达到 4 吉瓦，并有 25%的工业用氢来自可再生能源。

2020 年 11 月，美国能源部发布了《氢能项目计划》，为其氢气研究、开发和示范活动提供了一个战略框架。

2020 年 12 月，加拿大政府发布了《加拿大氢能战略》，旨在支持 2050 年前实现净零碳排放的计划，并将“巩固加拿大作为清洁可再生燃料全球工业领导者的地位”，以此作为其经济复苏后工作的一部分。

长久以来，我国氢能和燃料电池发展面临国家层面缺乏统筹、原始创新能力较弱、制氢技术经济性有待提高、国际合作水平不高等问题。2016 年，氢能被列为《能源技术革命创新行动计划（2016—2030 年）》中的 15 个关键领域之一。2019 年“两会”期间，“推动充电、加氢等设施建设”首次被写入《政府工作报告》。

除政府外，各国企业也纷纷响应政策，推出氢能产品。根据国际氢能委员会的预计，到 2050 年，氢能将满足全球 18%的能源终端需求，创造超过 2.5 万亿美元的市场价值，氢燃料电池汽车将占据全球车辆的 20%～25%，届时氢能将成为与汽油、柴油并列的终端能源体系消费主体。

韩国现代汽车公司于2018年推出了氢燃料电池车NEXO，截至2020年10月底，该车在韩国累计销量突破10 000辆，成为全球首款在单一国家销量过万的氢燃料电池车型。

日本丰田汽车公司于2014年12月推出了氢燃料电池车Mirai，截至目前，该车在全球销量也已超过10 000辆。2020年12月，丰田汽车公司推出第二代Mirai，输出功率达到128千瓦，电堆体积功率密度由3.1千瓦/升大幅提升至4.4千瓦/升，储氢量提升了20%，续航里程提升至850公里。丰田计划使第二代Mirai的年销量达到3万辆以上，储氢罐、燃料电池电堆的生产规模将同步扩大。

在氢燃料电池商用车领域，中国仍是全球范围内的主要推广力量。《中国氢能源及燃料电池产业白皮书》指出，在商用车领域，2030年燃料电池商用车销量将达到36万辆，占商用车总销量的7%；2050年销量有望达到160万辆，占比37%。中国汽车工业协会的数据显示，截至2020年年底，我国累计推广氢燃料电池商用车7 200辆。

国外也已经开始在燃料电池商用车领域发力。美国专攻电动和燃料电池商用车的尼古拉公司（Nikola）成为资本市场的明星企业，迄今为止发布了3款开发中的燃料电池重卡车型。虽然产品仍未下线，但是凭借超过100亿美元订单预购，尼古拉公司2020年的市值一度超过福特汽车公司（Ford）。2021年年初，尼古拉公司发布了两款氢燃料电池卡车：Nikola Two FCEV Sleeper和Nikola Tre Cabover氢燃料电池版。其中，Nikola Two FCEV Sleeper基于一个专为北美长途运输场景设计的新型底盘研制，具备超大氢气容量和可扩展的储氢系统，可实现长达900英里（约1 448公里）的不间断行驶里程。尼古拉公司计划于2024年年底在北美市场投放该款卡车。Nikola Tre Cabover 氢燃料电池版适用于跨区域运输场景，其基于欧洲版高身平头车 Iveco S-Way 研制，具备可扩展的储氢系统，续航里程也达到了 500 英里（1 英里≈1.6 公里）。尼古拉公司计划于 2021 年第二季度在美国亚利桑那州工厂和德国乌尔姆工厂制造该款卡车的原型，于 2022 年年初进行道路测试，并于 2023 年下半年投产。除 Nikola Two FCEV Sleeper 和 Nikola Tre Cabover 氢燃料电池版外，尼古拉公司在此前推出了 Nikola Tre Cabover 纯电版，该款卡车续航里程为 300 英里，适用于城市及小范围跨区域场景。尼古拉公司表示，这三款卡车所对应的三个应用场景可满足北美交通运输市场需求。

欧洲最大的两家商用车制造商戴姆勒汽车公司（Daimler AG）与沃尔沃集团（Volvo）于 2020 年 4 月宣布共同研发燃料电池商用车。韩国现代独立研发的燃料电池卡车 H2 Xcient 自 2020 年 2 月起进行了路试，并于 7 月交付瑞士当地物流企业。

家庭用燃料电池系统的应用也越来越多。日本的家用燃料电池热电联供系统（ENE-FARM）领先世界。ENE-FARM 是一种在家庭中可高效利用的燃料电池能源系统，它通过天然气重整制取氢气，再将氢气注入燃料电池中发电，同时利用发电时产生的热能供应暖气和热水，整体能源效率可达 90%。与传统发电系统相比，ENE-FARM 可以将大型热力发电厂很难利用的废热有效地利用起来，从而大幅提高了能源利用效率；与可再生能源（太阳能、风能等）发电系统相比，ENE-FARM 不受天气限制，可在任意时间发电。此外，ENE-FARM 安装在家里，不依赖现有电网，可在大规模停电时应急使用，并且几乎没有输电损失。日本 ENE-FARM 的制造商主要有爱信精机、松下、东芝三家。三家公司产品发电效率均可达 40%，总效率高达 90%以上，耐用时间超过 8 万小时，启动时间只需 1～2 分钟，可按需求并网使用。[①] 据悉，用户使用 ENE-FARM 系统每年可节省照明和取暖费约 6 万日元。2014 年，ENE-FARM 全球销量 11 万套，售价 149 万日元（约合 8.7 万人民币）。目前，日本已有超过 32 万户日本家庭购买了 ENE-FARM，主机价格平均降到低于 100 万日元（约合 5.9 万元人民币），政府补贴也已经下降到最高 8 万日元（约合 4 718 元人民币）的水平。

美国和韩国重点推广的大型固定式的商用分布式发电系统虽然套数少，却是装机容量的主要贡献者。美国 Bloom Energy 公司可为用户提供 200 千瓦至兆瓦级的分布式供电方案，目前已在全球部署运行了超过 500 兆瓦的发电系统。美国 Fuel Cell Energy 公司主要生产百千瓦级的固体氧化物燃料电池（SOFC）系统和兆瓦级的熔融碳酸盐燃料电池（MCFC）分布式热电联供系统，目前已在全球安装了超过 300 兆瓦的分布式电站设备。

澳大利亚 LAVO 公司、新南威尔士大学（UNSW）氢能研究中心与澳大利亚投资公司 Providence Asset Group 也推出了家用氢电池设备。该设备尺寸与大型冰箱相近，重量仅为 324 千克，由水净化系统、电解系统、氢气罐和发电系统四部分组成，能储存约合 40 千瓦时的能量，可为普通家庭供电两到三天。

除了终端应用领域不断推进外，全球继续不断完善氢能基础设施。据市场研究公司 Information Trends 的《2021 年全球氢燃料站市场》报告，截至 2020 年年底，全球已有 33 个国家和地区共部署了 584 座加氢站，其中欧盟 189 座，日本 150 座，中国 111 座，美国 70 座。在新增加氢站方面，亚洲是主导力量。2020 年，中国、

---

① 舟丹．日本家用热电联产系统．中外能源，2020，25（12）．

日本、韩国分别新增在运营加氢站 49 座、25 座、19 座。

在氢气制取方面，绿氢是实现全球去碳化的发展方向。一般而言，根据不同的制备技术以及制备过程中环保程度的高低，将氢分为灰氢、蓝氢和绿氢。灰氢主要由煤气化、天然气裂解和甲醇重整技术生产，生产过程中排放大量二氧化碳；蓝氢则是在灰氢基础上对二氧化碳进行捕集，减少了碳排放；绿氢则是利用太阳能、风能等可再生能源发电电解水而产生的氢气，在生产过程中没有二氧化碳排放。近年来，对绿氢的研究越来越热。由洲际能源、CWP 亚洲能源、维斯塔斯、麦格理等联合开发投资的亚洲可再生能源中心项目，计划利用 16 吉瓦的陆上风电和 10 吉瓦的太阳能为 14 吉瓦的电解槽提供电能，每年将生产 175 万吨氢气，并向亚洲出口绿色氢气和绿色氨。由壳牌、Equinor、RWE、Gasunie、Groningen Seaports 等联合开发投资的荷兰 NortH2 项目，将利用海上风电电解大规模制造绿氢，产量约为每年 100 万吨，将为荷兰和德国的重工业提供动力。由 Air Products、ACWA Power 和 Neom 联合开发投资的沙特 Helios 绿色燃料项目，计划利用 4 吉瓦可再生能源每天制氢 650 吨。由中国京能集团开发的中国京能内蒙古项目也将利用陆上风能和太阳能电解生产氢气，预计每年将生产 50 万吨绿氢。此外，研究人员也在不断优化绿氢的制备方法，如美国斯坦福大学研究人员成功利用太阳能、电极和未经净化的海水制造出氢燃料。传统的电解水制氢对水的纯净度的依赖性较大，因为水中高浓度的盐会腐蚀产生电解电流的金属电极，从而限制整个系统的使用寿命；而斯坦福大学的研究人员将碳酸盐和硫酸盐分子整合到镍阳极上的铁镍涂层中，可以防止海水中的氯离子穿透涂层，腐蚀电极，从而使电极能持续工作上千个小时，降低了氢燃料的生产成本。

◎近年重大进展

氢能产业链包括制氢、储存、运输以及氢气利用，其中，制氢是基础，储存和运输是氢气利用的核心保障。氢能产业链的上游是氢气的制备环节，主要技术方式有化石能源制氢、副产制氢、可再生能源制氢、电解水制氢以及光解水制氢等；中游是氢气的储运环节，主要技术方式包括低温液态、高压气态和金属氢化物储氢等；下游是氢气的应用，氢气应用可以渗透到传统能源的各个方面，包括交通运输、工业燃料、发电发热等，主要技术是直接燃烧和燃料电池技术。

钢铁行业以氢替代煤技术已开始研发和示范。2016 年，瑞典钢铁公司（SSAB）、瑞典大瀑布电力公司（Vattenfall）和瑞典矿业集团（LKAB）联合成立了 HYBRIT 项目。项目的基本思路是：在高炉生产过程中用氢气取代传统工艺中的煤和焦炭（氢气由清洁能源发电产生的电力电解水产生），氢气在较低的温度下对球团矿进行直接还原，产生海绵铁（直接还原铁），并从炉顶排出水蒸气和多余的氢气，水蒸气在冷凝和洗涤后实现循环使用。韩国政府在 2017—2023 年投入 1 500 亿韩元（约合 8.32 亿元人民币），以官民合作方式研发氢还原炼铁法。韩国计划通过以下三步完成氢还原炼铁：从 2025 年开始试验炉试运行；从 2030 年开始在两座高炉实际投入生产；到 2040 年 12 座高炉投入使用，从而完成氢还原炼铁。2019 年 11 月，位于德国杜伊斯堡的蒂森克虏伯钢铁厂第一批氢气被注入 9 号高炉，这标志着“以氢（气）代煤（粉）”作为高炉还原剂的试验项目正式启动。在传统的工艺流程中，需要在高炉中消耗 300 千克的焦炭和 200 千克的煤粉作为还原剂，才能生产出 1 吨生铁。采用“以氢代煤”炼铁工艺后，用氢气替代焦炭和煤炭投入高炉中作为铁矿石的还原剂，可以减少钢铁生产过程中的一部分二氧化碳排放。这一尝试预示着钢铁产业进入了一个新时代。

氢能有更广阔的应用范围。在氢动力火车方面，2018 年 10 月，全球首列搭载乘客的氢动力火车 Coradia iLint 于德国首次投入服务，开往下萨克森州。氢动力火车由法国阿尔斯通公司生产，时速可达 140 公里，每次充电后可以行驶 1 000 公里。列车顶部安装有氢燃料箱和将氢转化为电的燃料电池。行驶过程中产生的多余能量被转移到位于地板下的锂离子电池中，当列车速度下降时，电池将启动。2020 年 11 月，德国国铁（Deutsche Bahn）也宣布与西门子开发了名为 Mireo Plus H 的氢气动力火车，该列车有 600 公里左右的续航力，时速可达 160 公里。在氢动力飞机方面，早在 2008 年，空客公司就开始了这方面的尝试。2020 年 9 月，空客公司推出了三种基于氢动力概念的飞机，其一是基于涡轮扇设计，航程约 2 000 海里（1 海里≈1.85 公里），可跨大陆飞行，可载客 120～200 人的氢动力飞机。该概念飞机由一个改装的氢能驱动燃气涡轮发动机提供动力。其二是基于涡轮螺旋桨设计，使用经过改装的燃气涡轮发动机提供动力，航程约 1 000 海里，可载客约 100 人的氢动力飞机。其三是采用机翼与机身合并的混合翼体设计的氢动力飞机，航程约 2 000 海里，可载客约 200 人。此外，荷兰代尔夫特理工大学还研发了氢动力无人机。该无人机使用氢燃料电池和辅助电池的组合作为动力源，配有压力 300 巴（1 巴＝100 千帕）、容量 6.8 升的碳复合氢气钢瓶。气缸将低压氢气输入功率 800 瓦的燃料电池，然后将其转化为电能为无人机供电，其机翼上分布了 12 个可旋转角度的螺旋桨单元，可实现垂直起飞和降落，且在个别电机出现故障的情况下，无人机仍可维持飞行和着陆。

◎我国现状、面临的挑战和建议

整体来看，我国氢能发展存在以下三点不足：

一是氢能大规模商业化应用仍面临诸多挑战。从制氢环节看，现有制氢技术大多依赖煤炭、天然气等一次能源，经济、环保性问题依然突出。利用核能、生物质气化制氢尚不成熟，利用太阳能或风能等可再生能源则存在效率低、综合成本高等问题。从储氢环节看，虽然加压压缩储氢技术、液化储氢技术、金属氢化物储氢技术和有机化合物储氢技术均取得了较大进步，但储氢密度、储氢安全性和储氢成本之间的平衡关系问题尚未解决，离大规模商业化应用还有一定差距。从用氢环节看，氢燃料电池汽车规模不足，导致加氢站建造成本居高不下，难以大规模铺设。加氢站数量不足，反过来又导致用户不愿意选用氢燃料电池汽车。总体来看，用氢环节的便利性和成本控制难以兼顾。

二是基础研究能力不足，知识产权保护力度弱。从全球范围的氢能专利布局看，大量核心专利掌握在美国、日本等国的大型企业手中，我国尚未成为主导国际氢能发展的技术来源方。国外专利申请者多为实力雄厚的跨国企业，在行业内具有绝对领先的技术优势和资本优势；而国内专利申请者多为高校和科研院所，应用技术基础研究能力薄弱，产品转化速率较低。此外，以丰田、本田为首的国外跨国企业，具有很强的专利保护意识和清晰的国际专利布局战略意图，在很多国家都申请了相当数量的 PCT 专利。相比之下，中国研发机构的专利保护意识不足，在国外申请专利的数量较少，不利于未来参与市场竞争或进行市场拓展。

三是标准化建设不足制约氢能产业发展。在氢能产业发展的过程中，目前依然面临着“谈氢色变”的问题。全球学术界和产业界已形成共识：只要按照标准来发展氢能产业，安全程度是可保障的。目前，氢能方面的标准已经超过 21 项，但远远不能满足产业发展的需求，而没有相应基础标准的支撑，新产品推广就会受限。

氢能是未来能源革命的突破口之一，其发展和利用必将带来能源结构的重大改变。氢能与燃料电池涵盖了庞大的技术体系，对科学技术发展具有重要的辐射作用。但氢能发展中尚存在诸多技术瓶颈与现实挑战，短期内高强度投资布局或不利于行业可持续发展。对此，首先，我国应适度审慎布局氢能产业发展。氢能利用仍面临诸多障碍，在技术实现重大突破、成本显著下降之前，投入过多政治意愿、加大资金支持反而不利于氢能产业的发展。我国的社会经济发展现状在一段时期内还无法承受向前景不够明朗的氢能经济转型的巨大不确定性。针对国内现状，我们应适度审慎布局氢能产业发展，厘清发展思路和定位，优先在军事用途、空间开发、偏远地区供能、与可再生能源结合、小规模商用热电联供等方面发展氢能产业。

其次，我国应依靠市场主导，合理制定补贴政策。目前，我国氢能产业存在一哄而上的现象，缺乏统筹规划，群龙无首、各自为战的现象十分突出。国家对于氢能产业的高额补贴，或将导致资本蜂拥而至，一些没有发展“氢经济”天然禀赋的地方也争相发展氢能产业。对此，我国应鼓励发展市场主导的氢能产业，合理制定补贴政策，积极培养市场基础，推动制氢、储氢、用氢的高效发展。

最后，我国应大力提升科研成果转化效率。一方面，我国应加强企业、高校的专利保护意识，提升参与国际市场竞争的强度，做好国际专利申请和布局，积极抢占科技创新的制高点；另一方面，我国应加强高校与传统技术优势企业的合作，将各方优势结合起来，促进核心技术的研发与应用，通过专利许可、专利转让等形式，实现技术创新成果的市场价值最大化。此外，还应鼓励国内、国际合作，借鉴其他产业行之有效的经验。[①]

二、太阳能

◎综述

太阳能具有永久性、储量大、清洁无污染等特点，是目前应用技术比较成熟、资源分布最为广泛的可再生能源。太阳能发电的利用方式分为光伏发电和光热发电两种，其中光伏技术在全球范围内已得到规模化应用。

早在1839年，法国物理学家埃德蒙·贝克勒尔（Edmond Becquerel）便发现光生伏打效应。该效应指半导体在受到光照射时产生电动势的现象，这是太阳能电池的重要原理之一。此后，随着半导体工业的发展，美国贝尔实验室于1954年成功制成了转化效率达6%的实用光伏电池。这一时期光伏技术主要被用于太空领域。20世纪70年代，石油危机使世界各国认识到开发新能源的重要性，各国也逐渐将光伏发电技术应用于民用。美国于1973年就制订了太阳能发电计划，相关研究经费大幅增长。随着背表面场、细栅金属化、浅结表面扩散、表面织构化等技术的发展，光伏发电转化率有了显著提升，其商业化进程也不断加速。20世纪末至21世纪初，美国、欧盟、日本和德国等国家和地区纷纷推出大规模光伏发展计划，全球光伏产业进入了高速发展期。21世纪前十年，德国、意大利、西班牙等欧洲国家是全球光伏装机增长的主要地区；而后，我国逐渐取代欧洲，成为全球最大的光伏市场。根据国际能源署

---

① 王学军．基于加氢站建设的氢能源产业链分析．中国氯碱，2019，(07)．

（IEA）发布的《世界光伏市场概览 2020》报告，截至 2019 年年底，我国光伏累计装机容量为 204.7 吉瓦，约占全球光伏总装机容量的 1/3，所占比例已连续五年居全球第一。其次是欧盟（131.3 吉瓦）、美国（75.9 吉瓦）、日本（63.0 吉瓦）和印度（42.8 吉瓦）。根据中国光伏行业协会（CPIA）发布的《2019—2020 年中国光伏产业年度报告》，我国光伏龙头企业凭借着其晶硅技术及成本控制方面的优势，占据全球光伏产业领导地位，我国多晶硅、硅片、电池片和组件的产能在全球的占比分别提升至 69.0%、93.7%、77.7%和 69.2%。

◎近年重要趋势

近年来，随着电池效率和应用技术水平的提升，光伏发电成本持续下降，光伏发电已成为世界主要国家能源的重要组成部分，且光伏发电已具备经济竞争力。国际可再生能源机构（IRENA）于 2020 年 6 月发布的《2019 年可再生能源发电成本》报告指出，2010—2019 年间，全球公用事业规模的光伏电站加权平均发电成本大幅下降了 82%左右，从 2010 年的 0.378 美元/千瓦时降至 2019 年的 0.068 美元/千瓦时，光伏发电已具备经济竞争力。2019 年并网的光伏发电项目，40%低于当地最便宜的化石能源电力，而于 2021 年并网的光伏发电项目平均电价为 3.9 美分/千瓦时，大部分低于当地最便宜的化石能源电力。2020 年，光伏招标电价也屡创新低：年初，卡塔尔和阿布扎比招标项目电价分别为 1.6 美分/千瓦时、1.35 美分/千瓦时；8 月，葡萄牙招标项目电价为 1.316 美分/千瓦时，为全球最低；12 月，印度招标项目电价为 2 卢比/千瓦时（约合 2.7 美分/千瓦时）。国际能源署预计，2023 年太阳能和风能的累计装机容量将超过天然气，到 2024 年将超过煤炭。到

2025 年，仅太阳能光伏就会占到可再生能源新增装机容量的 60%。在成本进一步降低的推动下，到 2025 年，以太阳能光伏和风能为主的可再生能源将占到全球电力新增装机容量的 95%，可再生能源将超过煤炭，成为全球最大的电力来源。届时，预计可再生能源将提供世界 1/3 的电力。

世界主要国家纷纷加大太阳能技术的研究力度。近年来，美国持续为太阳能项目投入资金。2017 年，美国能源部太阳能技术办公室（SETO）为约 70 个太阳能项目提供了 1.055 亿美元的资金。这些项目将改进太阳能光伏发电和集中太阳能热电（CSP）技术，并将这些技术安全整合到国家电网，为满足太阳能行业未来需求做好准备。这些研究项目将解决技术开发早期阶段的问题，对现有的太阳能技术进行重大改进，并保持美国在太阳能领域的领先地位。2018 年 10 月，美国能源部宣布拨款 5 300 万美元，资助 53 个创新研究项目，以推进早期太阳能技术的发展。这些项目将推动光伏和聚焦型太阳能热发电技术的研发以降低太阳能发电成本，支持太阳能劳动力培训以扩大可再生能源领域的就业机会。项目所涉及的方向包括：光伏研究和开发（27 个项目，2 770 万美元）、聚焦型太阳能技术研究与开发（15 个项目，1 240 万美元）、通过劳动力技能培训改善和扩大太阳能产业（7 个项目，1 270 万美元）。2019 年 3 月，美国能源部又拨款 1.3 亿美元用于推进早期太阳能技术的新研究。该资助计划针对 5 个研究领域，分别为光伏研究与开发（2 600 万美元）、聚光太阳能热发电研发（3 300 万美元）、太阳能系统软成本降低（1 700 万美元）、制造创新（1 000 万美元）、先进的太阳能系统集成技术（4 400 万美元）。2020 年 5 月，美国政府批准了由“股神”沃伦·巴菲特投资的美国史上最大的太阳能项目。该项目名为“双子座太阳能项目”（Gemini Solar Project），位于美国内华达州拉斯维加斯东北方向约 30 公里处，占地约 7 100 英亩（约 28.73 平方千米），装机容量 690 兆瓦，可为约 26 万户家庭供电，能够覆盖整个拉斯维加斯的人口。除利用光伏太阳能电池板发电外，该项目还包括一个 380 兆瓦的大型电池储存系统，储存白天产生的太阳能以供傍晚需求高峰期使用。2020 年 11 月，美国能源部再次向太阳能技术项目投资 1.3 亿美元，以支持 30 个州的 67 个具体项目，从而推动太阳能技术新项目的发展、降低太阳能成本、提高美国制造业的竞争力，并提升国家电网韧性。具体来看，项目包括：8 个太阳能光伏硬件研究项目，旨在延长太阳能光伏系统的运行时间，提升硅太阳能电池系统韧性，发展薄膜和双极太阳能电池等新技术；集成热能储备和布雷顿循环设备演示（TEST-BED）项目，建设和运行超临界二氧化碳动力循环（S-CO2）；10 个集成系统项目，旨在提升光伏逆变器和电力系统安全性，发展社区韧性微电网，使电力持续；10 个人工智能项目，利用机器学习进行预测，改善配电系统和仪表态势感知，整合更多太阳能发电；10 个孵化器项目，支持美国太阳能制造业；6 个太阳能演化和扩散研究项目；4 个太阳能和农业项目；18 个小型太阳能创新项目。

◎近年重大进展

从光伏电池材料来看，光伏技术可分为三代。第一代材料为单晶硅和多晶硅，具有寿命长和转化率高等优点，但存在成本高、污染大、受环境影响大等缺点。第二代材料主要包括非单晶硅、碲化镉和铜铟镓硒等，具有成本低、弱光性能好和制备简单等优点，但也存在转化率低和污染大等缺点。第三代光伏电池技术正处于研发阶段。

钙钛矿电池被认为是下一代光伏发电技术，目前已取得了一定突破。2020 年，美国斯坦福大学开发了一种制造钙钛矿电池的新方法，即快速喷涂等离子工艺。该工艺由带有两个喷嘴的机器实施，第一个将钙钛矿前体的液体混合物喷到玻璃上，第二个喷出带有等离子体的液体，从而迅速形成一层钙钛矿薄膜。通过采用该方法，钙钛矿膜生成速度达到每分钟 12 米，成本也降至每平方英尺（1 平方英尺≈0.09 平方米）0.25 美元，约是硅材料价格的 1/10，最终产品效率达到 18%，连续使用 5 个月后效率为 15.5%。尽管实验室效果显著，但斯坦福大学的研究人员在总结时仍提出，钙钛矿电池正站在商业化与失败的交叉路口上，稳定性和其他商业化问题仍有待解决，并认为时间分界点在 3 年内。2020 年 12 月，牛津光伏公司（Oxford Photovoltaics）宣布，其开发的钙钛矿/硅串联电池实验室效率达到 29.52%（电池尺寸 1.12 平方厘米），并已通过美国可再生能源实验室的认证，超过了 2020 年 1 月德国海姆霍兹柏林材料所（HZB）创造的 29.15%的电池效率。香港城市大学在 2020 年研发的全无机钙钛矿电池效率达到 16.1%，同时其获中国计量科学研究院认证的电池效率也达到 15.6%。该电池采用了倒装式结构设计，适合制成叠层式电池，特色是能够同时吸收不同光谱的太阳光，使其光电转换率未来有望超过 30%。澳大利亚新南威尔士大学与悉尼大学合作研究了金属卤化物钙钛矿电池，这种电池采用了简单、低成本的聚异丁烯（合成橡胶）基或聚烯烃基聚合物—玻璃组合物封装电池，使电池具有优异的耐久性，超出了“IEC 61215：2016”湿热和湿冻测试的要求。罗马大学、弗劳恩霍夫有机电子研究所和南哥伦比亚大学联合开发了一种可弯曲和折叠的钙钛矿电池，将可满足越来越多柔性电子设备的需求。2021 年 3 月，西北工业大学黄维院士团队提出以一种多功能的“离子液体”作为溶剂来替代传统的有毒的有机溶剂制备钙钛矿光伏材料，用这一方法制备的材料具有稳定性强、制备工艺简单等优势。相关研究成果解决了传统钙钛矿光伏材料制备过程中的世界性难题，实现了光伏领域的重大突破。

此外，光伏转换效率纪录不断被刷新。中国汉能控股集团的HJT电池达到25.1%的转换效率，刷新了中国HJT电池的转换效率纪录，也刷新了日本三洋公司此前达到的24.7%的全球转换效率纪录。加拿大阿特斯阳光电力公司和中国晶科能源公司在多晶硅太阳电池方面连续打破转换效率纪录，其中晶科能源公司创造了仔晶诱导铸锭（DS）N型多晶硅TOPCon（thin oxide passivated contact，一种钝化接触型电池）双面电池24.4%的全球最高效率。杭州纤纳光电科技公司小型钙钛矿光伏组件创造了18.04%的转换效率，刷新了此前由其保持的17.25%的转换效率的世界纪录。

除常规光伏应用外，美国已在天基太阳能方面取得突破。天基太阳能系统主要由空间段系统和地面段系统组成：空间段系统在外层太空捕获太阳能，将太阳能转换为电能，再将电能转换为微波或激光等其他形式，以无线方式传输到地球或其他太空设施；地面段系统将接收到的微波或激光等转换为电能，供人类使用。天基太阳能的优势在于太空接收太阳能不受地球大气、天气和昼夜影响，太阳能利用率高，能源环保清洁，可持续提供电能。天基太阳能可以大大减少人类对化学燃料的依赖，可向包括基础设施最薄弱的偏远地区、前沿阵地的军事基地和遭受自然灾害破坏的地区提供电力，同时还可作为高功率微波武器来进行反卫星作战，或成为大国太空竞争中游戏规则的改变者。2019年5月，美国海军研究实验室（NRL）在海军水面作战中心使用2千瓦激光发生器发射400瓦激光束，在325米外的光伏发电接收器接收后，将激光能量转化为直流电，再转化为交流电，供电灯、几台笔记本电脑和一台咖啡机运行，从而演示了电力波束传输能力，验证了从传输到接收的技术安全性和技术完备性；2020 年 2 月，美国海军研究实验室利用发光整流天线（LECtenna）在国际空间站（ISS）上工作正常，使得发光二极管点亮，证明了空间传输的可行性；2020 年 5 月，美国海军研究实验室在 X-37B 上搭载了“光伏射频天线模块”（PRAM），首次在轨验证了天基太阳能发电系统电力电磁波传输的可行性。如果美国成功发展出这种能力，美国将利用它为其军事作战和进一步推进太空产业化提供有力支持，这种无限供应的清洁能源也将强化美国的世界领先地位。

◎我国现状、面临的挑战和建议

中国光伏制造业已经连续多年在全球光伏产业链各环节上占据一半以上（部分环节占据 90%以上）的产量和产能。近年来，光伏发电商业化应用技术进步和产业升级主要来自国内制造业的竞争拉动。预计在国内国际两个市场带动下，国内光伏制造业将进入新一轮的产能扩张阶段，对全球光伏制造格局变动和推进成本继续下降产生重要影响。从短期形势看，晶体硅光伏电池技术成熟，在当前和可预见的时间内是光伏发电商业化应用的主流。近年来，商业化晶硅光伏电池的效率保持每年 0.2～0.5 个百分点的提升速度。电池片效率方面，国内企业近年来有 19 次上榜美国可再生能源实验室（NREL）光伏电池效率榜。2020 年上榜的多晶电池效率为 23.81%，单晶 TOPCon 电池效率为 24.79%。2020 年商业化量产单晶电池效率普遍达到 22.8%，龙头企业和产品则超过 23%。我国应继续加大攻关力度，更充分地利用光伏，拓宽光伏应用范围，助力我国新能源转型发展。此外，太阳能燃料、量子光电池、天基太阳能、斯特林发动机和干热岩等颠覆性的太阳能技术，是以光伏技术为发展根基的新技术，我国应关注这些技术在支持前线作战基地和海外远征基地的联合军事行动方面的作用，加紧布局研究，争取早日取得突破。

三、核能

◎综述

核能作为清洁、低碳、安全、高效的基荷能源，在应对全球气候变化中起到了积极的正面作用，并有望实现对传统化石能源的替代。核能发电是利用核反应堆中核裂变所释放出的热能进行发电，它与火力发电原理相似，不同之处在于核能发电以核反应堆及蒸汽发生器代替了火力发电的锅炉，以核燃料裂变能代替了矿物燃料的化学能。核反应产生的热能通过蒸汽系统转化为蒸汽动能，带动发电机发电。核电拥有以下优点：一是清洁。与火电厂燃烧化石能源相比，核电站是利用核裂变反应释放能量来发电。核能发电不会产生二氧化硫等有害气体，不会对空气造成污染。二是环保。核能发电不会像化石能源发电那样产生二氧化碳。发展核电有助于减轻温室效应，改善气候环境。三是低耗。核电站所消耗的核燃料比同样功率的火电厂所消耗的化石燃料要少得多。[①] 例如，一座百万千瓦级的火电厂每年要消耗约 300 万吨原煤，相当于每天要有一列 40 节车厢的火车为它拉煤；而一座同样功率的核电站每年仅需补充约 30 吨核燃料，后者仅为前者的十万分之一。四是占地面积小。相

---

① 王栋．金属材料辐照损伤的动力学蒙特卡洛数值模拟程序开发及并行优化．大连：大连海洋大学，2020［2021－04－22］. http：//iffya3124ee6ecc3b443dswk9xn0foo65p6xnb. fgzb. libproxy. ruc. edu. cn/thesis/ChJUaGVzaXNOZXdTMjAyMTA1MTkSCUQw-MjIzOTA0MBoIZXR5a2N5a3A%3D.

对于风能、太阳能等可再生能源来说，核能发电在占地规模及能源供应安全性方面有着显著优势。例如，太阳能发电占地约为同等规模核能发电的20倍，风力约为80倍。另外，风能、太阳能受天气的影响较大，两者年满功率运行时数不到1 500～2 500小时，可运行率低于30%，远远低于核能发电的运行指标。

核能起步于20世纪50年代。1954年，苏联建成了世界上第一座实验性石墨水冷堆奥布宁斯克核电站；1957年，美国建成并投入商业运行世界第一座商用压水堆希平港核电站；英国和法国也在20世纪50年代建成若干石墨气冷堆核电站，这一时期的实验性和原型核电机组被称为第一代核电机组。20世纪60年代，全球核能进入发展期，在实验性和原型核电机组基础上，西方主要发达国家纷纷加入核能发展行列，这一阶段的核电技术趋于成熟，拥有核电站的国家逐年增多。特别是1973—1974年的石油危机，将世界核电的发展推向高潮；80年代，全球核能建设迎来高峰期，建成投运的核电机组达259台，其中223台至今仍在运行。目前世界上用于商业运行的400多座核电机组绝大部分是在这段时期建成的，被称为第二代核电机组。但1979年美国的三哩岛核电事故和1986年苏联的切尔诺贝利事故使公众对于核电的安全产生怀疑，全球核电发展进入低谷期。美国电力研究院于90年代出台了“先进轻水堆用户要求”（URD）文件，用一系列定量指标来规范核电站的安全性和经济性。欧洲出台的EUR文件，也表达了与URD文件相同或相似的看法。国际上通常把满足URD文件或EUR文件要求的核电机组称为第三代核电机组，如中国的CPR-1000、三菱先进压水堆（APWR）、西屋AP600和增强型坎度重水堆6（EC6）等[①]。

---

① 王丽新．世界核电发展史简介．科技创新与应用，2012，(06Z).

目前，新建核电机组多为第三代核电机组，世界各国也正在探索第四代核电机组，并已取得突破。根据世界核协会和原子能机构动力堆信息系统数据，截至 2020 年 11 月，全球共有在运核电机组 443 台，总装机容量 392 769 兆瓦，核电占全球发电份额的 10.7%；有在建机组 54 台，约能提供 56 694 兆瓦的电力。全球年发电总量 2 676 太瓦时，占全球发电总量的 10.5%。根据国际原子能机构数据库，截至 2021 年 8 月 11 日，全球在运核电机组数量排名前五位的国家分别为美国（93 台）、法国（56 台）、中国（51 台）、俄罗斯（38 台）、日本（33 台）。

此外，近年来核聚变也取得了一定进展。核聚变即轻原子核结合成较重原子核，并释放出巨大能量。最常见的核聚变即氘和氚聚变成氦。核聚变主要有三个优点：一是原料来源丰富，核聚变的原料是重水，可以直接从海水中提炼；二是核聚变的过程及其产物均不会对环境造成污染，也不会造成核泄漏；三是安全可靠，只要去掉核聚变反应条件中的任何一项，反应就会彻底停止，不会发生像日本福岛核电站的核裂变反应堆那种因地震而停止运行后核燃料还继续发热引起爆炸的事情。可控核聚变因具有资源丰富、固有安全性、环境友好等优点，可以彻底解决人类社会的能源问题与环境问题。

◎核能发展的全球格局

世界主要国家加大力度发展核能。2017 年 1 月，美国众议院通过了两个与核能有关的法案——《先进核技术发展法案》和《能源部创新法案》。这些法案将有助于美国创造更多的就业机会，并促进下一代核反应堆技术的发展。2020 年 7 月，美参议院通过了《核能领导法》，旨在推动先进反应堆的发展、加速新一代反应堆商业化、为先进核反应堆提供燃料和发展核能劳动力，并借此重新确立美国在核能领域的领导地位。美国能源部也不断加大核能投资力度。2017年6月，美国能源部宣布为核技术研究投资近6 700万美元。这些资金将通过能源部的三个计划来提供："核能大学计划"（NEUP）、"核能用能技术"（NEET）和"核科学用户设施"（NSUF）。2017年10月，美国能源部宣布投资2 000万美元用于确定和开发能够实现的先进反应堆技术，这是美国能源部先进能源研究计划署（ARPA-E）倡议下的一项新计划，将重点开发新的、创新支持技术，以实现下一代核电站的安全运行，大幅缩短建设和调试时间，降低建设成本。美国能源部核能办公室（NE）于2021年1月发布《战略愿景》，旨在推进先进核能科技发展以促进核能产业壮大，满足美国的能源、环境和经济需求，保证美国的核能领导地位。

俄罗斯是全球核技术最先进的国家之一，也是核技术标准制定和出口的主导国家之一，在国际市场开发和国内核电建设方面均取得了不俗的成绩，是在境外建设核电站规模最大的国家。为保持俄罗斯在国际核电发展中的领先地位，俄罗斯政府赋予了俄罗斯原子能公司更多政治权力。2018年1月，俄罗斯议会上院联邦委员会批准新法案，原子能公司监事会具有了批准核电项目开发和融资的权力，这意味着原子能公司无须在包括项目的开始阶段在内的各个阶段经过议会的批准，便可以依据首次批准的权力将项目推进下去。

英国政府2020年7月宣布将投资4 000万英镑用于开发下一代核能技术。其中3 000万英镑将用于支持英格兰牛津郡、柴郡和兰开夏郡的三个先进模块化反应堆项目。模块化反应堆比传统的核电站小，并可利用核反应中产生的巨大热量来产生低碳电力。

世界核电发展中心正从欧美转移向亚洲。虽然未来一段时期内全球核电仍呈总体增长势头，但不同地区变化趋势和幅度不尽相同，总体区域性特点是发展中地区呈现明显增长趋势，相比之下，发达地区呈现有限增长、停滞或萎缩态势。世界核电发展的中心正从欧洲、北美向亚洲转移。国际原子能机构对世界各地到 2050 年前的核反应堆数量、容量和核能发电量分别做出了区域性预测。从核反应堆数量与容量来看，在保守情形下，北美地区到 2050 年将淘汰约 77 吉瓦的核电机组，而新增核电机组只有 4 吉瓦；北欧、西欧和南欧地区已宣布将逐步淘汰核电，其核电装机将从 2018 年的 111 吉瓦降至 2050 年的 42 吉瓦；东欧地区核电装机将缓慢增长 7.8%，达到 55 吉瓦，在电力装机中占比将从 11.2%降至 9%；中亚、东亚地区核电装机容量将从 2018 年的 106 吉瓦增至 2050 年的 149 吉瓦，增速将低于电力装机容量增速。

国际核电市场竞争将愈发激烈，第三代核电技术将成为国际核电市场竞争的主角。2011 年福岛事故后，核电的发展并未停止，具有更高安全性能的三代核电技术反而迅速发展。目前，世界上仅有俄罗斯、美国、法国、中国、韩国、日本六个国家具备出口三代轻水堆核电机组的实力，六国对国际市场份额的竞争将愈发激烈。新兴核能国家的市场份额将成为各国主要的竞争目标。亚洲、拉美等地虽然有广阔的核电发展市场，但由于受到技术、政策、人才等一系列因素限制，多数发展中国家不能负担独立的核电站建设任务，同时，发达国家核电工业发展已较为成熟，核电巨头在本国的在建项目占比逐年降低，因此这些发达国家的成熟企业将更为迫切地寻求新兴市场开发机遇。昔日的行业领导者如今仍然是主要项目的供应商。部分有前景的大型项目，比如印度核电站项目还会考虑美国西屋公司等老牌核能企业。与此同时，这些企业的影响力正在减小，中国、韩国等在核能出口领域有新企业涌现。由于早期核电技术的积累和发展，美国、俄罗斯、法国在三代核电领域仍然具备强劲的技术优势，三国设计的三代核电机组相继较早通过了 URD 和 EUR 的审查，满足美国或者欧洲对核电安全设计性能的要求。然而，随着三代核电的建设，由于技术准备不足和设计方案不成熟等原因，AP1000 和 EPR 建设都不断超期，ATMEA-1 尚未动工，而俄罗斯、中国、韩国在三代核电建设方面优势明显。中国近年核电技术发展迅速，出口技术核心为“华龙一号”ACP1000 核电技术，该技术由中国自主研发设计，在世界上现属先进水平。在国际核电市场需求增长的背景下，“一带一路”沿线国家成为核能发展的热点地区，据统计，2018 年“一带一路”沿线国家新增核电站建设计划占全球新增计划规模的 70%以上。目前，全球已逾 20 个国家计划同中国合作，中国核工业集团已与阿根廷、巴西、埃及、英国、法国和约旦等国家就核能合作达成了双边协议，内容包括核电站建造计划等。预计到 2030 年，中国将在海外建造超过 30 座大型核电站，总金额将超千亿美元。

核能与多种能源深度融合成为新兴发展趋势。自 2015 年巴黎气候变化大会通过全球气候变化新协议之后，人们越来越关注可行的、具有经济竞争力的清洁能源综合解决方案。与传统化石燃料相比，核能和可再生能源相结合的混合能源系统可以显著减少温室气体排放，这种整合还将促进海水淡化、氢气生产、区域供热、冷却和其他工业应用的热电联产。为了促进整合技术落地，还应进一步开展技术研发，采取适当的政策和市场激励措施。低碳能源的两个主要选择是核能和可再生能源，许多国家在其国家能源结构中拥有这些能源，目前已有部分国家开始探索它们之间的耦合协同方式。核可再生混合能源系统是由核反应堆、可再生能源发电和工业过程组成的综合设施，可同时满足电网灵活性、温室气体减排和投资资本的最佳利用需求。

核电目前基本是基荷运行，风能和太阳能等可再生能源则是间歇性的。如果核电采用负荷跟踪模式，可提高可再生能源的效率。2018年10月，来自国际原子能机构（IAEA）15个成员国的24位专家深入讨论了关于协调使用核能和可再生能源的创新概念和研究。目前，美国的Idaho国家实验室、MIT、EPRI都在进行相关研究；在Idaho国家实验室，还将搭建核能—可再生能源系统试验平台。

◎近年重大进展

近年来，从核电技术和产业进展来看，第三代核电技术不断完善，第四代核电技术不断取得突破，中小型和微型反应堆技术发展势头良好，核聚变技术也不断取得突破。此外，各国也在积极探索核能技术的应用范围，核动力、核能供热、核能制氢、海水淡化，以及航海核动力、深空核动力等具有广阔的发展前景。

第四代核电技术方面，各国正在积极推进第四代核反应堆的研发，以抢占未来核能发电优势。2020年8月，美国纽斯凯尔动力公司的小型模块化反应堆（SMR）已完成美国核管理委员会的设计认证审查，该堆成为美国首个通过认证的四代SMR。2019年3月，俄罗斯启动铅冷快堆燃料制造设施的主设备安装，预计将在2022年完成建设。2020年8月，俄罗斯的多用途钠冷快堆研究型核设施也通过了俄罗斯联邦自治机构国家专业技术总局Glavgosexpertiza的审查，将于2025年完成建造。2019年11月，全球体型最大、中国首台600兆瓦第四代商用快堆液态金属核主泵工程样机通过试运行。2020年10月，华能石岛湾核电高温气冷堆示范工程首台反应堆冷态功能试验一次成功，它是全球首座球床模块式高温气冷堆项目，也是全球首座将四代核电技术成功商业化的示范项目。

在耐事故燃料方面，2020 年 2 月，通用原子能公司和法马通公司称将合作开发使用碳化硅复合材料制造的耐事故燃料通道。使用碳化硅取代目前的锆合金燃料通道，可以增强通道的耐高温性能和抗氧化性，在严重事故情境中可显著减少氢气的生成量。2020 年 2 月，美国全球核燃料公司（Global Nuclear Fuel）开发耐事故燃料先导组件，完成了首个换料周期的辐照试验。

在核聚变方面，国际热核聚变实验堆（ITER）项目是当今世界规模最大、影响最深远的国际大科学工程，旨在模拟太阳发光发热的核聚变过程，探索受控核聚变技术商业化的可行性。该项目于 2020 年 7 月在法国南部正式开始了为期 5 年的组装工作，预计将在 2025 年获得第一束等离子体。英国兆安球形托卡马克升级版（MAST-U）首次成功进行等离子体放电，后续将进行一系列试验，并探索将其作为聚变反应堆形态的可行性。耐事故燃料方面，2020 年 11 月，韩国聚变能源研究所成功将韩国超导核聚变研究装置 KSTAR 的超高温等离子体在 1 亿摄氏度的温度下保持 20 秒；而此前，美国、日本和欧洲团队的等离子体保持时间最长约为 7 秒，它也打破了我国核聚变研究装置“中型超导托卡马克”（EAST）2018 年创造的保持 10 秒的世界最高纪录。2020 年 12 月，新一代“人造太阳”装置——中国环流器二号 M 装置（HL-2M）在成都建成并实现首次放电。HL-2M 是我国目前规模最大、参数最高的先进托卡马克装置，是我国新一代先进磁约束核聚变实验研究装置，其等离子体体积达到国内现有装置的 2 倍以上，等离子体电流能力提高到 2.5 兆安培以上，等离子体离子温度可达到 1.5 亿度。HL-2M 的成功标志着中国掌握了大型先进托卡马克装置的设计、建造、运行技术，为我国核聚变堆的自主设计与建造打下了坚实基础。

◎我国现状、面临的挑战和建议

核电与人类社会和谐发展紧密相关，有着广阔的发展前景。同时，核能正朝更高效、更环保、更安全的方向发展。中国在建核电规模世界第一，已领跑世界第三代核电技术试验验证和工程示范建设，并且中国正努力实现从核大国向核强国的转变。核电是战略性地缘政治资产，是能够施加地缘政治影响的重要手段。随着中国“一带一路”倡议的逐步深入实施，核电“走出去”迎来了新的重要战略机遇期。

首先，应集中中国先进核反应堆技术的研发力量，推动核能装备技术进步。目前，中国在先进反应堆和模块化小堆上的研发领域未能形成合力，这将影响中国核电的国际竞争力。据统计，俄罗斯国家原子能公司已占据国际核电市场60%的份额，其成功经验之一就是集中；美国在先进技术的研发上也是以国家实验室为主。中国先进核技术以及小堆要走出国门应整合国内设计、设备制造以及建造力量，形成“国家品牌”，参与国际竞争。同时，中国应依托重大技术装备工程，加强技术攻关，完善综合配套，建立健全能源装备标准、检测和认证体系，提高重大能源装备设计、制造和系统集成能力。此外，中国还应进一步完善政策支持体系，重点推进大功率高参数超超临界机组、燃气轮机、三代核电、可再生能源发电机组、非常规油气资源勘探开发等关键设备技术进步，积极推广应用先进技术装备，并加强对能源装备产业的规划引导，防止低水平重复建设。

其次，明确核电战略定位和产业政策，加快核能立法速度。核能开发在维护国家安全、能源供应安全和高端装备产业升级方面具有重要作用。从有利于核电平稳和可持续发展、提升参与全球核电市场竞争力的角度，应尽快通过立法来确定核电的国家战略地位。充分考虑核电在能源供应安全和环境方面的效益，通过产业政策支持，提高核电监管效率，加速技术创新，缩短取证时间，为核电建立公平合理的市场竞争环境和公众氛围。

最后，积极倡导核安全国际合作，为维护全球战略稳定贡献力量。中国始终是推动世界发展、维护和平稳定的中坚力量。在当前复杂困难的国际局势下，中国应更加积极与各国在核安全领域开展建设性对话，坚持求同存异，坚持多边主义。面对全球军控裁军进程的倒退和周边安全环境的恶化，中国可倡导和坚持建设一个包括中、俄、美、英、法合法拥核国家和印度、巴基斯坦等事实拥核国家在内的所有拥有核武器国家的透明、公开、可监控的核军控体系，而不是由美国一家或美俄操控的、专门针对中国的核军控体系，以保障全球核力量的安全可信，推动建立公平、合作、共赢的国际核安全体系，提升全球核安全水平，为维护地区与世界和平稳定做出贡献。

第九章　硬科技之生物技术

生物技术是21世纪最重要的创新技术集群之一。生物技术产业正加速成为继信息产业之后的又一个新的主导产业。

——《“十三五”生物技术创新专项规划》

生命科学领域是颠覆性技术高度孕育、密集涌现、迅速发展、渗透力强、影响既深且广的重大创新领域，在人类突破自我认知、重大疾病诊疗、增进人民福祉等许多方面都具有重要的颠覆性效应。生物硬科技是生物科技中具有引领性、基石性、创新性、经济性和时代性的技术，能够推动生物经济领域创新链下游产品开发、产业化等环节实现，可广泛应用在各种生物产业上，在生物产业发展中起着基础支撑和关键推动作用。

新生物经济是未来十年经济增长的重要引擎，也是国家安全和社会发展的重要保障。人类社会正处于新生物经济孕育待发的重要关口，未来十年若干领先国家将率先迈入生物经济社会，带动全球新生物经济进入深度繁荣期。在生物经济时代背景下，基因编辑技术、合成生物学、分子育种技术、脑机接口技术等生物硬科技将成为衡量国家综合实力的关键底层技术和瓶颈技术，是新一轮产业革命中的重要驱动力之一，也必将成为大国科技、经济竞争的主战场。

一、基因编辑技术

◎综述

基因编辑技术是一种能够对生物体的基因组及其转录产物进行定点修饰或者修改的技术，可对特定 DNA 片段进行敲除、加入和替换等，从而在基因组水平上进行精确的基因编辑。基因编辑技术的探索始于 20 世纪 80 年代人类基因组计划，早期基因编辑技术包括归巢内切酶、锌指核酸内切酶和类转录激活因子效应物。真正引发学界高度关注并广泛应用的是源于 2010 年后更为廉价、高效的 CRISPR/Cas9 技术平台的出现。近年来，基因编辑技术工具箱不断扩大，应用领域进一步拓展，已成为一种重要的基础性工具。近几年，基因编辑领域又涌现出单碱基基因编辑技术、引导编辑技术、RNA 编辑技术等。基因编辑技术作为一种“加速器”技术，已成为跨学科和转化研究、精准医学研究的重要手段和驱动力，为人类医疗与健康、作物育种、环境与生态修复、工业微生物设计、病毒核酸检测等诸多方面带来了深刻变革，展现出极大的应用前景，特别是在癌症、心脑血管疾病、遗传性疾病的治理方面的应用引起了极大关注。

在基因编辑研发方面，美国是全球基因编辑论文产出最多、处于合作网络中心的国家。基因编辑技术的许多原创性、重大突破性成果及核心专利都掌握在美国手中。此外，美国从事基因编辑研究的公司自2013年以来吸引了超过10亿美元投资，基因编辑技术商业化十分活跃，已涌现出一大批高科技创业企业。中国在基因编辑技术方面的研究论文和专利数均位居全球第二，但中国的相关成果更多为应用型研究成果。

在基因编辑专利申请方面，以CRISPR技术为例，截至2019年7月，全球已提交了超过12 000份CRISPR专利申请，其中包括同一项发明在不同国家申请的所有专利。中国和美国主导了CRISPR专利领域。据不完全统计，截至2019年7月，在全球已发布的740多项CRISPR专利中，超过一半的专利由中国和美国获得。CRISPR技术呈现多样化发展趋势，人们已开发出包括Cpf1、C2c2、Cas3、CasX和CasY等在内的大约50种不同类型的CRISPR酶，而开发这些替代方案的一个潜在动力可能是围绕Cas9系统所有权的法律问题。

在基因编辑市场应用方面，据美国商业研究公司（The Business Research Company）预测的数据，全球基因编辑市场规模从2019年的41亿美元增长到2020年的48亿美元，复合年增长率为18.2%。预计到2023年将达到72亿美元。CRISPR/Cas9编辑技术的市场应用主要覆盖生物工业、生物农业和生物医学三大领域，其中生物医学所占比重最大。美国CRISPR/Cas9技术在生物医学行业应用的市场规模占整体CRISPR/Cas9市场规模的56.3%，中国CRISPR/Cas9技术在生物医学领域的应用占37.3%。2020年，基因编辑市场规模的增长主要归功于基因编辑技术被广泛用于新冠病毒治疗药物的研发。此外，基因编辑技术还可用于诸如HIV等传染病的检测，传染病发病人数的上升也是基因编辑市场规模增长的主要驱动力之一。

目前，全球基因编辑技术主要在医疗、农业及军事方向发展迅速，并正在探索应用基因编辑技术改造植物光合作用，以缓解温室效应等。以 CRISPA/Cas9 技术为代表的基因编辑技术凭借效率高、价格低廉和迭代迅速等特点，应用范围正在不断扩展。例如，基因编辑技术可用于为慢性疾病患者提供精准药物，改善农业食品供应，提高稀缺生物制品的生产效率，解决气候问题和控制病虫害种群数量等。美国国立卫生研究院启动的基因组编辑研究项目，旨在大幅加速基因疗法的临床转化，促进癌症和遗传病的治愈。美国国防部资助开发 CRISPR 基因防御性技术，主要研究受到基因武器攻击后的防御性对策。俄罗斯政府宣布将在未来 10 年内投入约 17 亿美元，用于开发 30 种基因编辑的植物和动物品种。

◎近年重要趋势

基因编辑工具选择具有多样性，更趋精准、高效、可控。围绕 CRISPR 技术的改进工具不断涌现，推动基因编辑技术的精准、高效、安全可调控、多靶点编辑发展。CRISPR/Cas9 技术的出现让基因领域的研究蓬勃发展，但是仍然存在脱靶效应、效率问题、体内运输问题、免疫排斥、副作用等技术缺陷。近年来，基于 CRISPR/Cas 系统的多种衍生改良技术呈现井喷式发展，如超精确新型基因编辑工具 PE、为提高脱靶检测敏感性而设计的 GOTI 技术、用于真核细胞大片段基因敲除的 CRISPR/Cas3 基因编辑系统、同时编辑多个基因位点的 Cas12a 酶、提高编辑效率的 CAST 工具及终止基因编辑的小分子抑制剂等，这些技术降低了脱靶率，提高了准确性，扩大了编辑范围，并减少了副作用。

基因编辑技术将开辟疾病防治新路径。CRISPR 基因编辑技术具有开发真正个性化的基因疗法和药物的潜力，备受学界和资本关注，发展前景广阔。大型生物技术公司和制药公司积极布局

CRISPR 技术，纷纷与头部 CRISPR 技术公司建立战略合作关系，为各种遗传疾病设计基因治疗方法。癌症治疗的研究一直是科学难题，而 CRISPR/Cas9 基因编辑技术的应用和不断完善，为攻克癌症难题提供了新的技术路径。其中，基因编辑的工程化 T 细胞是目前最具革命性的癌症治疗手段之一。CRISPR/Cas9 编辑的 T 细胞已进入了临床阶段，用于治疗其他方法无法产生治疗效果的晚期癌症，其可行性和安全性已得到了初步证实。

基因编辑技术加速药物研发效率。基因编辑技术应用于药物研发，将能有效应对当前药物研发中的诸多难题和挑战。基因编辑技术通过以更低的成本敲除或修改基因，提供廉价的动物疾病模型和药物测试平台，能大幅缩短药物研发周期，有效降低研发成本。目前药物研发的周期非常长，平均 15.4 年才能开发出来一种原研药。CRISPR/Cas 技术快速构建的复杂生理相关动物模型能够提供包括药物功效测试、药物代谢、药物动力学研究以及安全性分析等功能，为药物研发团队提供了快速响应临床数据的工具，提高了药物研发效率。此外，通过基因编辑技术构建人体类器官或与人高度相似的灵长类动物疾病模型，将能更加贴近人体的生理反应情况，提高体内外模型的安全性预测准确度，降低药物研发在临床试验中的失败率。

基因编辑是跨学科与转化研究、精准医学研究新的驱动力。基因编辑技术的飞速发展为基因功能研究工作提供了更多有力的工具，为生物学研究及医学治疗领域带来了革命性的变化。基因编辑是生命科学与医药跨学科及转化研究的重要平台。基因编辑技术在构建基因敲除动物模型、遗传性疾病研究、抗病毒研究、癌症研究、功能基因筛选、转录调控研究、单分子标记研究和基因治疗研究等领域有着广泛应用。基因编辑技术刚刚开启人体试验，并展现出转化前景，它是跨学科与转化研究的重要对象，为实施精准医学、转化医学提供了重要基础和手段。

基因编辑作物和动物新品种培育加快，为全球粮食短缺和安全问题做出了新贡献。农畜业基因编辑育种的监管放宽和相关鼓励措施的出台，将大大加快基因编辑作物和动物新品种的开发培育和推广应用，进一步解决全球食物与营养问题。早在 2017 年，美国农业部就已批准，经过基因编辑技术诱导而产生突变的农作物无需额外的监督管理。2019 年，美国、日本、俄罗斯、澳大利亚等都调整了生物技术监管框架，将大多数基因编辑作物和动物品种与转基因产品区别监管。俄罗斯计划投资于基因编辑植物和动物新品种开发。欧盟委员会批准 10 种转基因产品上市。

基因编辑技术促进工业微生物的高效工程化改造。基因编辑技术的快速发展不断扩充工业微生物菌种改良的工具箱，利用基因编辑技术将会创造出更多的可以生产生物基材料、生物燃料和生物药物等产品的工业微生物优良新菌种，促进新型工业生物制造的发展。CRISPR 基因编辑技术可高效率地调控或合成细菌、真菌等的代谢途径，筛选工作量较小，工程菌中基于 CRISPR 系统的多种多样的代谢网络不断被设计、开发出来。近年来，针对微生物的 CRISPR 多位点基因编辑工具不断出现，而且科学家正在多方探索 CRISPR 技术与其他系统相结合的方案，实现对微生物更加灵活、更具突破性的改造，进一步满足工业生产的需求。

基因编辑技术在各领域的应用不断推进，技术监管面临挑战。自 2018 年 11 月中国贺建奎宣布世界首例基因编辑婴儿诞生以来，世界各国纷纷予以谴责，并着力探讨人类基因组编辑的国际监管机制和伦理规范，推动相关准则尽快落地。2018 年 12 月，世界卫生组织成立制定全球人类基因组编辑管理和监督标准的咨询委员会。

2019 年，世界卫生组织多次呼吁严格规范人类基因组编辑的临床研究，并启动国际临床试验注册平台，标志着人类基因组编辑研究的全球登记第一阶段正式开始。2020 年 9 月，美国国家医学院、国家科学院和英国皇家学会通过共同组建的国际人类生殖细胞基因组编辑临床使用委员会，发布《遗传性人类基因组编辑》报告，提出了一个从临床前研究到临床应用转化的严格途径，旨在为国际社会科学治理与监督提供基本要素方面的指导，也将为世界卫生组织人类基因组编辑专家咨询委员会提供参考。

◎近年重大进展

CRISPR 技术发明并获评诺贝尔化学奖。2010 年左右，法国生物化学家埃马纽埃尔·卡彭蒂耶（Emmanuelle Charpentier）和美国化学家詹妮弗·A. 杜德纳（Jennifer A. Doudna）发明了具有划时代意义的基因编辑新工具——CRISPR/Cas9 基因编辑技术。两位科学家也凭借该成果于 2020 年 10 月被授予诺贝尔化学奖。利用该工具，研究人员可以极其精确地修改动物、植物和微生物的 DNA。CRISPR/Cas9 技术已彻底改变分子生命科学研究，为植物育种、癌症和遗传疾病治疗、工业生产方式变革以及生态环境问题的解决等提供了强有力的工具。

单碱基编辑工具横空出世，为疾病治疗提供新工具。现有的基因编辑技术，如 CRISPR、ZFN、TALEN，通过在 DNA 中产生靶向的双链断裂，然后依靠细胞自身修复机制来完成编辑过程。这种方法可以有效地破坏基因表达。然而，它们缺乏对编辑结果的控制；脱靶效应以及对 DNA 双链断裂的依赖，可能导致基因编辑后的细胞出现不可预期的混乱。许多基因组突变发生在单个碱基中，为使基因编辑更加精确，碱基基因编辑技术应运而生，旨在针对这些单一的碱基错误（点突变），而不会在 DNA 中造成双链断裂。2016 年 4 月，美国科学家刘如谦（David Liu）等人在《自然》（*Nature*）杂志上发表论文，首次开发出了 CRISPR/Cas9 单碱基编辑器（CBE）。CBE（BE3.0）基于胞嘧啶脱氨酶 APOBEC1（能催化 C 脱氨基变成 U，而 U 在 DNA 复制过程中会被识别成 T）和尿嘧啶糖基化酶抑制剂 UGI（能防止尿嘧啶糖基化酶将 U 糖基化引起碱基切除修复），在不依赖 DNA 双链断裂的情况下首次实现了对单个碱基的定向修改。这开启了 CRISPR 系统的单基因编辑时代。

基因疗法的人体临床试验启动，为攻克人类重大疾病带来了希望。2020 年 3 月，美国科学家张锋创建的 Editas Medicine 公司与艾尔建（Allergan）公司合作开展了将 CRISPR/Cas9 基因疗法直接用于人体的临床试验，治疗一种被称为“Leber 先天性黑矇 10”（LCA10）的遗传性致盲疾病，这是世界上首例获批在人体内进行的 CRISPR 基因编辑的临床试验。在该试验中，研究人员将基因编辑系统的组成部分编码在一种病毒的基因组中，然后直接注射到患者眼睛里，成功治愈了 3 名遗传病患者。该临床试验的成功也让 CRISPR 疗法被美国《科学》（*Science*）杂志列入 2020 年重要科学突破。2020 年 12 月，瑞士 CRISPR Therapeutics 公司公布了在研基因编辑疗法 CTX001 用于治疗 β 地中海贫血（TDT）和镰刀型细胞贫血病（SCD）患者的临床数据。新疗法通过在体外改造造血干细胞，使之提供足够多的替补血红蛋白，来弥补突变基因造成的缺陷。率先完成足够随访时间的 10 位患者均摆脱了对于输血的依赖（TDT 患者），并且没有发生血管堵塞（SCD 患者）。这是全球首个达到人体测试阶段的基于 CRISPR/Cas9 的基因编辑疗法。

CRISPR/Cas 基因编辑技术实现了新冠病毒和其他疾病的快速精准检测，推动了新一轮分子诊断技术革命。新冠肺炎的诊治是

2020 年生物医学领域最紧迫的医学难题，而基因编辑技术为新冠病毒检测、疫苗开发和药物研发等关键环节提供了强大的技术工具。2020 年 2 月，美国博德研究所的张锋实验室使用基于 CRISPR/Cas13 的 SHERLOCK 技术开发出了新冠病毒快速检测方法。该技术核心是 Cas13a 切割酶和针对靶序列设计的两条 gRNA，分别用于识别新冠病毒的 S 基因和 Orf1ab 基因。理论上，只要样本里有新冠病毒相应的 RNA，gRNA 就会引导 Cas13a 去切割靶 RNA，因此阳性组会出现两条片段，而阴性组仅有一条对照条带。该检测方法异常灵敏且操作简单，仅需 3 个步骤，1 小时内即可完成检测。2020 年 5 月，美国博德研究所的张锋实验室优化了 SHERLOCK 技术，开发出新一代新冠病毒 CRISPR 检测技术“STOP”（SHERLOCK Testing in One Pot），无需纯化病毒 RNA，仅在一个试管内即可完成检测过程。该方法具备与 RT-qPCR 相当的灵敏度，同时简化了提取 RNA 的步骤，无需特定的实验室，并且可在 1 小时内得到结果，有助于加快临床检测、扩大检测范围。

◎我国现状、面临的挑战和建议

我国对基因编辑一直高度重视，取得了一系列具有国际影响力的成果。例如，我国科学家率先利用被称为“基因剪刀”的 CRISPR 技术建立大鼠、猪等重要模式动物和经济动物的基因修饰模型；中山大学黄军就博士和广州医科大学范勇博士的两个团队首次将 CRISPR 技术应用于人类胚胎的基因编辑，探索疾病的基因治疗途径；中国科学家还在基因编辑新技术上不断探索。

中国的基因编辑研究发展很快，论文与专利的数量均名列国际前茅，这得益于国家的政策和项目支持。目前，我国在基因编辑研究上的管理办法和指导原则主要有：1998 年施行的《人类遗传资源管理暂行办法》、2012 年由科技部起草的《人类遗传资源管理条例（送审稿）》、2003 年颁发的《人胚胎干细胞研究伦理指导原则》。这些条例中明确规定了（带有基因修饰的）人的胚胎体外发育不能超过 14 天，不能用于体内移植等。这些要求与国际伦理要求是一致的。

基础科学的突破和取得核心专利是科技发展的关键。对基因编辑领域来说，也是如此。尽管近年来我国在基因编辑方面取得了长足进步，论文数量和专利数量均已居国际第二位，但与美、欧等发达国家和地区相比，我国基因编辑不仅存在原始创新缺位的尴尬，在产学研用各个环节也均缺乏具有自主知识产权的原始创新成果。

从最上游的基因编辑关键技术看，我国的原创性技术和相关专利都远少于美国，现有基因编辑技术的核心专利基本为外国所有。从下游的基于基因编辑技术的农业育种、医疗方法及产品研发看，我国在核心产品创新上也落后于美国等发达国家。这种情况非常不利于我国把握这一新技术革命带来的巨大发展机遇。

我国应高度重视基因编辑技术的原始创新和专利保护。基因编辑技术在靶向修饰的精度与效率、降低脱靶效应等方面仍有很大改进与完善的空间，在将其真正用于疾病治疗等应用前，还有很多问题需要解决。我们应该抓住这个契机，鼓励、支持科研人员开展源头技术探索，创建原创性、具有自主知识产权的基因编辑技术，为我国争夺这一领域的主动权和话语权。同时，建议尽快制定有利于基因编辑研究成果转化的相关政策，加速推动基因编辑技术用于重大疾病治疗的研究。我国应该为基因编辑技术的专利审批建立快速通道，同时借鉴干细胞治疗的临床管理办法等，制定适合中国国情的基因治疗管理办法，促进和保障基因编辑技术临床转化工作的顺利开展。

当然，围绕基因编辑技术的争议也不少见。在基础研究层面，

CRISPR/Cas9 技术的脱靶问题和载体问题成为其能否安全应用的重要瓶颈；在政策监管层面，人类遗传基因组编辑、基因驱动应用、农业基因编辑产品上市、烈性病毒菌的 DNA 改造等几个方面的问题尤为突出，需要全面考虑、谨慎研究，加速推进相关问题的解决。

二、合成生物学

◎综述

合成生物学的核心思想是在系统生物学的基础上，借鉴工程学思想和现代生物学技术方法来设计和构建新的生物元件、网络和体系，重构新型的生命体。合成生物学采用工程学“设计—合成—测试”的研究方法，在学习抽象自然生命系统的基础上，或对自然生物系统“重编程”，或从头设计具有全新特征的人工生命体系；然后，利用“基因编辑”“基因合成”等“工具包”，用实验方法来构建，再对构建出来的生物系统进行测试。如此反复循环优化，形成了一个正向可靠的科学闭环。建筑在如此大规模通用化工程平台基础上的合成生物学，往往也被称为“工程生物学”。合成生物学作为一门交叉学科，近年来其理论基础和技术研发不断取得突破，为新材料及生物医药研发、农业改良、工业生产等提供了有力工具。利用合成生物学技术开发的定制化细胞工厂有望在医疗健康、工业化学品、食品饮料、生物燃料、科研等诸多领域高效、可持续地生产各类产品。面对肆虐全球的新冠肺炎疫情，合成生物学展现出卓越的应用潜力，助力新冠肺炎药物及疫苗生产。

合成生物学给人类社会在医药、农业、能源等领域的发展带来了重要影响，在生物技术领域具有巨大的应用潜力，引起全球广泛关注。欧盟、美国先后制定了合成生物学发展战略及规划，并投入大量资金支持合成生物学相关研究，并相继成立合成生物学研究机构。美国国防部在2013—2017年科技发展“五年计划”中将合成生物学列入未来重点关注的六大颠覆性基础研究领域之一，认为合成生物学在军用药物快速合成、生物病毒战、基因改良、人体损伤快速修复等方面具有颠覆性应用前景。

合成生物学在医药领域已有应用，包括开发人工减毒或者无毒活疫苗、合成噬菌体设计进行噬菌体治疗、工程化微生物量产小分子化合物、开发新型药物传递系统等。美国伍德罗·威尔逊国际学者中心科技创新计划中的合成生物学项目列表中处于研发阶段的药物多数处于临床前阶段，仅用于糖尿病肾病治疗的SER-150-DN处于临床Ⅱ期。除了基于合成生物学新药研发外，通过合成生物学相关技术手段在医药化工领域中实现大规模生物转化合成也是研究的热点之一。从世界范围来看，我国在合成生物学研究向医药领域转化应用方面还有待提高。

合成生物学作为一个新兴产业，全球初创公司数量和投融资金额在2019年继续保持高速增长，但主要集中在美国西海岸的旧金山/硅谷地区和东海岸的剑桥/波士顿地区。美国数据服务公司Crunchbase报告显示，2019年上半年全球共有65家合成生物学公司筹集了约19亿美元的资金。其中，第一季度有28家公司筹集了6.52亿美元，第二季度有37家公司筹集了12亿美元。根据该报告，全球合成生物学核心产品预计从2019年到2025年的年复合增长率（CAGR）将超过25%，产业规模将在2025年达到550亿美元。

CB Insights中国发布的《合成生物学行业专题报告2020》显示，2019年全球合成生物学市场规模达53亿美元。预计到2024

年，与 2019 年相比，合成生物学市场规模的年复合增长率将增长 28.8%，达到约 189 亿美元（见表 9－1）。

表 9－1　2017—2024 年全球合成生物学市场规模

行业/方向	2017 年（百万美元）	2018 年（百万美元）	2019 年（百万美元）	2024 年（预估，百万美元）	复合年均增长率 2019—2024 年（预估，%）
医疗健康	1 704.7	1 897.4	2 109.3	5 022.4	18.9
科研	1 250.8	1 514.6	1 481.9	3 961.1	21.7
工业化学品	850.4	965.4	1 110.2	3 747.2	27.5
食品和饮料	90.8	127.5	213.1	2 575.2	64.6
农业	100.2	149.1	187.0	2 232.7	64.2
消费品	160.7	173.1	218.3	1 346.1	43.9
总计	3 892.6	4 523.5	5 319.8	18 884.7	28.8

资料来源：CB Insights 中国。

从表 9－1 中的统计数据可看出，合成生物产业中许多细分市场份额正在以高年复合增长率的水平增长，这是由于生物合成的现有市场渗透率较低，可上升空间明显。在农业、工业化工、食品饮料和医疗行业的产品赋能水平增长较快。

推动合成生物学市场增长的“主力军”主要包括以下三项技术及因素：一是 DNA 测序、合成和编辑技术不断进步，DNA 测序时间和成本的持续降低以多种方式驱动着合成生物学的发展；二是合成基因关键原材料（寡核苷酸）的成本降低推动了市场对合成生物产品的需求；三是生物铸造厂（平台型生产公司）设计、制造、测试新型微生物的技术水平不断提升。

目前，基于合成生物学理念所成立的公司主要分为三类：一是开发使能技术，如 DNA 合成和测序；二是制造 DNA 构件及集成系统，如软件服务；三是利用合成生物学平台生产所需产品，如生物体改造平台。

CB Insights 2010—2020 年的数据显示，全球在合成生物学领域共发生 391 起融资事件，其中 2017 年的融资数量为历年来最高，共 70 起，而 2018 年创下融资金额的最高纪录，约为 23 亿美元。资本和市场的目光正在向合成生物的技术应用层面聚集（见图 9－1）。①

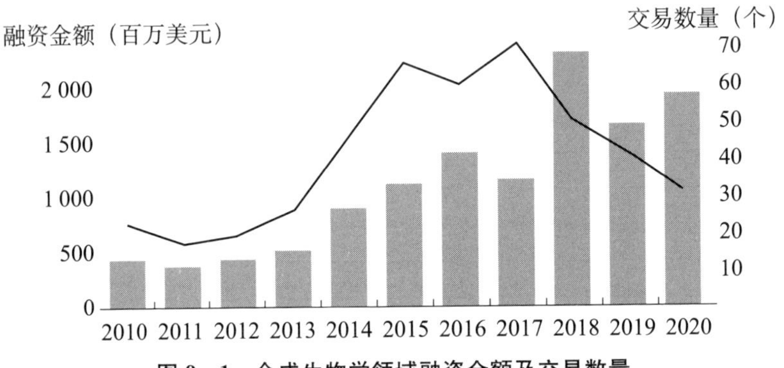

图 9－1　合成生物学领域融资金额及交易数量

资料来源：CB Insights 中国.

◎近年重要趋势

技术发展态势迅猛

2000 年以来，在德鲁·安迪（Drew Andy）、杰伊·D. 基斯林（Jay D. Keasling）、詹姆斯·J. 柯林斯（James J. Collins）等多人推动下，合成生物学在生物元件标准化及生物模块的设计和构建方面取得了很大进展，标准化生物元器件库建立起来，控制转录、翻译、蛋白调控、信号识别等各个生命活动的遗传电路也相继被开发，并有望在实际应用中发挥重要作用。另外，J. 克雷格·文特尔

① 胡韦唯，沈心成，王高峰. 合成生物学中工程师责任伦理问题探究. 医学与哲学，2021，42（10）.

研究所（JCVI）于1995年开始的最小基因组及合成基因组学研究也取得了突破性进展。[①]

近年来，合成生物学发展迅猛。DNA操作方面，建立了基于内切酶的拼接、位点特异性重组、基于重叠序列的拼接以及基于体内DNA拼接的方法对DNA进行组装；从头合成DNA技术；开发基因组编辑工具，包括CRISPR/Cas9基因编辑系统以及高通量基因组工程等。目前，生物合成学在化学品、医药、能源、环境、农业等领域的大规模应用，对日常生活和社会的各个方面产生了巨大影响。

全球资金投入增加

截至2017年5月，欧盟资助的合成生物学研究项目共282项，经费累计达5.6亿欧元；美国Federal REPOTER平台公布的政府对合成生物学的研究经费支持约4.5亿美元。虽然私营部门也积极参与合成生物学的研发，但这一领域主要还是政府投入大量资金，且经费逐年增加。

深刻变革传统行业的生产模式

全球经济发展受资源与环境制约的问题日渐突出。采用前沿的合成生物技术，创建适用于食品工业的细胞工厂，将可再生原料转化为重要食品组分、功能性食品添加剂和营养化学品，是解决食品领域所面临的问题的重要途径。2020年12月，在《自然·通讯》（*Nature Communication*）杂志上，麻省理工学院著名学者克里

---

① 张柳燕，常素华，王晶．从首个合成细胞看合成生物学的现状与发展．科学通报，2010，55（36）.

斯·沃伊特（Chris Voigt）提出六种正在改变世界的合成生物产品，其中包括通过工程细胞生产的大豆血红蛋白（Leghemoglobin，商品名：人造肉汉堡）、西格列汀（Sitagliptin，商品名：佳糖维）以及将工程细胞本身作为产品的基因组编辑大豆等。

利用合成生物学技术，创建适用于食品工业的细胞工厂，将可再生原料转化为重要食品组分，这被认为是解决食品问题的可行途径。在农业生产中，氮肥使用量大幅增加带来的土壤板结和酸化等问题，可以通过合成生物学"微生物固氮"技术得到有效解决。在环境治理领域，可以通过"定制"微生物去除难降解的有机污染物；也可开发出人工合成的微生物传感器，帮助人类监测环境，设计培养能够识别和富集土壤或水中的镉、汞、砷等重金属污染物的微生物，以大幅提升污染治理效能。

目前，除了合成生物学初创公司不断涌现，粮食与食品、制药、医疗、新材料、生物能源等行业的传统企业也开始引进合成生物学技术来改造生产模式，行业间的合作交流日益密切，企业间的重组并购更加频繁。制药企业越来越关注与研究合成生物学技术的高校和初创公司合作，深度融合带来了新的发展机遇。

赋能人类健康事业，促进药物和创新疗法的研发

合成生物学在生命健康领域也有广泛的用途，不仅能够用于天然产物等医药产品的生产，还能在疾病研究模型的开发、生物标志物监测、干细胞与再生医学等领域发挥巨大作用。例如，人体肠道内有丰富多样的微生物，合成生物学为肠道微生物的改造提供了工具：一方面，可以设计改造对人体有益的细菌，让它们生产人体自身不能合成的维生素等营养物质；另一方面，可以设计感知肠道环境变化的"智能微生物"，对人体内的健康状态进行检测和诊断。

在抗击新冠肺炎疫情的过程中，合成生物学技术发挥了重要作用，展现了强大的应用潜力。例如，利用 DNA 条形码技术改进测序流程，利用基因编辑技术开发核酸诊断试剂，提高诊断的准确性和灵敏度。利用合成生物学技术还可以寻找潜在的小分子药物、开发疫苗，并通过调节人体微生物组来激活人体免疫系统，提高人体抗病毒能力。

合成生物学疗法（synthetic biology therapeutic）是采用现代分子生物学、系统生物学、生物工程学、计算机辅助设计、基因合成技术、转化与精准医学等技术与手段，按照医学健康的需求，设计并创造出用于疾病治疗或预防的具有特殊功效的微小生命体或生物元件。强新科技国际研究院（1Globe Health Institute）的科学家们采用合成生物学技术合理设计，制造出了新型蛋白、功能细菌，为人类疾病的预防与治疗提供了全新的治疗手段。

美国《科学》杂志权威观点认为，合成生物学疗法是继小分子、蛋白抗体药物之后的一类全新治疗手段，在医学、疾病的预防与治疗方面潜力巨大。强新科技国际研究院被认为是这个方向的开拓者。

新兴技术丰富了合成生物学的应用广度和实用性

人工智能、大数据、自动化和光遗传学等新兴技术的突破丰富了合成生物学的应用广度和实用性。美国 Ginkgo Bioworks 和 Zymergen 等公司通过数据驱动、人工智能、高通量筛选和机器人自动化的串联模式进行菌株优化与化合物合成。英国建造了“Foundry”设施用于 DNA 制备过程工业化。此外，近些年新发展起来的将光遗传学与组学技术相结合的技术，可对细胞代谢与信号活动进行高通量的动态分析与控制，助力代谢科学与合成生物学的大数据研究，促进了先进生物制造与诊疗技术的发展。合成生物学正与人工智能、大数据技术、化学合成技术等融合发展，加速工程化进程。

对合成生物学产业化的监管将进一步规范和完善

合成生物学在改造生命和变革产业的同时，也存在人造生命、超级病毒等技术滥用这类社会伦理问题和健康安全风险。合成生物学作为一种具有颠覆性意义的新兴技术，在其产业化应用过程中需要加强规范和监管，才能促进合成生物学技术的健康发展、防范生物威胁事件的发生。未来，在人工智能和大数据等新技术推动下，合成生物学将赋予人类更强的“改造自然，利用自然”的能力，当然，同时也会带来社会伦理与安全等新问题。我们必须在思想上明确该做什么、怎么做才是正确的，在做好风险评估并开发防控风险的技术和策略的同时，及时制定相应的研究规范、伦理指导原则和相应的法律、法规，并辅以可落实的管理规章与监管办法。

2019 年 7 月，美国疾病控制与预防中心科学家利用反向遗传学系统和已发表的病毒序列数据，人工合成了埃博拉病毒。该研究虽然有助于促进埃博拉病毒的诊断试验和有效性验证，但也显示了人工设计和改造烈性病毒的潜在风险。2021 年 4 月，《中华人民共和国生物安全法》正式实施，对生物技术谬用等行为和事件，明确了相应的责任及处罚，填补了法律空白。未来，合成生物学的产业化应用将在更加规范的监管环境下进行。

◎近年重大进展

合成生物学发展进程中的重磅成果

2002 年，美国 Wimmer 实验室使用已知基因组序列，利用化学合成的方法，制造了历史上第一种人工合成的病毒——脊髓灰质炎病毒，实现了人工合成感染性病毒。2003 年，美国 J. 克雷格·文特尔实验室合成了 5.8×105 碱基对的生殖道支原体（mycoplasma genitalium）全基因组，首次实现了人工合成微生物基因组。2010 年 5 月，J. 克雷格·文特尔实验室报道了首例“人造细胞”的诞生，并将其命名为“辛西娅”（意为“人造儿”）。他们利用化学方法合成基因组，将其植入一个去除原有遗传物质的单细胞细菌（山羊支原体）中，使这个受体细胞可以在实验室进行繁殖，使之成为“地球上第一个由人类制造的可以进行自我复制的新物种”，向人造生命形式迈出了关键的一步。该研究颠覆了有关生命属性的经典认识，在全世界引起轰动。2010 年 12 月，《科学》杂志将合成生物学评为年度十大科学突破之一。

除了人工设计和构建生命体，合成生物学的另一个主要研究方向为：利用现有的生物学基本原件，基于工程化的思路，把原本孤立的生物原件视作一个个电子元器件，用类似搭积木的方式将一个个生物学原件根据不同的需求进行拼接，利用标准化、可装配化、热插拔、高度适配的原件，设计和构建新的基因网络。通过在基因组、转录组、代谢组和蛋白质组等不同层面的设计、调控和优化，可以生产出全新的药物、生物催化剂和生物燃料，实现对目标产物的高效合成和生产。过去 20 年间，科学家利用合成生物学方法，调整模块中各种基因元件的表达，降低副产物含量，减少抑制物的累积，使用微生物细胞作为细胞工厂，最终实现了紫杉醇、香兰素、白藜芦醇、熊果苷、透明质酸、虾青素、灯盏花素、青蒿素等众多天然产物及其前体物质的人工从头合成。加州大学洛杉矶分校廖俊智（James C. Liao）使用氨基酸合成途径中的丙酮酸转化为丙醇、正丁醇、2-甲基丁醇和 3-甲基丁醇等长链醇，生产生物燃料。

清华大学陈国强教授利用微生物合成生物塑料 PHA（聚羟基脂肪酸酯），因为其具有良好的生物降解性，所以其可以作为石油基塑料材料的替代品，解决环境污染问题；同时也发现了生物相容性更好的 PHA 家族中的一种新的微生物材料——PHBHHx，可用于开发软骨修复材料、神经导管、人工食道。[①]

目前，我国科学家取得了十分令人鼓舞的成就。2017 年 3 月 10 日，《科学》杂志上刊登了关于人工合成酵母染色体的 7 篇专刊文章。该阶段性成果来自美国科学院院士杰夫·伯克（Jef Boeke）主导的国际科研项目——人工合成酵母基因组计划 Sc2.0，由美国、中国、英国、法国的团队完成。中国科学院院士、华大基因理事长杨焕明（与英国爱丁堡大学蔡毅之合作），天津大学化工学院教授元英进，时任清华大学生命科学学院研究员戴俊彪，分别以通讯作者身份发表文章，他们成功地通过人工方式合成了单细胞真核生物酵母的 4 条染色体。

2018 年 8 月 2 日，中国科学院分子植物科学卓越创新中心/植物生理生态研究合成生物学重点实验室覃重军研究团队及其合作者在《自然》在线发表研究成果，将 16 条酵母染色体融合至 1 条，在国际上首次人工创建了单条染色体的真核细胞。

人工智能推动合成生物学复杂设计

Asimov 是一家合成生物学公司，致力于建立一个完整的基因设计平台来对活细胞进行编程，其多学科团队将基因工程、设计自动化和人工智能相结合，以实现分子制造和治疗领域的新应用。Asimov 建立了一个全栈平台来对活细胞进行编程，并已获得美国

---

① 李福利．中国合成生物学发展前景可期．高科技与产业化，2019，(1).

国防部高级研究计划局（DARPA）自动化科学知识提取（ASKE）的一部分合同。通过 ASKE，Asimov 将致力于为生物学开发基于物理的人工智能设计引擎。该计划的目标是提高对复杂细胞行为进行编程的可靠性。

利用机器学习辅助合成生物学研究等方面也取得了一定的突破。来自美国的 Frances Arnold 研究团队在《自然·方法》期刊发表了综述，阐述了利用机器学习进化蛋白质的方法，其中机器学习可以指导的定向进化蛋白质工程，优化蛋白质功能，而无需详细的基础物理或生物学途径模型，这为按需开发优质蛋白质元件提供了全新的思路。

合成生物学方法使小分子按需生产成为现实

迄今为止，对微生物进行工程改造以执行自然界受限或不存在的代谢过程仍非常困难。这是可以预料的：从进化的角度来看，微生物的性能“足够好”。微生物的发展是为了应对自然环境而不是工业发酵罐和生物反应器的特定需求和挑战。2018 年，美国麻省理工学院和哈佛大学博德研究所联合铸造厂在接受美国国防部高级研究计划局的测试时，其研究人员能够在 90 天内将 6/10 的目标分子交给美国国防部。这种“压力测试”证实了合成生物学迅速解决关键化合物短缺问题的潜力。

基因工程技术的出现使人类不再受限于自然变异和筛选，通过有目的的基因组改造可以大幅提升菌株的生产性能。基因组规模代谢网络模型和长期积累形成的跨物种代谢反应数据库，为合成生物学和代谢工程提供了新的策略，从而大幅加快了菌种定向开发和工业化应用进程。利用合成生物学，能够借助于微生物完美再现自然状态下获取的天然活性物质，在保障其天然功效的同时满足社会商业化应用的需求，真正实现长足的可持续发展。

2019 年 2 月，美国加州大学伯克利分校的研究团队通过修改 16 个基因（包括酿酒酵母的自身基因以及来自 5 种细菌和大麻植物的外源基因等），使酿酒酵母能够利用半乳糖来生产大麻素及其衍生物。研究结果表明，与传统的植物栽培相比，这种微生物发酵过程能降低生产 THC（四氢大麻酚）、CBD（大麻二酚）和稀有大麻素类物质这些在自然界中含量很低的化合物的生产成本，且使生产过程更为高效和可靠。相关研究成果发表在《自然》杂志上。

合成生物学借助机器人技术和自动化技术的进步，以及应用机器学习方法来分析生成的数据，将有助于我们生成更强大的生物系统模型，改善实验设计，构建相对复杂的基因网络。该网络能够在一系列宿主细胞中产生各种各样的“设计者”分子。这将有助于减少小分子生产的时间和成本，并提高投资回报率。

合成生物学正在推动生物医学的重大变革性进步

合成生物学平台将患者的体细胞重编程为诱导性多能干细胞，减少了研究中对动物的使用，并为个性化药物和细胞疗法的开发铺平了道路。合成生物学使我们可以改造患者自己的细胞，使其增殖，分化为不同的细胞类型，自我组装为新的组织甚至器官，以修复因疾病或损伤而受损的细胞。患者已从所谓的 CAR（嵌合抗原受体）技术中受益，该技术可对患者的免疫细胞（T 细胞）进行工程改造以识别和攻击癌细胞。

合成生物学中关于向靶组织传递大量遗传负荷的新载体研究正在帮助生产出更有效的治疗方法和疫苗，这些药物和疫苗的副作用更少，耐药风险也更低。此外，合成生物学可优化抗体或疫苗的生产，以使其处于可食用的形式（如基于植物的形式），可以大大降低成本并提高疫苗的生产速度。2020 年 2 月，美国 Distributed Bio 公司与世界卫生组织和美国军方合作，开发了一种新型的通用疫苗 Centivax。研究团队通过计算机在一系列不同病原体的表面上发现了独特的分子特征，然后使用抗体针对那些不会随时间而变异的病原体的部分进行免疫应答。在早期测试中，该疫苗对 20 世纪的 39 种流感病毒株都有效，包括所有大流行病毒株。该技术使 Distributed Bio 可在安全环境中针对几乎所有病毒快速开发出疫苗。2020 年 11 月，美国银杏生物公司（Ginkgo Bioworks）获得了美国国际开发金融公司 11 亿美元的贷款，用于提升该公司“生命铸造厂”生产蛋白酶的能力，为新冠肺炎疫苗提供充足原料。新冠肺炎疫情暴发以来，合成生物学公司 Ginkgo 推出了新冠病毒检测试剂盒 Ginkgo Concentric，与 Totient 公司合作进行治疗性抗体的发现和优化，并与 Synlogic 公司合作开发新型疫苗平台等。此外，美国 mRNA 疫苗研发企业 Moderna 也与 Ginkgo 达成合作，希望利用 Ginkgo 的合成生物学技术来生产 mRNA 疫苗所需的酶。

2019 年 2 月，美国麻省理工学院联合创办的 Synlogic 公司开发了一种由基因改造细菌制成的“活体药”，延长了患有严重代谢性疾病的动物的寿命。研究人员利用合成生物学方法，工程化改造益生菌 Nissle，使其在肠道低氧环境中能消耗更多的氨，且无法繁殖和定植于肠道，从而显著改善了患者的高氨血症且无严重副作用。

2019 年 5 月，英国剑桥大学科学家在经过 18 218 次基因编辑后，完成了对大肠杆菌所有基因的重新设计与合并，将野生型大肠杆菌 470 万个碱基对缩短为 400 万个碱基对。该人工合成的大肠杆菌 Syn61 能够阻止病毒的入侵，因此具有先天的抗病毒能力，或可提高药物研发和生产的效率。

2020 年 9 月，英国伦敦癌症研究所研究人员开发出一种基于机器学习和群体遗传学的肿瘤亚克隆重建方法 MOBSTER。该方法利用来自不同组群的 2 606 个样本的公开全基因组测序数据、新数据和综合验证，最大限度地减少了非进化方法的混杂因素，从而准确地模拟重建了人类癌症进化史。

基因合成效率提升、成本下降

合成基因组学作为合成生物学的重要研究方向，着重于新生命体系的从头设计与合成，其以 DNA 合成、拼装和转移等核心技术为支撑。基因合成和测序技术的持续进步，使该技术在遗传性疾病分子诊断中的应用日益增加，进而扩大了基因合成和测序相关产品的市场应用范围；基于微芯片的基因合成和测序等技术的进步，应用于特殊场景的快检终端设备的市场需求将获得增长。药物发现、农业和数据存储等的广泛应用，将越来越多地依赖基因合成，以应对与医疗保健、食品供应和储存方式相关的问题。

基因合成成本的下降主要是因为一种新方法：在芯片上并行合成包含数千个寡核苷酸的“寡核苷酸池”，并与下一代测序（NGS）结合使用。这种方法在验证合成 DNA 的准确性上更具成本效益。这两项技术也使我们在合成生物学中的工作方式发生了重大变化，我们突然可以在一个实验中并行设计、构建和表征数十万个基因设计。如果将基因设计的表征和 NGS（如 barcoded RNA-seq）耦联起来，此时数据分析将成为一个新瓶颈，而不再是基因的设计和组装过程。在过去的十年中，这导致了合成生物学中数学方法与生物学之间关系的重大转变。在 21 世纪初期，合成和测试 DNA 设计缓慢而昂贵，数学建模对于预测效果以及缩小设计空间来说非常有用。但是现在很少需要这种方法了，因为数学在生物设计上的重点已转向了大型数据的统计分析，我们可以从数据分析结果中学习如何设计 DNA。

合成生物学正在改变粮食种植和食物生产方式

2019 年 5 月，美国人造肉公司 Impossible Foods 获得了 E 轮 3 亿美元融资，总融资规模达到 7.5 亿美元。Impossible Foods 公司将豆血红蛋白的基因序列整合到酵母中，合成出的豆血红蛋白能使基于植物蛋白合成的“肉类替代品”具有肉质口感和“肉色”。该生产过程可大幅节约水土资源、降低能源消耗并减少排放。2019 年 9 月，美国加州生物公司 Pivot Bio 研发的首个能产生氮的微生物产品开始大规模上市。该产氮微生物能将氮直接输送到玉米植株的根部，开创了农作物绿色施肥的可持续方式。2019 年 10 月，以色列初创公司 Aleph Farms 将从活牛身上采集的细胞送到国际空间站，然后使用 3D 生物打印机将细胞培育成小型肌肉组织。这是首次在国际空间站微重力条件下培育出“人造肉”。2019 年 10 月，美国哈佛大学科学家在模拟肌肉纤维的可食用明胶支架上培育兔子和牛的肌肉细胞，成功制造出人造兔肉和人造牛肉。

合成生物学促进生物计算和生物存储

运用合成生物学设计、构建人造生物体的生物计算机和基于生物合成材料的新型量子计算机，其运算速度和存储能力有望实现较大突破，在此基础上研发的智能计算机，可具备人脑的分析和记忆功能，给经济社会发展和人类生活带来颠覆性影响。

2019 年 3 月，美国微软公司与华盛顿大学的研究团队利用自主开发的软件，实现了数据信息 0 和 1 与 DNA 碱基信息 A、T、C、G 的全自动互转和识别，有助于推动 DNA 的规模化存储，降低 DNA 信息的存储成本。研究人员将“hello”转译成 DNA 并成功进行读取共花了 21 个小时。虽然该技术仍有改善空间，但全自动合成和读取将是DNA存储技术从实验室走向商业数据中心的关键步骤。

2019年4月，瑞士苏黎世联邦理工学院的科学家创造出首个由计算机生成的生物体基因组“Caulobacter ethensis-2.0”。由于大多数氨基酸可由几种不同的DNA序列合成，该团队开发出一种算法，在已知细菌天然序列的基础上，可计算出理想的定制DNA序列（如去除冗余序列或改变蛋白质活性等）。该研究提供了定制基因组的有效方法，未来或将出现完全合成的药用DNA分子甚至定制合成生命等。相关研究成果发表在了《美国科学院院刊》上。

◎我国现状、面临的挑战和建议

我国合成生物学的发展现状

近些年，我国对合成生物学领域的资助力度持续加大，主要开展的研究涉及微生物制造、肿瘤治疗和植物改造等。

资助力度持续加大。我国国家自然科学基金委员会对合成生物学领域的资助始于2007年，至2016年已资助合成生物学相关项目121项，经费共计1.2亿元。在面上项目和创新研究群体项目中，均已投入3 000万～4 000万元的资助。重点项目和国际（地区）合作交流项目资助金额均已超过1 000万元。

在973项目和863项目的支持下，主要开展的研究涉及微生物制造、肿瘤治疗和植物改造等。这些项目目前都取得了显著进展，达到国际领先或首创水平，完成了产业转型变革。

论文与专利发表数量日益增加。我国合成生物学论文的迅速增长期始于2010年，主要因为973和863等重大研究计划从2010年开始相继支持合成生物学研究。同时，以“合成生物学”为主题的首届“中德前沿探索圆桌会议”2010年在中国科学院上海生命科学研究院开幕，标志着中国的合成生物学研究开始步入国际轨道。

在国家知识产权局的专利检索平台通过检索、人工判读的方式可知，在我国国家知识产权局申请的合成生物学相关专利达963件。1987年，国家知识产权局开始受理合成生物学专利申请，之后专利申请数量缓慢增长，直至2013年，专利申请数量达到峰值114件。

研究成果取得突破性进展。目前，我国科学家已人工合成16条真核生物酿酒酵母染色体中的4条，占国际已完成数量的66.7%。这意味着我国已经成为继美国之后第二个具备真核基因组设计与构建能力的国家，这不仅使我国在该领域形成了一系列人工合成的突破性技术和成果，也使我国进入了国际合成生物技术领域的第一梯队，由“跟跑”阶段进入“并跑”阶段。

技术研发安全风险与伦理问题。合成生物学可能存在的生物安全风险主要包括：一是天然和合成生物在生理学上的差异会影响它们与周边环境的相互作用，可能会导致有毒物质或其他有害代谢物的产生，对其他生物和生态环境的安全性产生潜在威胁。二是逃逸到自然环境中的微生物，通常具有普通生物体所不具有的生存优势，能在自然环境中无限增殖从而对栖息地的生态环境、食物链或生物多样性产生巨大威胁。三是合成生物可能会快速进化和适应环境，填补新的生态位。必须明确合成微生物及其遗传物质进化的速率，以确定生物体是否会在自然环境中长期存留或者改变习性。四是合成微生物的基因转移。微生物具有与其他生物交换遗传物质或从环境中摄取免费DNA的能力，经人工改造的导入了抗生素抵抗基因的细菌，若被释放到环境中，易使致病菌具有抵抗抗生素的能力，给细菌感染的治疗造成很大的困难。五是合成生物还有可能被用于制造新的生物武器。

关于合成生物学伦理方面的争议主要涉及制造生命有机体的正

当性问题，大多集中在两个角度：一是合成生物学家人工制造自然界中不存在的生命，违背了有关生命法则以及顺应自然发展规律的伦理；二是合成生物学家人工合成生命违背了尊重生命的伦理原则。①

针对我国发展合成生物学的建议

从基础研究到产品研发的全链条创新布局。我国在合成生物学的基础研究方面取得了重要突破，但合成生物学产品研发能力仍有待提高。不同于国际上大型生物医药公司作为专利和产品的研发主体，我国在该领域的技术研究主要由高校和科研院所完成，医药企业投入力度不足，一定程度上造成了基础研究和产品研发之间的脱节。建议在关注实验室研究的同时，鼓励医药企业加大科研投资力度，促进科研成果向医药产品转化。

建立完善的基础研究与产品研发监管体系。科学进展往往快于政策制定，同时合成生物学的界限也在不断变化，因此应关注与合成生物学治理和监管相关的问题，建议政府尽快推动制定合成生物学实验安全技术导则，梳理和完善已有的法律法规。针对合成生物的安全性建立健全的、规范的技术指南和国家层面的安全法规以及监管体系，建立从宏观政策到法律法规和标准规范的全面管理体系，从研究与应用两方面加强对合成生物学技术的监管。

形成健全的风险评估制度与科学家自律机制。提倡建立政府监管下的合成生物学家自律机制，鼓励成立相关的行业协会或科学家组织，订立规则和标准进行风险评估。任何与合成生物相关的基础研究和产品研发必须满足规定的安全要求和遵守严格的安全程序。

---

① 袁志明．合成生物学技术发展带来的机遇与挑战．华中科技大学学报（社会科学版），2020，34（1）．

建议设立合成生物安全性评估机构，建立完善系统的评估制度，引导社会认识合成生物的两面性。

营造能促进合成生物学技术发展的包容性环境。合成生物学是交叉性学科，既产生于多个学科，又回馈给这些学科。包容对于合成生物学的持续发展十分重要。一方面，建议研发部门与产业界、监管和政策制定机构交流合作，使技术推动与市场拉动相结合。另一方面，建议引导更多的公众参与合成生物学对话，了解其可能存在的风险，讨论有关的生物安全和伦理问题。[①]

三、脑科学

◎综述

脑科学和神经科学技术包括脑机接口、扩散张量成像、神经元控制、神经连接组学、脑图谱、脑细胞团培育、治愈瘫痪和对抗性神经网络等，这些技术为未来脑科学的发展奠定了良好的基础。脑科学是以脑为研究对象的多学科汇合的新型研究领域，其研究方向主要包括“仿脑”“控脑”“强脑”三方面。理解大脑的结构与功能是21世纪最具挑战性的前沿科学问题之一。脑科学的发展提升了人类对自身的理解和脑重大疾病的诊治水平，也为发展类脑计算系统和器件、突破传统计算机架构的束缚，以及发展脑控装备，推进人机一体化发展提供了重要的支撑。光遗传技术的持续发展让科研人员观察和操纵神经细胞成为可能，同时，人工智能、大数据、超级计算机和机器人等新技术的突破和应用，也不断丰富着脑科学研

---

① 贾伟，刘润生．合成生物学：充满创新潜力．学习时报，2014-03-03.

究的“工具箱”。随着人们对大脑认识的不断深入，脑相关技术的应用也进入快速发展期，脑机接口和类脑智能等技术受到各界广泛关注，商业化应用前景可期。

脑科学被发达国家视为科研领域“皇冠上的明珠”，蕴涵着诸多重大科学问题。《科学》杂志在创刊125周年之际提出的未来25年内25个最重大的科学问题中，有5个属于脑科学研究领域。类脑智能是受脑科学启发的机器智能，在2018年MIT评选的“十大突破性技术”中，对抗性神经网络位列其中。美国国防情报局（DIA）委托美国科学院撰写的《新兴认知神经科学及相关技术》报告指出，未来20年，与脑科学相关的进步将可能对人类健康、认知、国家安全等多个领域产生深远影响。

近年来，为在脑科学领域抢占研究领先地位，美国、欧盟、日本、加拿大、韩国、澳大利亚以及中国等国家和地区相继实施政府主导的脑科学计划，极大地推动了该领域的发展。美国相继提出“神经学研究蓝图”计划（2005年）、投资达30亿美元的“通过推动创新型神经技术开展大脑研究”国家专项计划（2013年）、《国家人工智能研究与发展战略规划》（2016年）等；欧盟将“人脑工程计划”列入未来新兴旗舰技术项目（2013年）；日本出台了为期10年的“大脑和精神疾病计划”（2014年）；韩国在“脑科学研究促进计划”（2017年）基础上，2016年发布了旨在到2023年发展成为脑研究新兴强国的《脑科学发展战略》；加拿大提出“加拿大大脑战略”（2011年）；德国、法国等国也纷纷部署脑科学相关研究计划，进入抢占科技战略制高点的行列。

美国的脑科学研究聚焦于绘制出显示脑细胞和复杂神经回路快速相互作用的脑补动态图像，研究大脑功能和行为的复杂联系，了解大脑对大量信息进行积累、处理、应用、存储和检索的过程；欧洲的脑科学研究更侧重于对脑数据的研究，旨在深入研究和了解人类大脑的运作机理，在大量科学研究数据和知识积累的基础上，开发出新的前沿医学和信息技术；日本的脑科学研究突出“小精尖”特色，主要通过对狨猴大脑的研究来加快对人类大脑疾病（如老年痴呆症和精神分裂症）的研究。[①]

◎近年重要趋势

脑科学基础研究持续推进，不断取得重要突破。科研人员通过绘制日益精密的大脑结构图谱和神经联接图谱，开展超大规模神经组学研究，利用小鼠、猕猴等模型动物进行脑研究，深入探究脑认知功能的神经基础。以光遗传学为代表的脑细胞操控技术具有时空分辨率高、刺激开/关可逆、细胞类型特异性强等优势，正在帮助科学家深入理解大脑功能，认识神经、精神疾病、心血管疾病的发病机理并研发针对疾病干预和治疗的新技术。

目前，脑科学研究已进入发展的关键时期，各国正在抢占脑科学的制高点，脑科学发展挑战与机遇并存。脑科学虽然发展势头很猛，但也面临着许多挑战。到目前为止，我们对脑生理功能的基础研究远不够深入，对于神经细胞不同的联接形式、神经信号传导通路、不同神经元的分子生物学特性等尚缺乏完整清晰的认识；对于大脑如何在分子、细胞、神经元网络等不同层面完成情绪、思维等高级脑功能的调控，也知之甚少；许多脑疾病原因未明且缺乏有效的预防与诊疗手段。此外，神经退行性疾病随着年龄增长而发病率越来越高（随着中国逐步进入老龄化时代，这类疾病不容忽视）。而类脑计算与人工智能的发展还处于初级阶段，如何模拟脑功能的

---

① 吴勤．脑科学发展形成“第二次浪潮”．国防科技工业，2017，(11).

实现机制进行计算机算法的创新，如何开发具有学习记忆能力的神经元芯片、具有智力与情感的脑型计算机，甚至实现高级智能机器人的开发，未来长路漫漫。

针对脑科学面临的各项挑战，或将在以下几方面取得突破。

脑基础研究的突破，逐步解释脑功能的生理机制。在脑认知的基本功能方面，人类如何感知外界，形成学习与记忆？在脑认知的高级功能方面，人类如何形成语言、自我意识，产生情感及社会行为？这些问题目前尚不明确。为解决这些问题，一是需要在工程技术的大力支持下，开发能大范围标记神经环路中各类神经元的方法以及高时空分辨率的成像技术，对大群神经元各部分的活动进行同步化的监测；二是需要构建各种动物模型，在动物模型上揭示脑认知的奥秘；三是需要更为先进的大数据整合与分析平台，对各类神经元活动进行精准记录和描述。

脑疾病的预防与诊疗技术的提升。保持健康的脑发育和脑功能不仅是医学问题，也是社会问题。保持脑的正常功能，延缓脑功能减退，防治脑相关疾病，是实现健康生活的保障。中国逐步进入老龄化社会，神经退行性疾病的防治越来越成为影响大众健康的重大问题。例如阿尔茨海默病，随着中国平均寿命的不断增加，罹患阿尔茨海默病的老人越来越多，而且目前尚未有较好的治疗方法。此外，许多脑重大疾病仍缺乏有效的检测与干预手段。为解决这些困难，迫切需要脑疾病相关预防与诊疗技术，迫切需要研发针对病因的治疗药物以及物理或心理干预手段。

类脑计算与脑机智能的发展。近年来，图形识别、语言识别、机器翻译等初级类脑智能功能逐步走进日常生活。如目前已开发出一款神经解码器，可将人脑关于语言的神经信号转变为能听到的语音，这无疑是因神经功能受损而失去语言交流能力的患者的福音。

此外，类脑芯片及类脑智能机器人等更为复杂高级的功能设备也在同步研发中。随着脑科学、人工智能技术的不断发展，类脑智能机器人的技术会逐渐成熟，机器人很可能具备视觉、听觉、思考和执行等综合能力，能模拟人脑的工作方式运行。

◎各国重大进展和成果

随着各国脑科学战略计划的实施，近年来已产生了众多突破性成果。例如，美国艾伦脑科学研究所创建细胞类型数据库，为实现“统计大脑细胞类型”打下了坚实的基础；美国圣路易斯华盛顿大学绘制出迄今最全面、最精确的人类大脑图谱；美国布兰迪斯大学、加州大学、斯坦福大学联合开展“大脑神经发育、改变、重塑”研究，为人们理解“大脑神经发育、改变、重塑”机制提供了独到的研究和见解，该研究成果获 2016 年度卡弗里（Kavli）奖；英国 DeepMind 公司通过两个大脑“策略网络”和“价值网络”设计的阿尔法狗（AlphaGo）两度战胜世界围棋冠军柯洁；2018 年 11 月，首张展示小鼠大脑每个细胞的数字 3D 图谱由瑞士洛桑联邦理工学院（EPFL）的“蓝脑计划”发布。

与此同时，脑科学及类脑科学的商业应用研发正在世界范围内如火如荼地展开。2016 年，美国国防部高级研究计划局投资 6 500 万美元开展“神经工程系统设计”（NESD）项目，旨在研发一种能在大脑与数字世界之间实现精准通信的植入式系统；同时，Neuralink 公司也正在开发一种可植入式设备，把大脑与云连接起来以增强大脑的功能；Facebook 高级技术中心已启动了“意识驱动打字”项目。

光遗传技术的持续发展为脑科学研究提供了有力工具

光遗传技术是近几年正在迅速发展的一项整合了光学、基因操作技术、电生理等多学科的生物技术。通过基因改造神经细胞，让其拥有对光产生反应的蛋白质，当光照射到细胞时，这些神经细胞里的电子活动就会被触发，以此可用光来控制神经细胞的电活动。

2020 年 4 月，法国生物公司 GenSight Biologics 发布了其基于光遗传学和基因治疗的 GS030 疗法 PIONEER 临床试验 I/II 期的进展。GS030 是基于 GenSight 技术开发的一种新型光遗传学技术平台。该平台利用基因治疗手段，借助单次玻璃体内注射，将携带光敏蛋白基因的病毒注射到视网膜，并感染视网膜神经节细胞，表达光敏蛋白，使其对光产生反应，从而获得对光的感受。目前，GS030 已在美国和欧洲被授予“孤儿药”称号。

2020 年 9 月，中国华中科技大学脑研究所的研究团队利用光遗传刺激治疗技术修复了单突触联接（ECIIPN-CA1PV 突触）变性损伤，有效治疗了老年痴呆小鼠的记忆丢失症。该研究首次揭示了在小鼠空间学习记忆中的一个新型环路，还探索了利用光遗传技术开展治疗、延缓老年痴呆患者认知功能障碍的可能，为早期痴呆患者的康复治疗带来了希望。相关研究成果发表于《分子精神病学》期刊。

2020 年 10 月，美国加州理工学院研究人员开发出一种称为“集成神经光子学”（integrated neurophotonics）的新技术，使用可植入大脑内部任何深度的光学微芯片阵列，同时与荧光分子以及光遗传学结合，可实现分别对神经元进行光学监测和控制其活动。该技术有望突破光遗传学技术的局限，实时绘制大脑神经环路，从而揭示各种神经元的功能。相关研究成果发表于《神经元》期刊。

脑机接口加速迈向市场应用

脑机接口（brain-machine interface）也称为“脑机混合界面”，

它是在人或动物脑（或者脑细胞培养物）与外部设备间创建的直接连接通路。若干研究小组已经能够使用神经集群记录技术实时捕捉运动皮层中的复杂神经信号，并用来控制外部设备。这项技术能更好地了解大脑的工作机制，然后利用这些知识制造移植系统，让大脑得以控制计算机和其他机械。科学家认为这场革命最终将使脑机混合界面像掌上电脑一样普及并酝酿一个全新的以大脑为中心的产业。

2020 年 1 月，中国浙江大学研究人员利用高精度的手术机器人在一位 72 岁高位截瘫志愿者脑内植入 Utah 阵列电极，使志愿者通过意念控制机械手臂的三维运动，完成进食、饮水和握手等一系列上肢运动。这是中国脑机接口取得的临床新突破，也是全球首例成功利用手术机器人辅助方式完成的电极植入手术。

2020 年 2 月，西班牙米格尔・埃尔南德斯大学科学家开发出“仿生眼睛”脑机接口系统，可直接连接到大脑视觉皮层，使失明 16 年的患者复明。该系统含有一副装有照相机的眼镜，照相机连接到计算机并将实时视频输入，转换为电子信号，发送到患者大脑视觉皮层的植入物中，使患者脑中出现物体画面。

2020 年 3 月，美国斯坦福大学的研究人员开发出一种新型脑机接口设备，可将大脑直接与硅基芯片连接起来。该设备包括数百根微导线，每根导线的直径不到人类最细头发的一半。通过记录每根导线传递的大脑电信号，研究人员即可大规模记录神经元活动影像。该技术有望提高人们对大脑功能的理解，提高机械假肢的性能以及帮助恢复语言和视力等。相关研究成果发表于《科学进展》期刊。

类脑智能成为发展高级人工智能的重要技术路径之一

2020 年 9 月，中国浙江大学研究团队开发出新型类脑计算机，神经元数量达到亿级。该类脑计算机包含792个由浙江大学研制的达尔文2代类脑芯片，共可容纳最多1.2亿个脉冲神经元和近千亿个神经突触，与小鼠大脑神经元数量规模相当，典型运行功耗仅为350～500瓦。此外，研究人员还研制出面向类脑计算机的专用操作系统“达尔文类脑操作系统”（DarwinOS），可对类脑计算机硬件资源进行有效管理与调度，支撑类脑计算机的运行与应用。

2020年10月，中国清华大学、北京信息科学与技术国家研究中心和美国特拉华大学研究人员首次提出“类脑计算完备性”概念，这是类脑计算体系结构研究的一个突破性进展。“类脑计算完备性”概念中的系统层次结构，包括图灵完备的软件抽象模型和通用的抽象神经形态架构。该体系可确保编程语言的可移植性、硬件完整性和编译可行性。该研究或将加速类脑计算及通用人工智能等方向的研究。

2020年12月，德国慕尼黑工业大学的研究人员开发出可帮助分析医学影像数据的自我学习算法程序“AIMOS”。该程序的核心是人工神经网络，可像人脑一样识别和学习不同模式。该程序只需几秒就能解释老鼠的全身扫描图，并用颜色来区分和描绘器官，而非用各种不同的灰色阴影，为图像分析提供了极大便利。相关研究成果发表于《自然·通讯》期刊。

◎我国现状、面临的挑战和建议

我国脑科学研究现状

脑科学研究的SCI论文产出在近50年持续增长。进入21世纪，随着各国脑科学重大研发计划的启动，脑科学研究进入高速发展阶段，SCI发文量呈现爆发式增长。脑科学领域的突破与发展也越来越受到各界期待。以近 50 年时间统计，我国在脑科学领域的 SCI 论文总量位居全球第八位；2015 年跃居第三位，2016 年后超越英国位列第二位。我国脑科学研究虽起步较晚，基础较为薄弱，但拥有灵长类动物资源和脑疾病样本资源丰富等先天的优势，在近些年取得了许多重大的科研成果，如我国在猴类转基因动物和非人灵长类脑疾病模型等研究方面已经走在了世界前列。

中国脑科学计划是一种“一体两翼”的结构。“一体”指以研究脑认知的神经原理为基础，理解人类大脑认知功能是怎么来的。而想要理解人的大脑，必须知道它的结构，有什么样的规则，怎样处理信息，因此又需要在介观层面（有细胞分辨度）绘制全脑的神经联接图谱。

“两翼”指的是对脑科学基础研究的应用。其中“一翼”是研发重大脑疾病的诊断和治疗方法。目前，不管是幼儿的自闭症，还是成年人的抑郁症、老年人的帕金森病和阿尔茨海默病，各种脑疾病的社会负担都非常沉重，而且绝大多数脑疾病尚没有有效的治疗方法，亟需在诊断和治疗上有所突破。另“一翼”则是如何利用脑科学研究来推动新一代人工智能技术的发展。现在的人工智能是专用人工智能，比如人脸识别、语音识别等方面的人工智能，这些人工智能都只能从事一项特定任务。但是，我们人脑是通用的，人脑可以做各式各样的事情。所以，我们要研发新一代人工智能，就要从脑科学得到启发，把专用人工智能变成通用人工智能，即类脑人工智能。

脑科学发展面临的主要挑战

人脑的探索及其模拟是有史以来最雄心勃勃的科学工作之一，而巨大的技术障碍也摆在眼前。所面临的主要挑战体现在下面四个方面。

规模上的挑战。大脑借助其 1 000 亿个神经元和 1 000 万亿个突触并行运行，模拟人的大脑将需要突破即将出现的百亿亿级计算机（每秒执行一次万亿次运算）的极限。迄今为止，最大的神经模拟的水平是使用简化的点神经元来模拟猕猴视觉系统的 400 万个神经元。最详细的重建方法包含了31 000 个大鼠皮层神经元的生物物理模型，其中包括 207 种类型，它们由 3 600 万个突触连接。尽管点神经元模拟的电脉冲是在大脑中编码和传输信息的主要方式，但大脑的功能还有很多。即使是当今最复杂的大脑模型，也忽略了很多重要细节。

复杂性的挑战。目前基于脑科学的生物学，最实际的模拟将需要一组几乎无限的参数。因此，许多细节并未纳入模型，包括大脑的细胞外相互作用以及诸如受体结合之类的分子尺度过程。美国和西欧的大脑计划正在为特定物种的细胞类型及其特性建立综合数据库。但是，某些数据无法通过无创侵入方式来收集，因此可能无法为人脑所获得。我们无法模拟大脑的每一个分子细节。但是模拟的支持者希望，大脑的工作原理将使算法能够生成一些细节。在模拟脑功能方面，某些功能可能被忽略，但尚不清楚具体是哪些功能。

速度上的挑战。人类对诸如大脑发育和学习之类的过程的探讨已经进行了许多年。遗憾的是，目前没有一种技术能以比大脑实时运行更快的速度进行大规模仿真。要实现这一点，需要超级计算方面的突破。量子计算可能会有所帮助，神经形态计算也可能会有希望，后者使用模拟神经体系结构的模拟电路。这些发展可以克服传统计算的某些限制，包括软件复杂性和能耗。然而，比大脑实时工作更快的这种能力本身，并不能实现诸如学习之类的漫长而复杂的过程。例如，突触根据经验改变其连接强度的规则，可能比当前的突触可塑性模拟中使用的规则更为复杂。

整合上的挑战。为了对涉及大脑范围的网络功能进行建模，需要组合较小的大脑区域模型。自上而下的模型，如将大脑作为假设系统的模型，还必须与迄今为止代表模拟的自下而上的生物物理模型集成。大脑项目正在开发数字工具，以便将模型用作构建基块。自上而下和自下而上的模型相结合对于掌握大脑如何兼顾速度、灵活性和效率至关重要，但这个挑战缺乏关于大脑如何运作的强有力的理论。挑战在于，大脑的某些方面，例如理解和意识，可能永远不会被数字大脑模拟所捕获。缺乏意识表示的模拟在理解像精神病这样复杂的现象时可能应用相当有限。

促进脑科学发展的建议

目前，无论美国、西欧还是中国，在脑科学的研究上都投入大量的资金与人力。最近在中国，脑科学研究被提到了前所未有的高度，脑科学研究中心与相关专业纷纷建立。推动具有中国特色、体现自身优势、满足国情需求的脑计划，是我国脑科学的发展方向。一是鼓励建立国际合作的新机制，创新人才遴选体制，精简管理程序，吸纳跨地域、跨国界的优秀科学家，并创造便利条件，为中国脑科学研究占领世界制高点夯实基础；二是梳理智能技术、类脑智能和人工智能之间的区别与联系，充分利用脑科学取得的科研成果，为类脑智能技术及机器人产业化的发展提供服务；三是充分发挥科研基地（平台）的作用，明确技术平台和资源库的定位，为既定科研目标做好服务和支撑工作。

第十章 硬科技之新材料

材料是制造业的基础，决定着整个国家的强富与贫穷。强国梦，材料不可或缺。

——师昌绪（中国“材料之父”、两院资深院士）

新材料是电子信息、新能源、航空航天和生物医药等高新技术发展的基石和先导，是各个产业链中处在最上游、技术壁垒最高的部分，其对一个国家经济发展、国防安全的重要性不言而喻。新材料将为新一轮科技革命和产业革命提供坚实的物质基础，谁掌握了最先进的材料，谁就能在未来高新技术发展上掌握主动权。展望未来，新材料技术还将成为解决能源不足、环境污染及可持续发展等问题的核心技术之一。发展新材料产业的必要性和重要性，自不必多言。

但当前中国新材料产业大而不强，与美日德等发达国家相比差距明显，尤其是以半导体材料、碳纤维材料、航空航天材料等为代表的战略性材料严重依赖国外，给我国科技安全带来巨大挑战。一旦这些新材料遭遇“卡脖子”问题，先进电子信息、新能源汽车、商业航空等诸多产业将会在短时间内丧失竞争力、受制于人，甚至会丧失掉前沿颠覆性技术的发展先机，后果不堪设想。值得庆幸的是，中国新材料产业已迎来科研范式重大转变、下游需求迅猛增长等历史机遇，并已积累起科研、人才、政策和资本等方面的巨大势能，未来发展可期！

一、化合物半导体

半导体是一种导电能力介于导体和绝缘体之间的物质（见图 10-1），其按照载流子（或晶体缺陷）的不同可分为 P 型半导体和 N 型半导体，半导体的导电性能与载流子（晶体缺陷）的密度有很大关系。半导体器件的最基本组成单元为 PN 结，PN 结具有正向导通反向绝缘的功能，因此半导体器件在逻辑计算、信号传输、电力转换等诸多方面显现出巨大优势。自 1947 年第一个半导体二极管在贝尔实验室诞生以来，半导体彻底变革了人类的

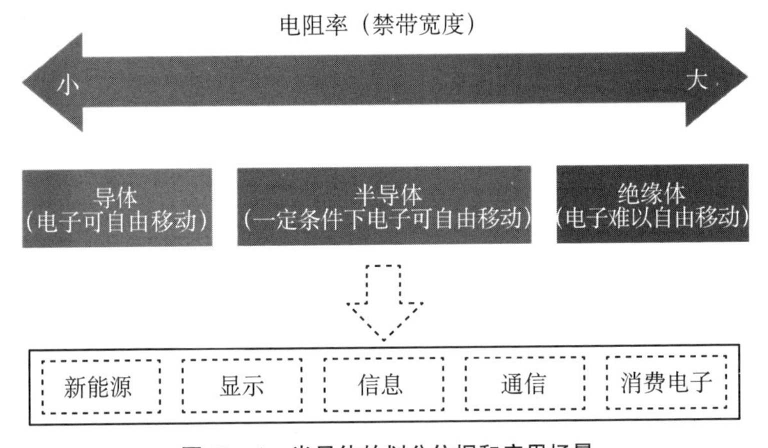

图 10-1　半导体的划分依据和应用场景

生产生活方式，全球社会陆续从电气时代进入信息化时代，并加速向万物互联时代和人工智能时代迈进。作为未来新型基础设施建设的物质基础，半导体产业发展依然后劲十足，尤其是人工智能、5G 通信、新能源汽车、能源互联网等行业给半导体发展带来了新的增长点。

◎综述

根据化学组成的不同，半导体可分为元素半导体和化合物半导体两大类。元素半导体主要包括锗（Ge）、硅（Si）和金刚石（C）；广义的化合物半导体包括金属间化合物半导体、有机半导体和氧化物半导体等；狭义的化合物半导体则主要包括Ⅱ－Ⅵ族化合物硫化锌（ZnS）、硫化镉（CdS）等，Ⅲ－Ⅴ族化合物砷化镓（GaAs）、磷化铟（InP）、氮化镓（GaN）等，Ⅳ族化合物碳化硅（SiC）、锗化硅（SiGe），以及Ⅱ－Ⅵ族和Ⅲ－Ⅴ族化合物组成的多元化合物氮化铝镓（GaAlN）、砷化铝镓（AlGaAs）等（见图 10－2、图 10－3）。相对于最常见的元素半导体硅，采用化合物半导体制作的元器件具有高频、高速、大功率、耐高压和功耗低等特性以及独特的光电性能，在显示照明、新能源、轨道交通、新一代信息、先进制造和国防军事等领域都有着诸多应用，甚至已经成为带动这些领域技术进步和产业发展的关键因素。

在其发展历程中，全球半导体产业出现了三次具有代表性的进展。20 世纪 40 年代，第一代半导体材料锗和硅开始崭露头角，并于随后几十年奠定了计算机和自动化等技术发展的基础。目前，逻辑器件和功率器件两大类半导体器件，绝大部分采用单晶硅材料制作而成，应用领域涉及工业、商业、交通、医疗、军事等各个方面，涵盖人类生产生活的各个环节和角落，人类社会正

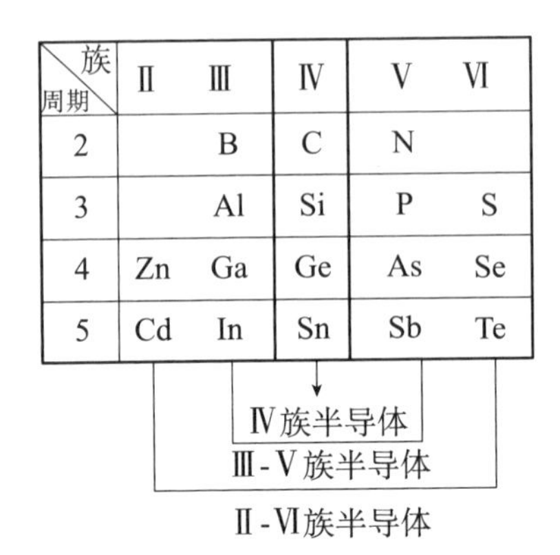

图 10-2 化合物半导体在元素周期表中的位置

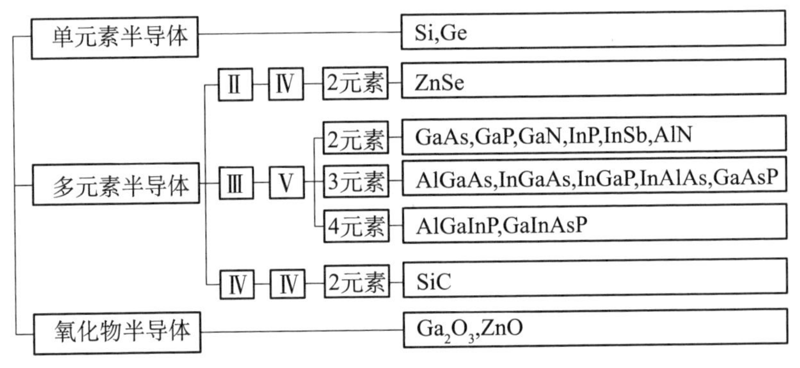

图 10-3 半导体的分类

处在所谓的“硅材料时代”。但经过几十年的不停迭代，硅材料器件的性能潜力已被榨取殆尽，所谓的摩尔定律几近失效。相比之下，硅材料的禁带宽度窄、电子迁移率低（见表 10-1），且属于间接带隙结构，在光电子器件和高频高功率器件的应用上存在较大瓶颈。

表 10-1　各类半导体物理特性比较

物理指标	硅	砷化镓	磷化铟	碳化硅	氮化镓	指标简介
禁带结构	间接带隙	直接带隙	直接带隙	直接带隙	间接带隙	直接带隙半导体发光效率高，适合制作光电子器件
禁带宽度（eV）	1.1	1.4	1.3	3.3	3.4	禁带宽度决定器件的导通损耗、耐受温度和耐压能力
电子迁移率（cm^2/Vs）	1 350	8 500	4 600	1 000	2 000	迁移率越大，电阻率越小，电流承载能力越大
介电常数	11.9	13.1	10.8	10.1	9	介电常数越低，单位面积器件的寄生电容越小，可以开发更高的射频功率水平
击穿场强（MW/cm）	0.3	0.4	0.5	2.8	3.3	击穿场强越大，器件的阻断电压越大，更加适合高压应用
电子饱和漂移速度（10^7cm/s）	1	1	2.2	2.2	2.7	电子饱和漂移速度越高，器件导通电阻越低，导通损耗更低，高频性能更好
热导率（W/cm·K）	1.5	0.5	0.7	4.9	1.3	热导率越高，器件散热越容易，可在更高温度下工作
最高工作温度（℃）	175	350	—	600	800	数值越高，高温承受能力越强，高温环境下的可靠性越强
应用领域	集成电路功率器件	射频器件、光电器件	光电器件	功率器件	功率器件、射频器件	半导体材料的物理性能不同，应用场景也相应有差异

20 世纪六七十年代，Ⅲ-Ⅴ族半导体材料的发展开辟了新的应用领域——光电和射频，以砷化镓和磷化铟为代表的第二代半导体材料出现在人们的视野中，同第一代半导体一起将人类社会带入信息时代，数据的互联互通开始加速。进入 80 年代，以碳化硅、氮化镓和金刚石等为代表的第三代半导体开始出现并迅猛发展，在新一代移动通信、新能源汽车、全球能源互联网、消费电子、新一代

显示和高速轨道交通等领域展现出巨大优势，成为全球半导体产业竞争的战略高地。由此可见，化合物半导体已经成为未来硬科技发展的“根技术”，起到支撑、引领的作用，其战略价值不言而喻。需要特别说明的是，半导体第一、二、三代的划分是国内惯用的“断代法”，并没有特别明确的物理意义，各代半导体之间并非取代的关系，而是在不同领域、不同场景中各有优势（见图 10－4）。

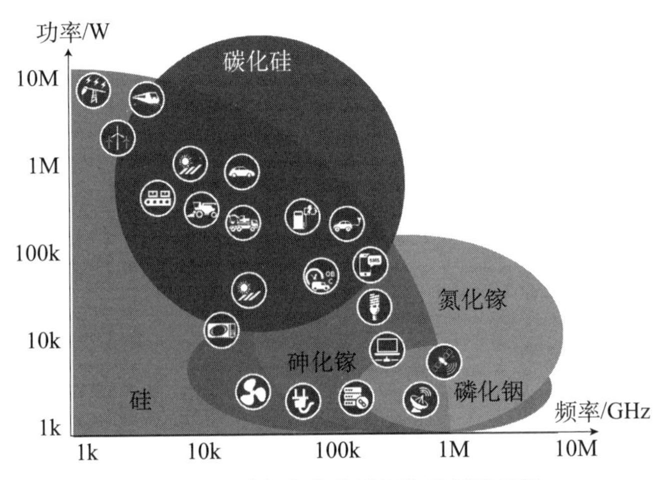

图 10－4　硅和化合物半导体应用的范围

资料来源：英飞凌官网。

◎近年重要趋势

随着移动互联网、云计算、5G 通信等技术的迅速普及推广，下游应用端不断涌现新的大带宽应用，全球数据量持续呈指数级增长。受此驱动，5G 终端及基站数量迅猛增长，对射频器件的性能需求也水涨船高；同时，互联网接入带宽速率与全球数据量保持同步增长，网络面临增长的压力，光通信成为互联网数据中心（IDC）的解决方案，业界对光模块的性能提出更高的要求。以砷化镓、磷化铟为代表的第二代半导体，由于具有更高的电子迁移速率、更高的禁带宽度，在半导体光电通信和射频器件领域极具性能优势，因此在世界范围内受到了广泛关注。

砷化镓在高功率传输领域展现出优良的、难以替代的物理性能优势，使砷化镓高速半导体器件产品更加广泛地应用在手机电话、无线局域网络、卫星通信、光纤通信、卫星定位等领域。随着 5G 时代的到来，天线体积小型化、载波聚合技术、多用户多入多出技术对功率等级和线性度要求较高，具备高电子迁移率和饱和电子速率的砷化镓在当前半导体材料中具备绝对优势。砷化镓材料的频率响应好、速度快、工作温度高，能满足集成光电子的需要，是目前 5G 中频段射频器件应用最理想的材料之一。

与砷化镓相比，磷化铟在半导体光通信领域应用更具优势：一是磷化铟具有高电子峰值漂移速度、高禁带宽度、高热导率等优点；二是磷化铟的直接跃迁带隙为 1.35eV，对应光通信中传输损耗最小的波段；三是磷化铟热导率高于砷化镓，散热性能更好。目前，光通信器件普遍采用磷化铟半导体材料，其优点是数码率高、波长单色性。采用磷化铟制备的激光器、调制器、探测器及光模块已经广泛应用于光网络，近年来正推动互联网数据传输量迅猛提升，以满足社会生产生活对网络向更高速和更宽带宽方向发展的要求。

随着能源问题的日益凸显，电源、电动汽车、工业设备和家用电器等设备中功率变换器性能的提高变得尤为重要。而电力电子器件是电力电子技术的重要基础，电力电子装置中电力电子器件虽然只占装置总价值的 20%～30%，但电力电子器件的性能对整个装置的各项技术指标和性能有着重要的影响，因而是电力电子领域中最关键的研究方向之一。基于化合物半导体材料的电力电子器件具有更优越的性能，近年来成为功率器件的研究热点，目前第三代半导体器件中碳化硅和氮化镓电力电子器件受到了业界的广泛关注。

相对于传统硅材料，碳化硅应用于电子器件的优势主要来自三方面：一是碳化硅功率模块的开关损耗显著低于硅基 IGBT 模块，且随着开关频率的升高两者之间的差距更加显著，这意味着碳化硅模块可在实现高速开关的同时大幅降低损耗。二是耐高温性能更好，碳化硅的热导率是硅的 2 倍以上，由此可带来更高的功率密度和更佳的散热能力，同时碳化硅的熔点显著高于硅，可耐受的温度更高。三是碳化硅模块非常便于实现小型化，碳化硅材料的通态电阻显著低于硅，在同样阻值的条件下碳化硅模块的尺寸仅为硅模块的 1/10 左右。

同样，相对于传统硅材料，氮化镓功率器件具有更高的功率输出密度、更高的能量转换效率，可有效减少电力电子装置的体积，使设备小型化、轻量化；而相对于碳化硅材料，氮化镓拥有类似的宽禁带、电子迁移率等物理特性，但在成本控制方面却有着前者无法比拟的优势，尤其是 GaN-on-Si 外延片能够利用成熟的硅基衬底工艺，晶圆成本能够大大降低。如表 10－1 和图 10－5 所示，硅、碳化硅和氮化镓的应用范围有所差异，并在部分范围内互为补充。此外，氮化镓在射频器件领域也有广泛应用，其提供的功率密度比砷化镓器件高十倍，可以提供更大的带宽、更高的放大器增益，因此在 5G 宏基站方面具有明显优势。

◎近年重大进展

整体而言，化合物半导体的应用领域可分为电子器件和光电器件两大部分，其中电子器件部分主要包括电力电子器件和射频器件等，光电器件部分则主要包括 LED 照明显示、激光器和光伏器件

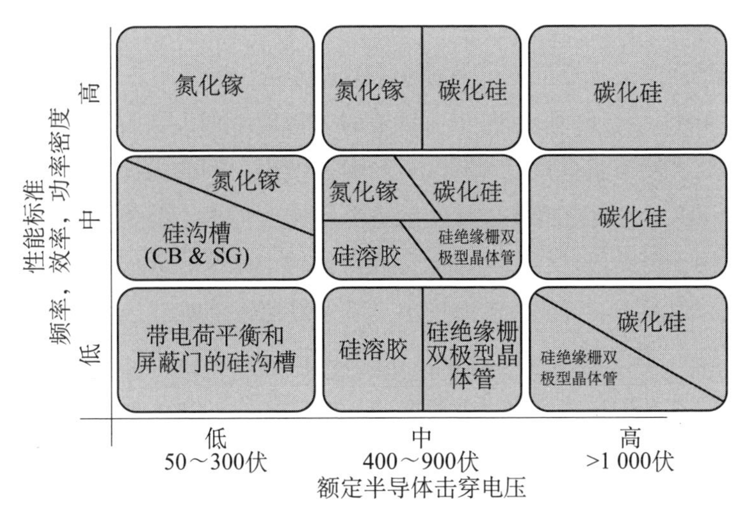

图 10-5 碳化硅和氮化镓的应用范围

资料来源：安森美半导体官网。

等。未来随着 5G、互联网数据中心、新能源汽车、能源互联网、消费电子等下游产业的快速发展与革新，上游化合物半导体产业将迎来新一轮的腾飞。

5G 基站建设逐步放量，砷化镓、氮化镓迎来规模化增长

当前，世界主要国家如美日中韩等国都已开启 5G 商用，基站建设正处于逐步放量阶段。5G 给基站建设带来诸多挑战，将会对化合物半导体市场产生深远影响：一是更高频率和更大带宽，4G 频率范围为 1 880MHz～2 635MHz，而 5G 的 Sub-6GHz 频段和毫米波频段的频率高达 0.45MHz～6 000MHz 和 24 250MHz～52 600MHz，分量载波带宽可达 100MHz；二是对功率密度的需求更高，5G 基站的功率比 4G 基站功率提高 70%左右，运营商需要在相同大小的空间内提供更高功率；三是更小体积，5G MassiveMIMO 和波束成形技术采用阵列天线，器件数量大幅增加，设备小型化的需求驱动内部器件小型化。

未来，5G 宏基站将以 64 通道的大规模阵列天线为主，单基站功率放大器需求量接近 200 个，目前基站用功率放大器主要为硅基的 LDMOS（横向扩散金属氧化物半导体）技术，但是 LDMOS 技术适用于低频段，在高频领域存在局限性。未来，5G 基站氮化镓、砷化镓射频 PA 将成为主流技术，其中氮化镓能较好地适用于大规模多输入多输出（multi input multi output，MIMO）通道，更好地适应器件小型化的需求。根据 Yole 的预测，2023 年 GaN-RF 在基站中的市场规模将达到 5.2 亿美元，年复合增长率将达到 22.8%。

“电信＋数通”驱动光模块迅速增长，磷化铟材料蓄势待发

现代通信主要通过光纤光缆进行远距离传输，但终端发送和接收都是通过电信号实现的，因此两端都需要有光电信号的转换装置——光模块。现如今，光模块已经大量应用于通信行业和数据中心行业。2011—2019 年，全球及中国光模块市场规模持续增长，从 2011 年的全球光模块市场规模 30.5 亿美元、中国光模块市场规模 9.5 亿美元，增长到 2019 年的全球光模块市场规模 59.4 亿美元、中国光模块市场规模 24.6 亿美元。据 Yole 预测，2019—2025 年光模块的复合增长率为 15%，2025 年光模块市场将增长至 177 亿美元。

受此驱动，全球磷化铟市场将迎来持续快速增长。据 *Semiconductor Today* 杂志预测，全球磷化铟应用市场规模将从 2018 年的 0.77 亿美元提高到 2024 年的 1.7 亿美元。其中，电信光模块应用在 5G 基建的驱动下，预计将从 2018 年的 0.35 亿美元增长至 2024

年的 0.53 亿美元；数通光模块在 IDC 高速增长下市场规模增量有望升级，从 2018 年的 0.22 亿美元增长至 2024 年的 0.96 亿美元。

新能源汽车销量快速增长，碳化硅半导体需求旺盛

据国际能源署预测，在全球可持续经济发展的大背景下，全球电动汽车保有量将从 2019 年的 720 万辆增长至 2030 年的 2.45 亿辆。受益于未来新能源汽车销售量迅速增长，车用碳化硅功率器件有望迎来爆发性增长。据英飞凌统计，传统燃油车向新能源汽车升级大幅提升了半导体器件的价值，约从平均 355 美元增加至 695 美元，其中半导体功率器件增幅更为显著，约从原 17 美元增至 265 美元。另据英飞凌预测，碳化硅器件在新能源车中的渗透率有望不断提升，将从 2020 年的 3%提升至 2025 年的 20%。在上述因素的共同作用下，车用碳化硅功率器件预计将维持快速增长态势。

与此同时，新能源汽车充电桩的加速建设，为碳化硅半导体产业打开了一个巨大的增量市场。根据国家发改委的数据，截至 2019 年年底，我国充电设施数量 120 多万个，与 380 多万辆的新能源车保有量相比仍是短板，未来建设将持续加速，仅 2020 年就预计新建充电桩 60 万个以上。一个直流充电桩大约需要 170 个 MOS，碳化硅器件用在充电桩中具有高功率密度、超小体积的优势，并且支持快速充电，成为未来的发展趋势。随着碳化硅器件在充电桩渗透率的不断提升，对上游碳化硅衬底和外延片的需求量也将保持快速增长态势。

◎我国现状、对策和建议

与硅半导体产业相似，化合物半导体产业链流程大致可分为衬底制备、外延生长、芯片设计制造和封装测试几个环节（见图 10－6），价值链则从上游衬底到下游元件逐渐放大。目前，化合物半导体产业链也基本形成了明确的全球分工格局，其中上游衬底、外延以及中游芯片设计、制造等关键环节基本为国外企业所垄断，国内企业则在积极追赶的进程中，而近期的中美贸易战和新冠肺炎疫情更是加速了这一进程。

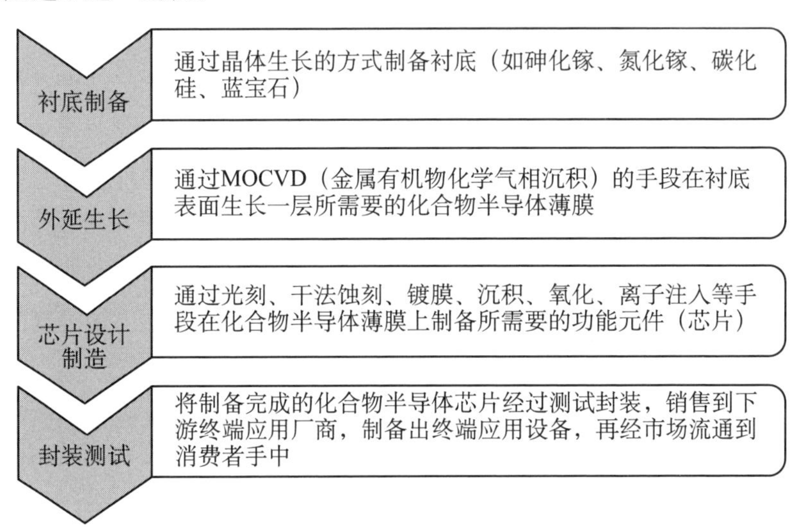

图 10-6　化合物半导体产业链结构

砷化镓产业集中度高，国产替代进程加速

从全球砷化镓产业链来看，衬底和外延片市场均为少数几家境外企业所垄断。其中，砷化镓衬底市场费里伯格（Freiberger，德国）、住友电工（Sumitomo Electric，日本）、通美晶体（AXT，美国）三家公司的市场份额达到 90%以上；砷化镓外延市场上，国际量子外延（IQE，英国）、全新光电（VPEC，中国台湾）、住友化学（Sumitomo Chemicals，日本）、英特磊（IntelliEPI，中国台湾）四家公司的市场份额亦超过 90%以上。而中国大陆砷化镓衬底厂商当前主要占据低端LED市场（装饰用红外LED、信号等），仅少数砷化镓衬底厂商能够供应高端LED市场（汽车和园艺照明用红外LED）用衬底。

与美日欧发达国家和地区的企业相比，我国砷化镓产业链主要集中在LED芯片的上下游垂直整合，在整体竞争格局中仍处于弱势，主要体现在：单晶衬底制造环节竞争力一般；外延片中的射频器件竞争力较弱；IDM（整合器件制造）环节中的射频器件竞争力缺失。近年来，随着中美贸易战愈演愈烈，华为、OPPO、VIVO等中国品牌原采购Skyworks、Qorvo等美国供应商的功率放大器（PA）订单，开始往台系砷化镓代工厂和大陆砷化镓代工厂进行转移，以三安光电和海威华芯为代表的国内企业在技术和量产能力上正在加速缩短与美日欧的差距。

磷化铟产业链上游国外垄断，我国占据产业链中游生态

由于在磷化铟单晶生长设备和技术方面存在较高壁垒，磷化铟衬底市场参与者较少，且以少数几家国外厂商为主，主要供应商包括日本住友、日本能源、美国通美晶体、法国InPact、英国WaferTech等，以上五家厂商占据了全球近80%的市场份额。其中，日本住友是行业龙头，占据着全球60%的市场份额，美国通美晶体占据15%的市场份额，英法的公司各占10%和5%的市场份额。

在中游领域，欧洲和美国在激光领域起步较早，技术上具备领先优势，时至今日，许多知名激光器企业已经发展壮大，如美国的IPG光电、nLight（恩耐）、Ⅱ-Ⅵ（贰陆），德国的Trumpf（通快），以及丹麦的NKT Photonics等；国内企业则相对较小。相比之下，光模块产业链全球分工明确，国内厂商占据较大市场份额。欧美日等发达国家起步较早，在芯片和产品研发方面拥有较大技术优势。中国在技术方面起步晚，没有实现技术的独立，但是凭借劳动力优势、市场规模以及电信设备商的扶持，光模块在产业链中游占据较大市场份额，从代工、贴牌发展为现如今拥有多个全球市场占有率领先的光模块品牌。

碳化硅产业美日欧三足鼎立，我国已布局全产业链

从产业格局看，美国是碳化硅产业领域内当之无愧的“霸主”，占全球碳化硅产量的70%～80%，仅科锐一家的碳化硅晶圆产量就占据全球60%以上。日本、欧洲紧随美国之后，分别占据了价值链的关键部分，其中日本在碳化硅半导体设备和功率模块方面优势较大，比较典型的企业包括富士电机、三菱电机、昭和电工、罗姆半导体等；欧洲在碳化硅衬底、外延片和应用方面优势较大，典型的公司包括瑞典的Norstel、德国的英飞凌和瑞士的意法半导体。

与国外企业相比，国内企业整体竞争力较弱，但在全产业链上都有所布局，且近年来进步十分迅速。在碳化硅衬底方面，山东天岳先进科技股份有限公司、北京天科合达半导体股份有限公司可以供应3～6英寸的单晶衬底，产能亦在不断提升；在碳化硅外延方面，东莞天域半导体科技有限公司和厦门瀚天天成电子科技（厦门）有限公司均能够供应3～6英寸的碳化硅外延；在碳化硅器件方面，以三安光电、中国电子科技集团公司第五十五研究所、比亚迪和中车时代为代表的国内企业在芯片设计与制造、模块封装等方面均已有深厚的积累。

氮化镓国内产业链布局完整，部分产品国际领先

在氮化镓产业链中，国际科技巨头包括科锐、Qorvo、MA-COM，已经积累起较大的技术优势，在产品性能和产品种类上都

具备明显的优势。相比之下，国内企业起步较晚，技术竞争力稍显不足，但已经具备包括单晶衬底、外延片、器件设计、封装测试、可靠性试验等的完整产业链布局，甚至部分产品已达到国际领先水平。目前，国内涉足氮化镓产业链的企业包括氮化镓衬底生产商苏州纳维、东莞中镓，外延片生产商苏州晶湛半导体有限公司、苏州能讯高能半导体有限公司，以及芯片设计制造商安谱隆半导体（合肥）有限公司（由恩智浦公司的射频事业部剥离而出）、三安光电等。

目前，化合物半导体的下游应用场景主要集中在高频率高带宽5G通信和高功率的新能源汽车等领域。而要生产高频高带宽的5G射频芯片、高功率的电力电子器件，就必须要有高质量的化合物半导体衬底和外延。从价值分布来看，化合物半导体产业链70%以上的利润集中在衬底和外延环节。从竞争格局来看，全球化合物半导体企业中，欧美企业在第一梯队，日韩企业在第二梯队，中国大陆地区正在积极介入，但暂时落后于人。从技术壁垒来看，整个化合物半导体的技术实力，主要取决于外延层和衬底的技术水平。当前，全球能够生产化合物半导体芯片的公司不少，但是能生产高质量衬底和外延的企业却屈指可数。

二、量子点显示

显示产品是信息时代的“交互窗口”。未来，随着5G和人工智能等技术的普及，显示产品市场规模仍将持续扩大，对新型显示技术、新型显示材料的需求也会不断提升。近年来，量子点显示以其较高的色域及较为成熟的材料产业化能力成为新型显示的主力军，并在生物、新能源等领域展现出较大应用前景，成为国内外重点关注的新材料产业领域之一。

量子点材料于20世纪80年代被首次发现。布鲁斯（Brus）等人观察到纳米CdS晶粒小于其激子波尔半径时，随着尺寸的变化会表现出不同的发光性质，该类材料随后被称为量子点。量子点因具有独特的电学性能和光学性能，在生命科学、医疗器械、显示、光子探测器/传感器、太阳能电池、激光器、照明（LED）解决方案、电池和储能系统、晶体管等领域有广阔的应用前景。

◎综述

目前，量子点在医学领域可作为荧光探针辅助生物医学研究；在显示领域可作为发光材料制备量子点显示器；在能源领域可作为太阳能电池材料提高光电转换效率。现阶段，量子点在生物医学和显示领域的商业化应用已经逐渐成熟，而在太阳能电池领域仍有待深入研究。

医学领域

量子点全面具备理想的荧光探针应有的四个条件：足够的稳定性；具有水溶性；低毒或无毒，不损伤细胞；荧光强度高且检测方便。与传统荧光染料相比，量子点更有利于研究人员开展细胞检测。目前，量子点标记已广泛应用于微流控芯片免疫分析。量子点特殊的光学性质使得它在基因组学、生物化学、细胞生物学、分子生物学、药物筛选、生物大分子相互作用、蛋白质组学等研究中有极大的应用前景。

显示领域

20世纪60年代以来，显示技术的发展路径层出不穷，分别经历了显像管技术、等离子技术、液晶技术（LCD）、OLED 技术、Micro LED、Mini LED 及量子点背光技术（QD-LCD）等发展阶段。目前，LCD 电视仍为市场主流，但是已逐渐难以满足人们对视觉效果的追求，OLED 和 QD-LCD 成为两大主流新型显示技术，其中 QD-LCD 可实现大于 100% NTSC 色域（NTSC 标准下的颜色的总和），强于其他显示器件的色彩还原力，且能够满足当前用户对电视大尺寸、超薄、超轻的要求，产品主要应用于大屏幕电视领域。

量子点显示是量子点发展最为迅速的应用方向。整体上，量子点显示的发展历程可分为四个阶段：第一阶段主要为 20 世纪七八十年代，量子点材料被初步发现，相关研究逐步开展；第二阶段是 20 世纪 90 年代，研究人员将量子点首次制备成发光二极管，开启了量子点的应用研发；第三阶段为 2000—2012 年，量子点在多个领域（如显示、医学、太阳能电池、传感器等）的应用研发受到了广泛关注；第四阶段为 2013 年至今，这是量子点材料在显示领域的产业化发展阶段。在这个阶段，量子点背光 LCD 电视应用成熟，市场占有率逐步提升；电致发光量子点（QLED）研发逐步深入。

QLED 显示是未来量子点材料的发展方向。QLED 显示与有机发光二级管（OLED）类似，无需背光源和彩色滤光片即可实现超高色域显示。相比 OLED 材料，量子点无机材料有望实现更强的稳定性、柔性及印刷显示，QLED 被显示领域寄予厚望。目前，量子点显示技术以光致发光量子点背光技术为主，电致发光量子点显示技术仍存在研发瓶颈。

◎近年重要趋势

量子点显示技术层出不穷

液晶显示技术以蓝光 LED 激发黄色（或红、绿双色）液晶材料形成白光光源，量子点材料可替代传统荧光粉应用在液晶显示器中。量子点材料由于较荧光粉具有更窄的发射光谱（见图 10－7），发出的颜色纯度较高，从而能实现高色域显示。光致发光量子点显示技术可分为量子点 LED、量子点管、量子点膜和量子点彩膜型。

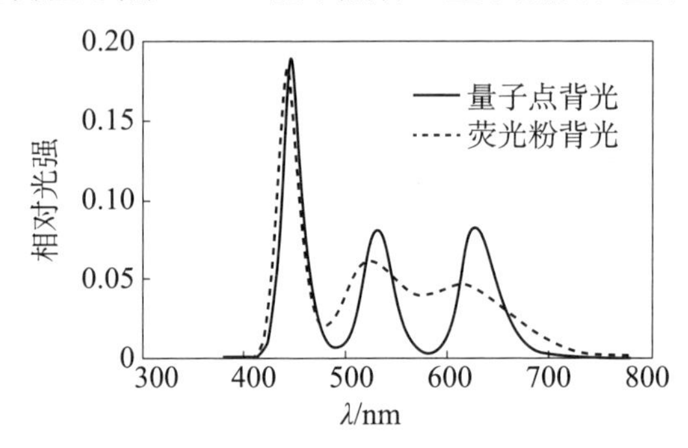

图 10－7　荧光粉与量子点背光光谱对比

量子点 LED 型。量子点 LED 型将蓝光 LED 芯片与红色、绿色量子点材料联合封装成白光 LED，这种量子点器件与传统液晶显示模组相同，量子点材料用量少、成本低，色域为 82%～90% NTSC 区间（见图 10－8）。但量子点材料容易受到蓝光 LED 芯片的热猝灭，量子点发光效率和寿命较低，因此该结构的信赖性仍然存在问题。

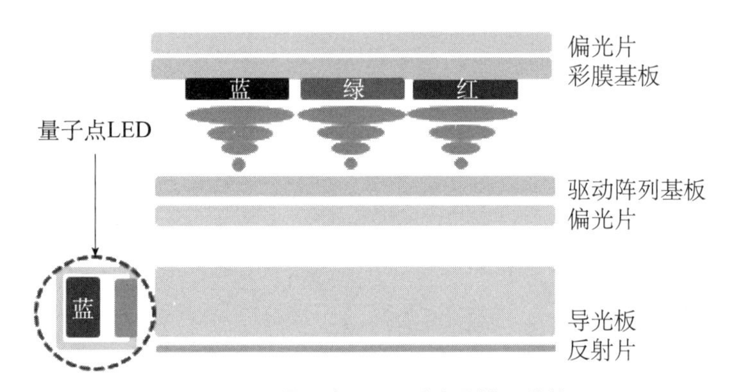

图 10－8　量子点 LED 型液晶模组结构

量子点管型。量子点管是将红、绿量子点材料封装于玻璃管中，并由蓝光 LED 激发量子点共同形成白光进入导光板。该结构通过优化对量子点材料的密封性及热猝灭效应，显示器件具有较好的稳定性和信赖性。但由于形态固化，量子点管难以实现规模化生产，并且存在应用困难、成本高等特点，在市场上已逐渐被量子点膜方案替代。

量子点膜型。量子点膜是将量子点材料封装进具有阻水隔氧性能的两层透明薄膜中，阻隔膜之间为量子点层，形成量子增强膜（QDEF）膜片。阻隔膜可以保护量子点层免受水氧的侵蚀，延缓量子点的猝灭，可极大提高量子点作为显示材料的稳定性，其结构如图 10－9 所示。以红、绿光量子点制备成 QDEF 膜，并用侧边蓝光 LED 通过导光板产生蓝光面光源激发该膜发出白光（见图 10－10），以该结构组装的显示器件色域可达 110％ NTSC 左右。在该结构方案中，QDEF 独立成膜，与导光板而非 LED 光源直接接触，其温度接近室温，大大减少了量子点的热猝灭效应，稳定性显著提高。

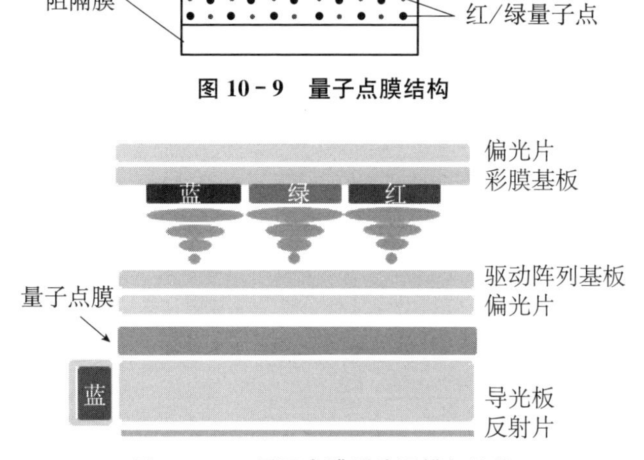

图 10－9　量子点膜结构

图 10－10　量子点膜型液晶模组结构

量子点彩膜型。量子点彩膜型是用红、绿量子点材料替换液晶显示屏中的红绿色彩膜，蓝色子像素背光直接透过，红、绿子像素由蓝光激发得到白光（见图10－11）。传统彩膜是以色阻材料过滤白色背光，而量子点彩膜不需要滤光，具有较高的理论光效。量子点彩膜型结构具有较高集成度和光效，但制造工艺难度高，且需采用超薄偏光片，成本较高，短期内较难实现产品化。

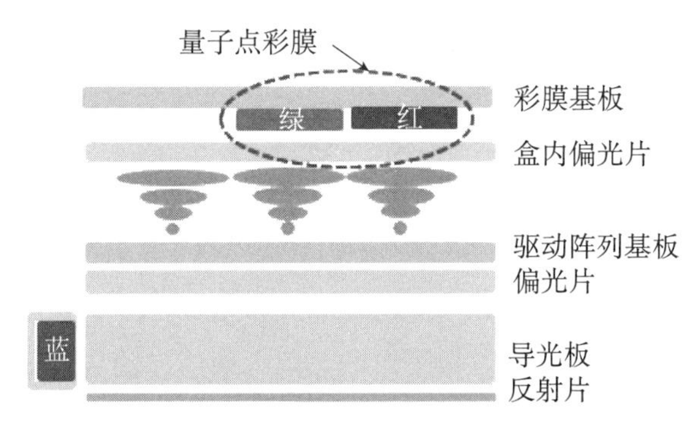

图10－11　量子点彩膜型液晶模组结构

其他新型量子点背光技术还有量子点槽结构背光技术、量子点棒技术、量子点扩散板技术、量子点网点微结构技术等，这些技术各有优势。采用量子点膜的QD－LCD结构方案中，仅仅需要将LCD的白光LED改为蓝光LED，其他结构微调即可实现。该方案升级成本低，易于产业化推广，是市场应用中最成熟的方案，已成为量子点电视封装的主流方案。

量子点显示加速普及，市场竞争渐趋激烈

在量子点相关企业和显示厂商的积极推动下，电视生产商三星、TCL、海信等纷纷布局量子点电视，量子点电视在2017年加

速普及。量子点电视成为高端电视新风向，成为广为人知的高端创新显示技术产品。如今，越来越多的新型显示技术层出不穷，手机也多数转为使用 OLED 屏幕，但量子点在电视大屏领域依然是三星、TCL 等企业的重中之重，并带动了量子点显示产业链上下游的蓬勃发展。

量子点显示产业链上游主要为量子点材料和阻隔膜供应商，量子点材料、阻隔膜等量子点膜关键原材料的设计和生产领域的代表性公司有 Nanosys 和 3M 等；中游为量子点膜公司，通过系统设计量子点、量子点胶、阻隔膜的匹配，完成量子点光学膜的涂布和复合制模工艺及稳定性评价，代表性公司有 3M、激智科技、纳晶科技等；下游为终端电视厂，通过将量子点膜与电视背光组件进行组装，完成量子点电视的设计、生产和销售，代表性公司有三星、TCL 和海信（见图 10－12）。

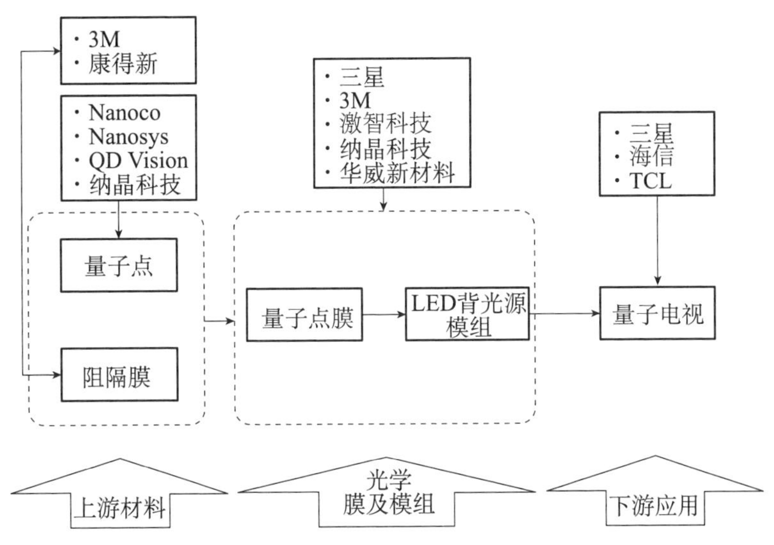

图 10－12　量子点显示产业链示意图

目前，量子点膜结构的 QD-LCD 显示技术已得到市场的广泛接受和认可，该方案不仅拥有更好的色彩表现，而且与 OLED 显示技术相比，在成本、寿命方面具有显著优势。在量子点显示产业链上下游共同推动下，量子点电视在 2017 年加速普及。经过几年的发展，2019 年量子点电视的全年销量超过了 700 万台。2020 年伊始，华为、小米相继推出首款量子点电视。集邦咨询光电研究中心的研究报告显示，2020 年全球电视出货量受到新冠肺炎疫情抑制，预估年衰退 5.8%，达 20 521 万台。2020 年，虽然疫情导致全球电视出货规模缩减，但量子点产品受惠于“宅经济”需求而发酵，呈逆势增长趋势，量子点电视预计出货量年增长 41.8%，达 827 万台，三星的量子总电视销量为 530 万台左右，占据市场主要份额。但由于量子点电视整体的市场渗透率尚不足 5%，未来市场空间巨大。据 IHS Markit 预测，2025 年量子点电视出货量将达到 1.35 亿台，将为量子点显示上下游产业链（如量子点膜、水汽阻隔膜和光学膜等产品）带来巨大增长动力。预计到 2025 年全球量子点膜的市场规模将提升到 15 亿美元。

◎各国的重大进展和成果

西安建筑科技大学和北京理工大学采用一步法制备高性能钙钛矿量子点。CsPbBr3 是一种全无机钙钛矿量子点（PQDs），具有优异的光电性能，在发光二极管（LED）和显示设备领域具有广阔的应用前景。但是，它们对紫外线、水、热和氧气的长期稳定性差。2021 年 4 月，来自西安建筑科技大学和北京理工大学的科研人员以聚甲基丙烯酸甲酯（PMMA）为基质，并以 $CH_3(CH_2)_{16}COOCs$、$[CH_3(CH_2)_{16}COO]2Pb$ 和 KBr 作为钙钛矿源，首次通过原位聚合物熔体封装法制备了 CsPbBr3 PQDs/PMMA 复合材料。研究人员重点研究了合成条件对复合材料光致发光量子产率（PLQY）的影响。经过优化的 CsPbBr3 PQDs/PMMA 复合材料具有优异的性能，光致发光量子产率约为 82.7%，半峰全宽（FWHM）约为 18.6 纳米。特别是在经过 90 小时的紫外线照射或 60℃加热 35 天后，发光强度几乎保持不变。此外，在水中浸泡 15 天后，它可以保留高达初始发光强度约 53%的发光强度，这意味着该复合材料对紫外线、热和水具有长期稳定性。基于该复合材料制备的白光 LED（WLED）证明了宽色域和 32 lm・W-1 的发光效率。该方法为低温合成全无机 PQDs 提供了一条新颖、易工业化、无溶剂的一步法合成途径，具有广阔的应用前景。

上海交大利用钙钛矿量子点制备高效热稳 LED。荧光热淬灭是指量子点在环境温度升高的情况下同样面临发光强度变弱的问题。这是阻碍钙钛矿量子点在电致发光和降频转换发光二极管中实际应用的一个关键瓶颈。2021 年 3 月，上海交通大学和意大利米兰比可卡大学的联合团队报告了钙钛矿量子点与温度无关的发射效率接近统一，并且首次实现在 373K（相当于 100℃）的温度下量子点荧光性能近乎零淬灭。研究人员通过添加氟化物合成处理钙钛矿量子点。该处理产生的富氟表面具有比纳米晶体内核更宽的能隙，可抑制载流子的捕获，改善了热稳定性，并提高了电荷注入效率。融合了这些氟化物处理过的钙钛矿量子点的发光二极管显示出低的接通电压和光谱纯正的绿色电致发光，在 350cd m-2 时外部量子效率高达 19.3%。重要的是，与标准钙钛矿量子点通常观察到的急剧下降相比，实验结果显示，近 80%的室温外部量子效率在 343K 时得以保存。这些结果为基于过氧化物纳米结构的高性能、实用的发光二极管提供了一条有希望的途径。

中国钙钛矿量子点供应商致晶科技获数千万级 A 轮融资。2021 年 2 月，中国钙钛矿量子点供应商致晶科技完成数千万元人民币的 A 轮融资，由武岳峰和中关村启航联合投资。历史投资方包括腾飞资本、中海前沿、英诺天使、臻云创投、艺苑资本、AC 加速器等机构。本轮融资的资金将主要用于钙钛矿量子点膜的量产、销售、迭代产品研发，以及布局钙钛矿量子点图案化等前沿的技术开发。对于本次融资，致晶科技的总经理李劲博士表示，致晶科技承接了北理工原创的钙钛矿量子点原位制备技术，当前阶段致力于液晶显示用量子点膜的产业化。公司围绕首个商业化产品“钙钛矿量子点绿膜”，于 2018 年与合作伙伴推出全球首台钙钛矿量子点样机，2019 年开始进入工程应用阶段，2020 年首批产品投放市场。目前，市场上其他家暂未能推出商用钙钛矿量子点光学膜产品。

京东方发布 55 英寸超高清主动式量子点显示屏。2020 年 11 月，京东方（BOE）推出 55 英寸 4K 主动矩阵量子点发光二极管（AMQLED）显示屏。这是继 2020 年初发布高分辨率 QLED 技术后，京东方在电致发光量子点领域取得的又一进展。目前，量子点技术在显示产品中的应用主要包括光致发光量子点背光技术和主动式电致发光量子点二极管技术（AMQLED）。与光致发光量子点背光技术不同，AMQLED 显示无需背光源，注入电流即可使量子点发光，具有自发光、色域广、寿命长等优势，成为量子点显示的发展方向。京东方通过技术创新，在大尺寸量子点打印的均一性和稳定性等关键技术难题上取得了一系列进展。此次推出的 55 英寸 4K AMQLED 显示产品采用电致发光量子点技术，分辨率为 3 840×2 160，色域高达 119% NTSC，对比度可达 1 000 000∶1。

美国科学家打造出新型量子点太阳能电池。2020年5月，美国洛斯阿拉莫斯国家实验室（LANL）的研究人员已经开发出一种新型的量子点太阳能电池，这种电池在保持效率的同时没有使用在大多数电池中发现的有毒元素。这些量子点随后被嵌入到二氧化钛薄膜的孔隙中。当暴露于太阳辐射下时，量子点吸收光子并向周围的二氧化钛释放电子从而产生电流。将如此多的元素组合成量子点会带来一些缺陷，从而对设备的效率产生负面影响，但在这种情况下，研究小组发现这些缺陷实际上改善了光能转换过程。不过，这种电池的实际太阳能转换效率要低得多——只有大约9%。这是量子点太阳能电池的平均水平，比几个月前创下的16.6%的世界纪录略低。但这个团队的目标是无毒量子点而非创造新的效率纪录。该团队表示，这项研究表明，量子点太阳能电池在未来非常有用。除了新发现的无毒性外，它们的生产成本也非常低而且可以相对容易地扩大规模。

◎市场格局与未来机遇

市场发展情况

2014—2015年间，三星、TCL、夏普、LG、海信等显示领域的头部企业先后推出量子点电视，量子点技术开始进入公众视野。目前，全球量子点市场的主要厂商包括韩国的三星、LG，美国的Nanosys、QD Laser、NN-Labs和Ocean NanoTech，以及英国的Nanoco等。

其中，三星电子在量子点领域具有绝对的技术领先优势，拥有量子点材料、量子点膜及多种量子点电视型产品的研发及生产能力。三星电子以高端量子点显示产品定位，已成为量子点电视领域的老大。QD Vision是世界领先的先进显示和照明解决方案的纳米材料产品公司，在 20 世纪 90 年代就开发了商业化量子点显示材料，拥有节能环保、充分符合下一代色彩标准的先进显示材料。2013 年，索尼（Sony）公司推出的首台量子点电视就是应用 QD Vision 的量子点管技术。2016 年，QD Vision 濒临倒闭，量子点显示产业面临较大的不确定性，三星电子紧急出手，于 2016 年 11 月决定收购 QD Vision，交易价约 7 000 万美元，彰显了三星在量子点显示领域的决心，同时表明三星在量子点面板技术领域的优势已达到近乎垄断的地步。三星电子 2019 年售出了 540 万台基于量子点的 QLED 电视（见图 10－13），表现超过了其年度目标。三星预计 2020 年的销量将翻一番，达到 1 000 万台。

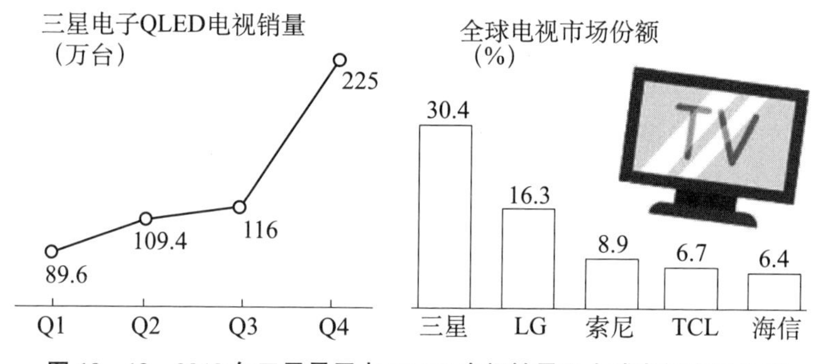

图 10－13　2019 年三星量子点 QLED 电视销量及全球电视市场份额

技术挑战与机遇

目前，量子点光学膜量产的主要技术难点在于量子点的合成、量子点光学膜的制备工艺及高阻隔膜的技术发展。技术壁垒的存在导致量子点膜价格居高不下，成为限制量子点显示产业发展的因素之一。

纳米量子点材料的合成与获取是整个量子点显示产业链技术难度最高的一个环节。目前，全球拥有量子点材料及应用核心专利的公司有英国的 Nanoco，美国的 Nanosys、QD Vision，中国杭州纳晶科技、华星光电、苏州星烁纳米、TCL 集团、京东方等。由于技术壁垒较高，每家公司量子合成方法技术特点不同。国外起步较早，所有已有的经典量子点材料的核心专利仍然基本上被国外垄断。随着我国科研和产业人员的研发与应用的不断深入，我国在全球范围内的竞争力越来越强。

量子点电致发光显示技术或将成为显示产业的新战场。随着量子点技术的发展，量子点显示必将从光致发光走向电致发光，真正成为自发光显示的 QLED。相比 LCD 屏，主动发光的 AMQLED（主动式电致量子点发光显示）屏在黑色表现、高亮度条件等场景的显示效果更突出，功耗更小，同时规避了液晶显示产品固有的漏光、可视角度差、响应速度慢等问题。在新型显示领域，无机量子点半导体材料有望成为比有机发光显示器件更稳定的长寿命材料，兼具较高色域和低成本特点。但主动式电至发光量子点二级管技术的难度较大，仍处于实验研究阶段，目前尚未实现商业化。

市场挑战与机遇

随着半导体产业、互联网、人工智能等产业的迅速发展，各领域对屏幕显示的需求与日俱增，人类社会已从“万物互联”时代进入“万物显示”时代，因此新型显示成为创新领域最蓬勃发展的产业方向之一。近年来，新型显示技术竞相发展，业界在 LCD、OLED、激光显示、MicroLED、MiniLED、量子点等技术领域均已积极布局，并在 8K 超高清、3D 显示、柔性显示、透明显示等方面取得了显著进步。其中，量子点电视上市数年，经受住了广大消费者的考验，量子点背光技术成为目前最好的高色域解决方案。

从技术成熟度和产业整合的紧密程度来看，量子点阵营起步早，实力比有机发光二极管技术阵营略胜一筹。但量子点电视的主要威胁仍主要来自有机发光二极管电视的加速渗透，根据 Omdia 的市场研究报告，截至 2020 年 9 月底，全球有机发光二极管电视的累计出货量达到 1 032 万台，首次突破 1 000 万台。有机发光二极管显示技术由于具有柔性优势，得到显示产业的广泛关注和大力发展，维信诺、深天马、京东方等纷纷上马主动式电致发光量子点二极管生产线。随着研发和产业化的深入，一旦有机发光二极管显示器件的良品率和烧屏问题得到解决，或将影响量子点显示在新型显示产业的优势地位。但由于显示市场空间巨大，未来的新型显示产业将呈现出多种技术互补的竞争格局。

三、氢燃料电池

氢能被誉为“终极能源”，有望代替化石能源成为未来人类最主流的能源之一。氢能的高效利用，主要通过质子交换膜从化学能转化为电能，因此氢燃料电池成为世界各国科技政策追逐的焦点。目前，氢燃料电池已经开始小规模商用，但其全生命周期成本高于燃油车、纯电动汽车，且氢气的制备、存储和运输环节也面临一系列问题，全球大规模商业化尚需一定的时间。随着氢能源制氢、低/无铂催化剂等技术的不断突破，以及氢能产业链国产化进度开始加快、氢燃料电池成本不断下降，大规模商用有望于 2030 年前后开始。当前从产业链上看，质子交换膜、膜电极、电堆和催化剂已成为氢能产业中竞争最激烈、进展最迅速的环节。

◎综述

人类生产力发展的历史也是一部能源发展史。从不发达社会使用的牲畜粪干、秸秆茅草，到今天的石油、煤炭、天然气能源，人类社会是随着能源的进步而进步的。对能源发展史进行仔细研究，可以发现一些规律：（1）从不同时期主要能源的形态变化来看，煤炭等是固体，石油为液体，而天然气为气体，能源更替的历史是从固体到液体再到气体的过程；（2）从不同时期主要能源的碳氢比例变化来看，煤炭、柴薪碳氢比为1∶1，石油碳氢比为1∶2，天然气碳氢比为1∶4，碳氢比越来越高，能源的转化历史就是减碳增氢的过程。

据不完全统计，截至2020年年底，全球已有近20个国家和地区发布了国家氢能战略，其中北美、东亚和欧洲在政策制定上最为积极（见表10-2）。

表10-2 各国氢能政策及发布时间

序号	区域	时间	国家	国家战略名称
1	美洲	2002	美国	国家氢能发展战略
2		2020.12	加拿大	加拿大氢能战略
3	亚洲	2019	韩国	氢能经济发展路线图
4		2014	日本	氢/燃料电池战略线路图
5		2005	马来西亚	氢能路线图
6	欧洲	2020.7	欧盟	欧盟氢能源战略
7		2020.5.21	葡萄牙	国家氢能战略（EN-H_2）
8		2020.10	西班牙	国家氢能路线图
9		2020.6	挪威	挪威氢能战略
10		2020.10	法国	法国发展无碳氢能的国家战略
11		2020.4	荷兰	国家氢能战略
12		2020.6.10	德国	国家氢能战略
13		2020.11	芬兰	国家氢能线路图
14		2020.11	意大利	国家氢能战略初步指南
15		2012	英国	氢流动路线图
16	大洋洲	2019.9.2	新西兰	新西兰氢能发展愿景
17		2019.11.26	澳大利亚	国家氢能战略

目前，中国能源发展面临一系列挑战，发展氢能具有重要的战略意义：一是我国石油对外依存度接近70%，能源安全存在系统性风险；二是传统粗放式能源开发利用带来的环境问题亟待解决；三是能源系统效率总体偏低；四是我国碳排放量约占全球总量的1/4，碳中和、碳达峰压力较大。更具吸引力、值得注意的是，氢能产业链包括氢能基础设施、燃料电池系统、燃料电池车辆及其他氢能应用领域，发展氢能产业能够有效带动新材料、新能源、新能源汽车及氢储存与运输等高端装备制造业的快速发展，有助于加快推动中国产业结构调整。在此背景下，2019年“氢能”被首次写入我国政府工作报告中，拉开了中国氢能高速发展的序幕。

◎氢燃料电池是氢能源发展的关键

燃料电池成为氢能落地关键

与其他新能源相比，氢能整个产业链条更加复杂、更加长，包括制氢、储存、运输及氢气利用（见图10-14）。其中，制氢是规模利用的基础，储存和运输是氢气利用的保障，利用则是氢能经济的核心和关键。氢能产业链的上游是氢气的制备环节，主要技术方式有化石能源制氢、副产制氢、可再生能源制氢、电解水制氢以及光解水制氢等；中游是氢气的储运环节，主要技术方式包括低温液态储氢、高压气态储氢、固体材料储氢、有机液体储氢；下游是氢气的应用，氢气应用可以渗透到传统能源的各个方面，包括交通运输、工业燃料、发电发热等。在整个氢能产业中，最受全球瞩目、价值最大的当属氢能源汽车。其中，技术壁垒最高、产业化最关键的部分是氢燃料电池，其可通过电化学反应高效地将氢气的化学能转化为电能。

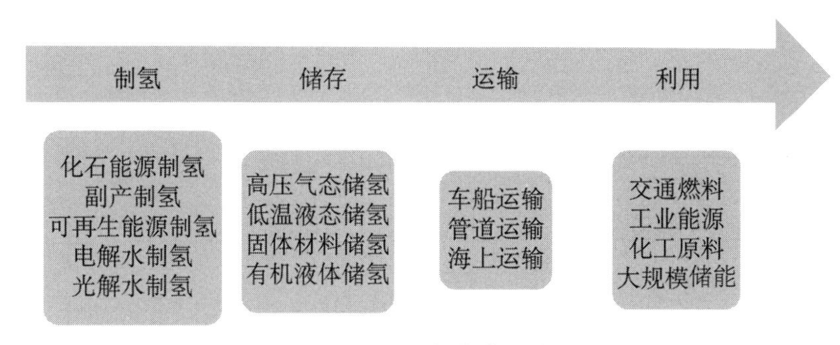

图 10-14 氢能产业链

在氢燃料电池中，电堆是技术门槛最高的核心环节，其性能和成本直接决定了燃料电池的产业化速度。催化剂和质子交换膜是电堆成本的关键。质子交换膜是质子交换膜燃料电池（PEMFC）的关键材料，其质量直接影响氢燃料电池的工作性能，是质子交换膜电池的“心脏”（见图 10-15）。目前市面上的主流产品为全氟磺酸膜，具有化学稳定性和热稳定性好、电压降较低、电导率高、机械强度高等优点，可在强酸、强碱、强氧化剂介质和高温等苛刻条件下使用，是目前质子交换膜燃料电池研制与开发中应用最多的膜材料。目前，其制备技术主要被国外所掌握，其中包括美国的杜邦、3M，比利时的索尔维，日本的旭硝子及旭化成等。

催化剂同样是燃料电池的关键材料之一。在质子交换膜燃料电池系统中，电堆成本占比约达 60%，电堆中又以催化剂的成本占比最高。当前具备批量生产能力的催化剂是铂/碳，铂用量为 0.3～0.5 克/千瓦。随着燃料电池技术的发展，铂的使用在不断减少。目前，燃料电池催化剂中的铂含量已经降低，其中本田 Clarity 为 0.12 克/千瓦，丰田 Mirai 为 0.175 克/千瓦。2015 年，我国燃料电池车催化剂的平均铂需求量约为 0.4 克/千瓦，预计 2025 年有望降至 0.2 克/千瓦，2030 年有望降至 0.125 克/千瓦。整体上

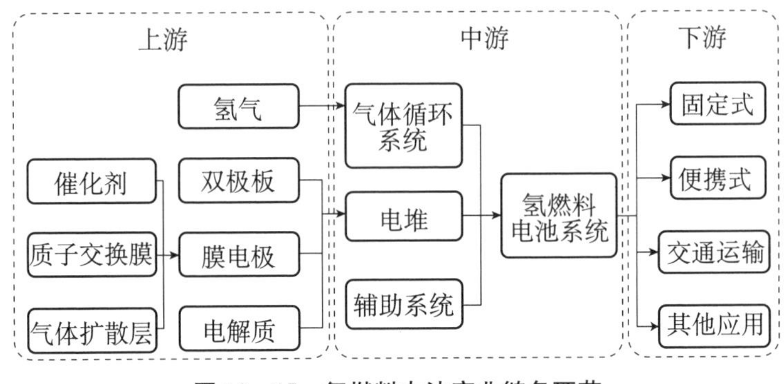

图 10-15　氢燃料电池产业链各环节

看，铂催化剂目前存在成本高、资源制约和性能稳定性差等问题。我国企业在铂载量、质量比活性等方面与海外企业相比仍有较大差距。研究新型高稳定、高活性的低铂或非铂催化剂，以降低催化剂的成本并提高燃料电池的寿命，是燃料电池催化剂未来的发展方向。

氢燃料电池降成本势在必行

受限于氢燃料贵、加氢便捷性差、氢燃料电池成本高等原因，全球氢燃料电池汽车年销量仍为万辆以下。据统计，2013—2017年全球氢燃料电池汽车销量仅为 6 475 辆，其中大部分为丰田的 Mirai 系列。2018 年有了较大幅度的增长，合计销售 5 525 辆。2019 年全球氢燃料电池汽车销量增至 7 500 辆，其中主要增量来自中国。未来，随着清洁能源制氢、高密度安全储氢等技术的落地，制氢成本有望到 2050 年降低至 10 元/千克；而随着燃料电池材料（尤其是质子交换膜、催化剂）技术的突破、燃料电池系统成本的下降，氢燃料电池汽车市场有望于 2030 年前后迎来大规模爆发。据中商产业研究院预测，至 2032 年全球燃料电池汽车销量将超过

500 万辆；据中国汽车工业协会预测，到 2035 年，我国氢燃料电池汽车将会形成 428 万辆保有量规模。未来十年，燃料电池汽车有望成为全球汽车市场增速最快的细分领域。

目前，制约氢能战略落地、氢燃料电池汽车发展的关键还是成本：从制氢、储氢和用氢的各个环节来看，氢燃料电池汽车成本均高于燃油车。未来，破解氢燃料电池成本问题的核心主要包括三个方面：技术突破、规模化、国产化。其中，技术突破难以加速实现，但未来发展趋势是可预期的；规模化和国产化是当下发展的重点，也是推动氢燃料电池在国内大规模落地的关键。据美国能源部测算，当电池系统年产量由 1 千套增加到 1 万套时，电堆成本可降低 65%；当生产规模增长突破 1 万套时，部分组件的规模化降本空间已开始减小；当生产规模由 1 万套增长至 50 万套时，决定电堆成本的主要因素或将只有催化剂。

近年来，中国燃料电池产业链国产化进入快速通道。2017 年，燃料电池系统国产化程度为 30%，国内企业仅掌握系统集成、双极板等固件技术，其他关键零部件均依赖进口。2020 年，燃料电池系统国产化程度在 60%左右，电堆、膜电极、空压机和增湿器均自主可控；氢循环泵、气体扩散层、催化剂和质子交换膜环节均处于加速研发中，国产化率有望继续提升。得益于燃料电池产业链国产化，燃料电池成本与售价迅速下降。2018 年燃料电池系统和电堆平均成本分别为 11 214 元/千瓦、3 920 元/千瓦；2021 年系统和电堆平均成本分别为 3 827 元/千瓦、1 700 元/千瓦，在这期间成本降幅 60%左右。

◎氢燃料电池的重大成果

氢能战略的落地，很大程度上取决于氢燃料电池的成本；只有当氢燃料电池整体使用成本持平或低于传统动力时，才有望大面积推广。而氢燃料电池最终成本几何，要看上游质子交换膜、催化剂等材料的技术水平；只有不断迭代新材料技术，才能促使氢燃料电池的使用成本快速降低。

西安交通大学研制出超高活性、超低衰减的铂催化剂。理想的铂基核壳催化剂，其内核材料应该具有相当的抗腐蚀性，并且内核与铂壳层间的界面作用较强，即使在只含有单层铂原子壳层时，依然能在循环催化中保持结构的完整性。2021 年 4 月，西安交通大学前沿科学技术研究院金明尚教授课题组通过使用非晶态磷化钯（a-Pd-P）作为基底，开发出了一种壳层厚度和表面结构可控的无浸出、超稳定的核—壳型铂基电催化剂，所制备的 Pd @ a-Pd-P @ Pt SML 核—壳催化剂在酸性氧还原测试中可表现出高达 4.08A/mg Pt 和 1.37A/mg Pd＋Pt 的质量活性。同时，在经历 50 000 次循环测试后，活性仅衰减约 9%。密度泛函理论计算表明，此类催化剂优异的耐久性来源于非晶态磷化钯基底本身极强的耐腐蚀性以及铂壳层与非晶 Pd-P 层之间的强 Pt-P 界面相互作用。

美国研发无铂催化剂，促进氢燃料电池车大规模商用。2020 年 6 月，美国能源部阿贡国家实验室研发了一款不使用铂的燃料电池催化剂，有助于生产出更高效、更具成本效益的催化剂。目前，商用氢燃料电池都需要依赖氧化还原反应，该反应会将氧分子分解成氧离子，并与质子结合形成水。氮化还原反应相对缓慢，限制了燃料电池的效率，而且需要大量的铂催化剂。氧化还原反应中最有前景的无铂催化剂是以铁、氮和碳为基础制成的催化剂。为制造出此种催化剂，科学家们将含有此三种元素的前体混合在一起，并在 900～1 100 摄氏度的高温中对其进行加热，称为“热解”。热解之后，该材料中的铁原子会与四个氮原子结合，嵌入单原子厚碳层—石墨烯中。研究人员发现，在铁、氮和碳前体混合物的热解过程中，首先会形成氮—石墨烯位点，然后气态铁原子会插入此类位点。此次研究为科学家们提供了一种提高材料活性位点密度的途径，该小组将继续研发活性更强、更稳定的无铂催化剂，以用于氢燃料电池。

美国戈尔 GORE-SELECT 质子交换膜获丰田表彰。2021 年 4 月，美国戈尔公司 GORE-SELECT 质子交换膜技术荣获丰田汽车公司久负盛名的“工程技术奖”。丰田公司于 2020 年 12 月推出了新一代高级环保燃料电池汽车（FCEV）——2021 款 Mirai。GORE-SELECT 质子交换膜凭借其创新技术，助力新一代 Mirai 实现了出色性能和价值，从而获此殊荣。GORE-SELECT 质子交换膜技术取得的创新突破是新一代 Mirai 性能得以提升的关键。全新的质子交换膜厚度减少了 30%，大大降低了质子传导阻力，减弱了欧姆极化，提升了水汽传导能力，从而使电堆的运行性能更强、燃料效率更高。同时，全新的强化层技术也显著增强了膜的机械耐久性。

国产燃料电池质子交换膜在山东淄博实现量产。2020 年 11 月，东岳 150 万平方米质子交换膜生产线一期工程在位于山东淄博桓台县的东岳集团投产，标志着我国氢能核心材料质子交换膜的技术和生产规模均迈入全球领先行列。燃料电池质子交换膜被称为燃料电池汽车发动机的“芯片”，东岳集团历经十几年科研攻关，突破了这一核心技术，成为全球为数不多的掌握这一技术的公司之一。中国科学院院士欧阳明高表示，东岳 150 万平方米质子交换膜项目的投产，标志着我国不仅在质子交换膜技术方面走在了世界前列，而且达到了世界级的生产规模。质子交换膜作为氢能核心技术实现国产化，将为我国氢能产业规模化、可持续发展提供坚实保障。该项目一期工程年产量为 50 万平方米，全部达产后可实现年产量 150 万平方米。[①]

西北工业大学在光催化制氢方面取得最新研究成果。2021 年 3 月，西北工业大学材料学院李炫华教授与合作单位提出一种两相反应界面的光催化系统——通过构筑光热基体和光催化材料复合体系来制氢：在光照下，光热基体将液态水转化为水蒸气，同时水蒸气在催化剂表面被光催化分解为氢气。该思路不同于传统的三相光催化反应体系（液态水/光催化剂固体/氢气），复合体系可实现“气相水蒸气/固相光催化剂/气相产物氢气”的两相反应界面，有效降低光催化反应势垒，并显著减小氢气的传输阻力。当催化剂材料为 $CuS\text{-}MoS_2$ 时，光催化产氢速率达到 85 604 $\mu mol\ h^{-1}g^{-1}$。该方法设计简单，产氢性能优异，表现出优异的普适性，为后续氢能的实际应用提供了新思路。

◎我国现状及对策建议

氢能作为一种来源广泛、清洁无碳、灵活高效且应用场景丰富的二次能源，是推动我国能源供应安全和能源可持续发展的重要驱动力。随着电解水制氢技术的突破、燃料电池成本的降低、下游应用的不断兴起以及扶持政策的陆续出台，氢能全产业链加速发展，商业化突破将在不久时。但目前，氢能基础设施不足、关键材料和零部件“受制于人”、标准和体系不健全不完善等问题正在制约中国氢能产业发展，给我国氢能战略落地、碳中和碳达峰目标带来了极大挑战。

① 陈国峰．燃料电池质子交换膜在淄博实现量产．淄博日报，2020－11－19.

加快氢能基础设施建设

在燃料电池汽车推广的初期，鉴于运营车辆较少，市场化的公共加氢站难以通过规模经济效应实现收支平衡，因盈利困难致使相关基础设施建设的积极性不高，2015—2019 年全球投入运营的加氢站数量增长缓慢（见图 10－16）。基础设施不足直接制约了燃料电池汽车推广应用的规模。未来，可通过加强加氢站关键材料、核心部件及技术国产化，以降低加氢站建设成本；通过发展氢储运技术，如液氢储运、管道运输以及新型储氢材料（如有机液体储氢）等，以降低氢气储运成本；通过选择在有廉价氢源的地区先行开展氢燃料电池汽车的商业化运营，逐步降低氢气使用成本，进而通过技术提升、市场辐射，带动我国氢燃料电池产业的整体技术进步和产业发展。①

换个角度思考，甲醇作为一种储存氢气的优秀载体，产业化应用已经日渐成熟；甲醇重整氢燃料电池，直接利用甲醇制氢并提供电力，无需运氢、储氢环节，可以避免建设价格高昂的加氢站，并可高效利用现有的加油站系统，因此可以作为氢能技术成熟之前的重要过渡方案。2020 年 8 月，爱驰汽车甲醇重整制氢燃料电池项目在山西高平市顺利启动，项目占地 100 亩，总投资 20 亿元，计划建设年产 8 万台套甲醇制氢燃料电池动力系统。项目建成后有望成为全球最大的车用甲醇氢燃料电池动力系统制造基地。目前，专门从事甲醇燃料电池系统研发的企业包括丹麦的蓝界科技，以及中国的海得利兹、摩氢科技等，它们正在引领氢能时代“甲醇经济”的浪潮。

---

① 邵志刚，衣宝廉．氢能与燃料电池发展现状及展望．中国科学院院刊，2019，34 (04).

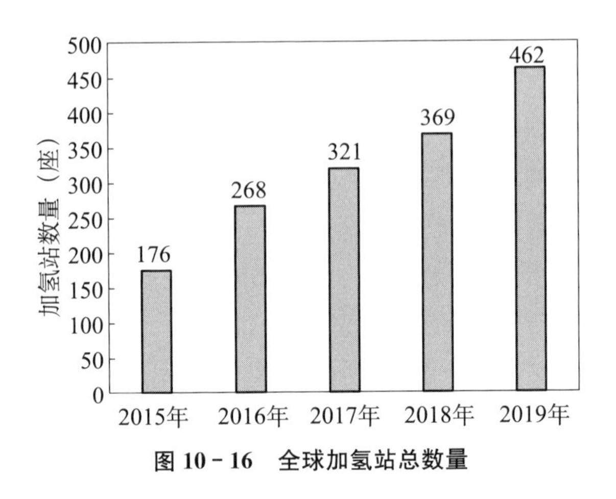

图 10-16　全球加氢站总数量

解决关键技术障碍，突破商用瓶颈

尽管氢燃料电池汽车的市场前景和潜力巨大，但是要实现大规模的市场化推广和应用，我国还有许多技术障碍需要清除，特别是在关键基础材料和零部件方面需要加强。在膜电极方面，以新源动力、武汉理工新能源为代表，初步具备了不同程度的生产线，年产能在数千平方米到上万平方米。市场上生产全氟磺酸膜的企业主要来自美国、日本、加拿大及中国。我国已具备质子交换膜国产化能力，山东东岳集团质子交换膜性能出色，具备规模化生产能力。在催化剂方面，国外企业领先，国内正处于起步阶段。国内尚处于研究阶段的单位有两类：一类是国内企业，如贵研铂业。贵研铂业主营汽车尾气铂催化剂，和上汽共同研发燃料电池催化剂。另一类是研究机构，如中国科学院大连化学物理研究所、上海交通大学、清华大学等。在碳纸产品方面，主要被日本洞里公司等几个国际大生产商垄断，国内碳纸产品尚处于研发及小规模生产阶段。

总而言之，我国在整车、系统和电堆方面均已有所布局，但零部件方面的相关生产企业仍较少，特别是最基本的关键材料和部件，如质子交换膜、碳纸、催化剂、空压机、氢气循环泵等；国内虽有相关企业开始介入，但与国际先进产品相比，可靠性和耐久性仍存在较大差距，大部分关键零部件及关键材料仍依赖进口。因此，亟待加强上述关键材料核心部件的技术转化，加快形成具有完全自主知识产权的批量制备技术和建立产品生产线，全面实现关键材料及核心部件的国产化与批量生产。

第十一章　硬科技之航空航天

谁控制了太空，谁就控制了地球。

——约翰·肯尼迪（美国第35任总统）

航空航天是21世纪最具影响的科技领域之一，深刻改变了人类对宇宙的认知，为人类社会进步提供了重要动力。美国前总统肯尼迪曾表示：谁控制了太空，谁就控制了地球。航空航天作为国家核心战略产业，是一个国家技术经济实力和工业化水平的重要标志之一，更成为世界强国维护国家主权、利益和安全的关键力量所在。

航空航天强国建设是党中央、国务院、中央军委从国家安全和发展全局出发做出的重大决策，是统筹推进经济建设和国防建设融合发展的重大举措。航空航天工业作为国家战略性产业，不仅是带动国民经济发展的重要载体，也是尖端技术发展的引擎。在竞争日益激烈的国际形势下，航空航天工业的高水平发展不仅对中国经济持续健康发展具有重要意义，而且对保卫国家主权、维护国家安全、实现中华民族伟大复兴具有重要战略意义。《中共中央关于制定国民经济和社会发展第十四个五年规划和二〇三五年远景目标的建议》提出，中国将强化发展空天科技和深地深海等多项空间科技前沿领域，以推动空天科研成果转化，为中国建设航空航天强国提供助力。当前，以军用无人机、重复使用航天运载器及低轨小卫星为代表的前沿空天科技加速发展，不仅对传统航空航天产业提出新的发展要求，也将变革未来空天作战样式，对全球战略平衡造成颠覆性影响。

一、军用无人机

◎综述

军用无人机是指利用无线遥控设备或者预先编写好的程序，实现自主或者半自主控制，可执行侦察、打击、通信及干扰等作战任务的无人飞行器。军用无人机按照用途可分为侦察无人机、察打一体无人机、遂行任务无人机及靶标无人机。军用无人机具有人员零伤亡、作战性能优越、成本低等显著特点，已经逐步成为现代战争不可或缺的重要武器，所执行的任务已从空中侦察、战场监视和支援有人驾驶战斗机，向压制敌方防空系统、实施快速地面打击和导弹防御等领域扩展，正在逐步实现从辅助作战向基本作战的跨越。

近年来，军用无人机呈现出爆发式发展态势，不断在全球范围内扩散，已成为各国广泛运用的航空装备。在阿富汗战争、伊拉克战争、叙利亚内战以及纳卡冲突中，均发现无人作战装备的身影。无人机逐步加入战场将极大提高军队的作战能力，并对战争结果产生重要影响。习近平总书记指出："现在各类无人机系统大量出现，无人作战正在深刻改变战争面貌。要加强无人作战研究，加强无人机专业建设，加强实战化教育训练，加快培养无人机运用和指挥人才”。因此，面对愈发复杂的现代作战模式和战场环境，需要牢牢把握发展机遇，积极应对严峻挑战，大力发展无人机技术在军事领域内的应用研究，将发展无人机技术作为制胜未来战争的关键，努力提高军队智能化建设水平，力争在无人化战争中占据战场主动权，立于不败之地。

◎各国布局和发展趋势

军用无人机集中向察打一体化方向发展

美国的察打一体无人机技术处于世界第一梯队，其装备的无人机数量、种类均位居世界第一，技术成熟度和先进性遥遥领先于其他国家。美国捕食者系列无人机是目前世界范围内实战运用次数最多、战术水平最为成熟的一个察打一体无人机系列。捕食者系列无人机包括三个型号：捕食者 A、捕食者 B 和捕食者 C。其中，捕食者 B（MQ-9“死神”）无人机主要用于为地面部队提供近距空中支援，还可以在山区和危险地区执行持久监视与侦察任务。该无人机装备了电子光学设备、红外系统、微光电视和合成孔径雷达，具备很强的情报、监视、侦察能力和对地面目标攻击能力，并能在作战区域停留数小时，更加持久地执行任务。2020 年 1 月，美国利用 MQ-9“死神”无人机成功“猎杀”伊朗伊斯兰革命卫队“圣城旅”指挥官苏莱曼尼，以极低的成本对伊朗进行了沉重打击。

以色列的察打一体无人机仅次于美国，在全球无人机市场上具有举足轻重的地位。以色列拥有以“苍鹭”和“赫尔墨斯”为代表的先进察打一体无人机。“苍鹭”无人机系统是以色列首批具备完成海上一体化作战任务能力的无人机系统之一。该无人机携载的有效载荷包括雷达、ESM（定向装置）、COMINT（通信装置）以及光电载荷。“苍鹭”无人机能够从陆上基地起飞，利用卫星数据链加入海上任务部队或远离海岸几百公里进行巡逻。“赫尔墨斯”无人机由以色列埃尔比特系统公司研发，可执行实时侦察、监视与目标定位、校射、通信中继、对海域监视以及战斗毁伤评估等任务。

欧洲长期重视航空工业发展，并在察打一体无人机研发方面投入大量资源。其中，神经元无人机代表了欧洲在无人机领域的最先进水平。神经元无人机依托机载高性能计算机，能够提高任务规划能力，能够在敌人防区外用精确制导导弹进行精确打击，压制敌人的防空力量，具备突防攻击能力和类似 F-35 的网络中心战能力。未来，神经元无人机将对无人机的出口市场产生强烈的冲击，或将结束美国在先进察打一体无人机领域的垄断地位。

俄罗斯虽重视察打一体无人机的研发，但由于投资不足，导致进展相对缓慢。俄罗斯正在研发的“牵牛星”无人机采用了大量新的技术和操纵系统，可携带大量侦察设备和武器系统，能对目标实施侦察和攻击，计划在 2021 年开展飞行测试。

蜂群无人机成为研究热点

美国率先布局蜂群无人机研究，整体技术发展领先全球。美国国防部在《2017—2042 财年无人系统综合路线图》中将“蜂群能力”列为无人系统的 15 项关键技术之一。目前，美军在研的蜂群无人机项目包括“小精灵”无人机、“灰山鹑”无人机、“郊狼”小型无人机等，并通过“体系集成技术试验”“分布式作战管理”“进攻蜂群战术”“拒止环境协同作战”“协奏曲”项目，发展无人机蜂群体系架构、作战管理、蜂群战术、自主协同和小型多功能传感器等多项关键技术。

欧洲同样重视无人机蜂群关键技术的研发。欧洲防务局于 2016 年 11 月启动“欧洲蜂群”项目，发展无人机蜂群的任务自主决策、协同导航等关键技术。2019 年，欧洲计划开展“压制防空无人机蜂群”项目，以提高打击敌方防空系统的能力。

英国皇家空军于 2020 年 4 月组建了第 216 试验中队，以进一步发展无人机蜂群技术并把这种作战能力引入部队。英国蓝熊系统公司于 2020 年 4 月演示了无人机蜂群的超视距全自主飞行技术；10 月，公司宣布使用 20 架异构固定翼无人机蜂群，开展了超视距飞行试验。

俄罗斯披露“蜂群”作战概念。俄罗斯计划采用 1 架或 2 架战机与 20～30 架蜂群无人机协同作战，执行空空作战、对地打击、空中侦察等任务。

有人/无人协同成为未来空战模式发展方向

美国在“马赛克战”等新作战概念下深化有人/无人机协同作战技术。2015 年以来，美国提出“分布式作战”“马赛克战”“联合全域战”等新作战概念。在这些作战概念牵引下，有人/无人机协同作战注重“分层”作战样式。美国米切尔航空航天研究所在 2020 年 10 月发布的《认识“天空博格人”与低成本可消耗无人机的前景》报告中，强调不同威胁区域有人机与无人机协同，形成分层效果，尤其是在高威胁对抗区域，利用可消耗无人机诱骗功能诱导对手雷达开机，协同穿透型制空战机打击对手雷达目标。目前，美国正在推进 XQ-58A“女武神”、“空中力量编组系统”（ATS）、“天空博格人”等可消耗无人平台的研制。XQ-58A“女武神”是美国“忠诚僚机”的典型代表，是美国克瑞托斯防务公司（Kratos）与美国空军研究实验室合作开发的一款高亚声速、可远距离攻击的无人机。该机主要用于监视、侦察和远程作战任务，可为作战人员提供作战灵活性和实用性。2020 年 12 月，XQ-58A“女武神”与 F-22“猛禽”战斗机、F-35A“闪电Ⅱ”战斗机首次进行编队飞行测试，并利用诺格公司开发的 gatewayONE 系统实现数据共享。“天空博格人”项目旨在开发低成本可消耗智能无人机，与有人机配合执行察打一体、近距空中支援、火力投送、进攻/防御性制空和空中截击等作战任务，单机成本可能在 200 万～500 万美元区间，计划于 2021 年试飞测试。

“空中力量编组系统”（ATS）是由波音公司领导的澳大利亚工业团队合作开发的一款使用人工智能的新型无人机，可成为空军力量的“倍增器”，可执行从情报、侦察与监视（ISR）到战术预警等任务，预计 2025 年前交付军队使用。

俄罗斯大力推进“猎人”和“雷霆”等无人僚机的研制，以探索有人/无人协同作战概念。2020 年 12 月，“猎人”无人机完成数次携空空导弹模拟装置的起飞任务，与苏- 57 战机协同完成作战任务。未来，“猎人”无人机将具备在 3 架飞行器中队或在 12 架飞机大队内协同行动的能力。“雷霆”战机旨在作为“忠诚僚机”无人机，在有人机前飞行，可以使用反辐射导弹为有人机突破敌方防空系统铺平道路。

英国推出 LANCA 无人机，推进有人/无人协同技术研发。该无人机可携带多种传感器、电子战设备，执行各类作战任务，并可与下一代战斗机“暴风”协同作战，计划于 2024 年开展全面飞行测试。

日本计划在 2021 年为 F-X 下一代战斗机研发无人僚机，并将于 2024 年开始飞行试验。

◎近年重大进展

美国启动 MQ-9 察打一体无人机后继机的研究工作

2020 年 6 月，美国空军发布“下一代多用途无人机”（MQ-

Next）信息征询书，寻求“未来中高空察打一体无人机系统”方案，拟在 2030 财年开始逐步替换现役 MQ-9 无人机，2031 财年第三季度形成初始作战能力。2020 年 9 月，洛克希德·马丁、诺斯罗普·格鲁曼和通用原子公司（General Atomics）相继公布其竞标 MQ-Next 项目的察打一体无人机概念图。这些概念图全部采用飞翼布局，以满足在对抗环境中实现长航时察打的要求。洛克希德·马丁方案为高低端搭配的无人机家族，其中高端无人机外形介于“深海幽灵”与 RQ-170 之间。诺斯罗普·格鲁曼 SG-2 方案的机体设计更多借鉴 X-47A，航程为 X-47B 的 1/3（约 1 850 千米），最大起飞重量为 X-47B 的 1/2（约 9.1 吨）。通用原子方案具有“超长续航时间”和更远的航程。

美国空军授出“天空博格人”自主无人机原型研制合同

2020 年 12 月，美国空军与波音公司、通用原子公司和克拉托斯公司签订合同，授权它们制造“天空博格人”原型机，并在一系列试验中作为“忠诚僚机”进行飞行验证。“天空博格人”是一种可消耗的自主无人机，每架无人机的价格在 200 万美元至 2 000 万美元区间，能够与有人机协同作战，也可以独立完成多种任务。这些合同将在未来两年内分多个阶段执行。合同显示，首批无人机于 2021 年 5 月前交付，并在 2021 年 7 月之前进行初始飞行测试。

DARPA 继续开展“小精灵”无人机飞行试验

2020 年 8 月，DARPA 宣布“小精灵”无人机完成第二轮试飞。第二轮试飞仍以 C-130 运输机搭载 X-61A 无人机，开展了系留飞行、受控空中发射和自由飞行试验。2019 年 11 月进行的“小精灵”首轮试飞持续了 1 小时 41 分，第二轮试飞则超过 2 小时。

2020 年 10 月，DARPA 实施了“小精灵”项目的第三轮飞行试验，尝试在空中回收 3 架 X-61A 无人机。试验期间，每架 X-61A 无人机执行了两个多小时的飞行任务，成功验证了自主编队飞行和保障飞行安全方面的技术。同时，这 3 架无人机 9 次尝试与 C-130 飞机伸出的对接系统进行机械连接，但由于空中环境过于复杂，未能成功对接。

DARPA 称，虽然“小精灵”项目现阶段使用 C-130 作为演示验证平台，但该项目研发的空中回收系统将适配多种运输机和武器系统，这或许表明美军已开始设想空中发射回收蜂群无人机的大规模运用。为深入挖掘可消耗无人机的价值，DARPA 和美国空军已决定在项目现有研究计划的基础上再额外增加第四研究阶段。美军拟与戴内提克斯公司就开展“小精灵”项目第四阶段工作进行谈判。“小精灵”项目的第四阶段将聚焦作战能力，旨在通过约两年的时间使 X-61A 无人机能够执行压制和摧毁敌防空系统的任务。该项目经理斯科特·韦尔茨巴诺夫斯基表示，X-61A 无人机在作战环境中能够与美国空军正在实验的 XQ-58A 无人机产生“分层效果”，以实现有人/无人协同作战，并可协助有人机应对未来可能面临的空中威胁。

俄罗斯无人作战飞机技术取得新进展

2020 年 8 月，俄罗斯喀朗施塔特技术集团在“军队- 2020”防务展上首次公开其“雷霆”隐身无人作战飞机模型及预期参数。该机外形类似美国空军 XQ-58A“女武神”，长约 13.8 米，翼展 10 米，高 3.8 米，最大起飞重量 7 吨，飞行速度 1 000 千米/小时，实用升限 12 千米，作战半径 700 千米；两侧翼下各有 1 个挂点，机腹设有 2 个弹舱，最大有效载重 2 吨。与俄罗斯正在试飞的“猎人”无人作战飞机相比，“雷霆”无人作战飞机的尺寸小、成本低，主要设想作为苏-35和苏-57战斗机的“忠诚僚机”。

2020年12月，俄罗斯军方首次以“战斗机—拦截机”方案，对配装空空导弹模型的“猎人”重型无人攻击机原型机进行飞行测试，以评估机载无线电电子设备与导弹制导系统的电磁兼容性，以及该型无人机与苏-57战斗机的协同能力。本次试飞中携带的空空导弹模拟弹配有红外/雷达导引头、弹体和所有电子部件，但未装发动机和战斗部。此次试验验证了“猎人”无人机的弹舱具有挂载空空导弹的能力，同时表明俄罗斯正持续探索“猎人”无人机的作战运用方式，包括作为苏-57的僚机或以多机编队执行空中或空面打击任务。

◎我国现状及面临的挑战

中国无人机技术发展迅猛，新推出的军用无人机主要集中在察打一体型无人机领域。随着“彩虹”系列、“翼龙”及“利剑”等无人机研发成功，中国与第一梯队的美国和欧洲等国家（地区）的差距逐渐缩小，无人机技术逐渐接近国际先进水平，多个机型已实现出口，走向世界。同时，中国生产的军用无人机性价比优势明显。随着国际军用无人机市场的发展，中国军用无人机市场将迎来快速增长期，有望在无人机出口销售领域弯道超车。

其中，“翼龙”系列是中航工业成都飞机设计研究所研制的中空长航时侦察打击一体化多用途无人机系统，可执行侦察、对地精确打击任务，可应用于战场监视、维稳、反恐、边界巡逻等军事领域，也可广泛用于灾情监视、缉私查毒、地质勘探、农药喷洒和森林防火等民用领域。目前，“翼龙”系列无人机主要包括“翼龙-1”“翼龙-2”“翼龙-1D”三种型号。

2000年前后，随着无人机技术的日益成熟以及现代作战中对打击“时间敏感目标”的需求大增，出现了一类新型无人机——侦察打击一体无人机（察打一体无人机），标志着无人作战时代的来临。中航工业成都飞机设计研究所敏锐地抓住这一新趋势，结合在先进有人机研制中突破的总体气动、机体结构、数字电传飞行控制、综合航空电子等关键技术，从2005年开始自筹经费、自主研发“翼龙”无人机系统。在经历了“翼龙”原型机的研制后，突破了无人机自主起降与飞行、目标快速捕获与自动跟踪、自动攻击等察打一体无人机关键技术，推出了第一代“翼龙-1”察打一体无人机。

“翼龙-1”推出后吸引了多个意向用户的关注，在经历了严格的飞行演示与考核后，很快获得订单，于2010年向首个用户交付首套系统；其后又经历了用户状态优化、多批产品交付和售后服务等多重考验，愈发成熟、可靠，成功装备多个用户，并多次投入实战。“翼龙-1”在实战中的表现超出了用户预想，不但创造了不俗的战绩，还创新了用户的作战概念，初步建立了用户的无人作战体系，同时也改变了用户对中国航空产品的认识，打造了中国无人机的一张“名片”。而后，为了更好地适应复杂作战的要求，针对用户对“翼龙-1”无人机提出的能力提升需求，中航工业成都飞机设计研究所从2012年开始研制新一代察打一体无人机——“翼龙-2”。2017年，“翼龙-2”无人机以“当年首飞、当年试飞、当年交付”刷新了“翼龙”速度，续写了“翼龙”系列新的传奇，并于2018年开始进入稳定交付状态。同时，受美国“捕食者”系列无人机的影响，复合材料机体、标配合成孔径雷达（SAR）和长航时成为了国际高端军用无人机用户的共同需求。根据用户的明确需求，中航工业成都飞机设计研究所以成熟的“翼龙-1”系统为基础，进一步推出了“翼龙-1D”全复合材料结构高性能中空长航时多用途无人机系统。2018年12月，“翼龙-1D”无人机成功首飞，进一步丰富了“翼龙”无人机谱系。截至成书时，“翼龙”系列无人机已在多个用户国飞行1.6万余起落、近10万飞行小时，成功执行了各种实战任务，发射上千枚导弹，击中过多种类型的地面目标，凭借优良的性能和低廉的价格获得了国际市场的认可与好评。

发展无人机系统是国家赋予航空工业“主力军”神圣使命的具体体现之一。近年来，“翼龙”系列无人机陆续出口多个国家和地区，多次被投入实战使用，取得了一系列战果，受到了用户的高度赞赏。通过用户的高频次实战应用以及与欧美先进装备的同场竞技，中航工业成都飞机设计研究所打造了具有中国完全自主知识产权的“翼龙”无人机品牌，使之成为国际高端无人机市场“中国制造”的一面旗帜，切实践行了国家的“一带一路”倡议。同时，“翼龙”无人机的强势市场占有率和出色表现，也让中国获得了与西方国家共同制定军贸武器装备规范和标准的发言权和主动权，形成了促进中国军贸无人机持续发展的有利局面。此外，作为整机出口海外的高端装备，“翼龙”无人机也成为助力我国发展战略和军事交流合作、提升我国影响力和地区事务话语权的重要工具和手段。

但在军用无人机领域，中国与世界航空强国相比仍有一定差距：一是中国军用无人机谱系仍待完善，未来将继续发展中高空、远程及重型无人机。二是发动机能力不足，限制了无人机的机动性、航程及飞行高度。三是中国军用无人机的高端芯片和传感器技术与航空强国有一定差距，影响了无人机的稳定性、精确性、感知及能耗等。

二、重复使用运载器

◎综述

运载火箭是将航天器送入太空的重要运载工具。自20世纪90年代起，欧、美、日先后完成新一代运载火箭的换代，按照模块化、系列化、通用化模式以及减少火箭级数的思路发展大中型运载火箭，并逐渐形成满足不同轨道发射需求的火箭频谱。但传统的运载火箭发射成本高昂，阻碍了人类探索利用太空的脚步。自20世纪60年代起，美国开始探索研制可重复使用运载器技术，并成功研制出航天飞机，开了可重复使用运载器的先河。航天飞机作为第一代运载器，每次回收后的维修以及测试耗费巨大，未能降低运载费用。目前，国外正在开展第二代可重复使用航天运载器的研究工作，以美国波音公司的X-37B试验机以及SpaceX公司的“猎鹰9号”火箭为代表。

重复使用运载器是指从地面起飞完成预定发射任务后，全部或部分返回并安全着陆，经过检修维护与燃料加注，可再次执行发射任务的火箭。与传统一次性运载器相比，一方面，重复使用运载器极大地降低了航天发射成本，提高了航天发射能力，是太空系统建设发展的关键技术之一；另一方面，重复使用运载器也代表了当今航天科技领域的最高水平，其具有的技术溢出与产业升级效应将显著提升相关领域的技术水平和创新能力，推动国民经济增长。因此，各航天大国均将发展重复使用运载器作为未来的发展重点。

◎各国布局及趋势

重复使用运载器成为各国关注焦点

重复使用运载器的低成本优势给传统航天发射带来颠覆性影响，已被主要航天国家视为未来竞争热点。美国凭借 SpaceX 公司的“猎鹰 9 号”火箭在重复使用运载器技术领域一骑绝尘，并利用该型火箭开展低轨小卫星构建、军事卫星发射及载人航天等任务，在不断抢占全球发射市场的同时，为美国进出、利用和探索太空提供了重要保障。在此影响下，其他航天国家也纷纷加快重复使用运载器的研制步伐，以进一步增强本国进入太空的能力。

2019 年 3 月，德国宇航中心（DLR）启动一项论证工作，以研究一种可重复使用运载器方案。该回收方案拟在一级助推器下降飞行过程中由飞机捕获运载器并拖回地面。欧盟委员会为该项目提供了 260 万欧元，以支持其开展相关研究。

2020 年 4 月，日本宇宙航空研究开发机构（JAXA）表示，其正在开发火箭回收技术，以削减发射费用。根据计划，JAXA 将采用全长 7 米、直径 1.8 米的 RV-X 火箭开展试验，并在火箭上装载可重复使用的发动机和着陆用的支脚，在火箭上升至 100 米的高度后，借助发动机的推力悬停并水平移动，以实现着陆回收。同时，日本将与法国和德国合作开展重复使用技术研发工作。三国计划于 2023 年利用合作研制的“克里斯托”飞行器开展垂直起降重复使用技术验证。据悉，该飞行器直径 1.1 米、高 13 米，采用氢氧火箭发动机，带有气动控制翼面和着陆支撑结构。欧洲希望利用“克里斯托”飞行器验证垂直起降重复使用技术，使运载火箭一子级重复使用次数达到 10 次，以大幅降低发射成本。

2020 年 8 月，俄罗斯联邦航天局公布了 Amur 可重复使用火箭的研制招标文件。据悉，Amur 火箭将是一枚二级运载火箭，采用 RD-0169 发动机，低轨最大运载能力达 12 吨，其一级火箭将具备 10 次重复使用能力，预计于 2026 年首飞。招标文件对火箭的发射成本提出三项要求：一是，在一子级重复使用且不使用上面级的情况下，发射费用为 2 200 万美元；二是，在不回收一子级、不重复使用且不使用上面级的情况下，对地静止轨道发射费用不超过 3 000 万美元；三是，在不回收一子级、不重复使用且不使用上面级的情况下，发射费用不超过 3 500 万美元。

2020 年 12 月，欧洲航天局与泰雷兹·阿莱尼亚太空公司和艾维欧公司签订了价值 1.67 亿欧元的合同，为其生产首架“太空骑士”无人航天飞机。“太空骑士”是欧洲航天局“过渡性实验飞行器”的后续项目，将能携带 800 千克有效载荷开展两个月的轨道飞行任务。该航天飞机将具备 6 次重复使用和搭载载荷在低轨长期驻留的能力，并可开展商业、民用及军用的在轨试验。

2021 年 1 月，印度空间研究组织（ISRO）主席西万在发表新年贺词时阐述了印度航天未来 10 年的发展规划。西万指出，印度将发展可重复使用火箭和重型运载火箭以及先进推进系统，并支持商业航天活动。同时，印度还将建设一座发射场推动商业航天发展。

商业航天公司在重复使用运载器领域大放异彩

当前，以 SpaceX、蓝色起源等为代表的新兴航天公司成为研制和使用重复使用运载火箭的重要力量。2011 年 9 月，SpaceX 公司创始人马斯克正式披露“猎鹰 9 号”火箭垂直起降返回着陆方案，开启了火箭回收和复用的历程。SpaceX 公司重复使用运载火箭的发展历程主要以“猎鹰 9 号”火箭的垂直起降重复使用技术为核心逐步改进和演变，大致可分为三大阶段：技术验证阶段、型号迭代升级阶段和稳定应用阶段。SpaceX 公司在攻克垂直起降技术的过程中，采用了验证机飞行试验与发射任务验证相结合的方式，以最接近飞行状态的硬件系统验证技术，更注重应用。从 2010 年启动研制到 2015 年首次成功回收一子级，大约用 5 年时间完成了研制和转化应用。此后经过大约 4 年的技术研发和验证活动，SpaceX 公司很快开始了垂直起降技术的应用实践：2015 年 1 月，首次利用海上平台回收一子级，但以失败告终；2015 年 12 月，首次在陆地上成功回收一子级；2016 年 4 月，首次成功利用海上平台回收一子级，基本掌握了垂直起降技术；2017 年 3 月，首次成功利用回收的一子级再次发射，实现了运载火箭的重复使用。之后，在 SpaceX 公司完成“猎鹰 9 号”B5 型最终构型后，其垂直起降重复使用技术进入了稳定应用阶段。目前，SpaceX 公司将“猎鹰 9 号”火箭的单次发射成本控制在 6 300 万美元以下，约为同类火箭发射价格的 1/3。同时，“猎鹰 9 号”火箭发射次数已突破 100 次，且创造了单枚火箭重复使用 9 次的新纪录，充分体现了该型火箭稳定高效的发射能力。马斯克曾表示，目前正在被大量使用的“猎鹰 9 号”V1.2 版构型 5 一子级火箭被设计成“在无需例行整修的情况下”能反复使用 10 次，若“做适当的例行维护”可用 100 次。①

蓝色起源公司与 SpaceX 公司一样，都是在 2000 年后创建的私营航天企业，也是重复使用运载器技术领域的领头企业之一。公司的名字之所以叫“蓝色起源”，意为“蓝色星球地球是生命的起源地”。公司创始人贝佐斯在创立公司之初，就将其定位为一家开发

① 杨开，米鑫 . SpaceX 公司重复使用运载火箭发展分析 . 国际太空，2020，(09).

太空旅游业务的公司，让普通人而不仅是航天员感受到进入太空的美妙。蓝色起源公司为未来太空游客准备的“新谢泼德”火箭是一种可重复使用的火箭。该火箭以第一位进入太空的美国人阿兰·谢泼德（Alan Shepard）命名。“新谢泼德”飞行器研制方案最早于2006年公布，该方案包括提供上升段推力的动力模块和搭载游客的乘员舱。乘员舱设计在动力模块上方。在借助动力模块的火箭发动机顶推到一定高度（大约40千米）后，动力模块发动机关机，乘员舱分离，利用惯性自由滑行至100千米左右的高空，让游客体验微重力环境、欣赏高空景象。最后，乘员舱返回，利用降落伞减速着陆。动力模块下降到接近地面时，会重新启动发动机，通过动力反推实现垂直返回着陆。为保证发射起飞阶段的人员安全，乘员舱配备了逃逸系统。[①] 2021年7月20日，美国蓝色起源公司利用“新谢泼德”火箭完成首次载人飞行任务。在此次任务中，“新谢泼德”火箭以每小时约3 700千米的速度垂直升空，约7分钟后到达距地面100千米的卡门线，随后返回地面，整体飞行耗时约11分钟。此次任务是首次没有任何专业航天员参与的全平民太空飞行，开启了人类太空旅游的新时代。

然而，“新谢泼德”火箭并不是蓝色起源公司发展的终点，而是其渐进式发展模式中的必要一环。蓝色起源公司将以亚轨道飞行器验证的动力系统技术和垂直返回着陆技术为基础，研制推力更大的BE-4液氧/甲烷发动机和“新格伦”大型运载火箭，为美国提供本土化的主动力系统，参与发射服务竞争。在“新谢泼德”飞行试验不断取得成功、BE-4发动机得到快速发展之后，蓝色起源公司在2016年公布了“新格伦”大型运载火箭研制计划。该火箭基础

---

① 李宇飞．新谢泼德试飞，距太空游又近一步．太空探索，2019，(07)．

构型的直径为7米，一子级采用7台BE-4发动机，二子级采用2台BE-3U发动机，整流罩直径也达到7米，近地轨道运载能力达45吨，地球同步转移轨道运载能力达13吨；根据任务需求，可以选装三子级，采用1台BE-3U发动机；基础构型全长86米，三级构型全长99米。

“新格伦”火箭的一子级采用垂直返回着陆技术，利用海上平台实现回收和复用，充分继承“新谢泼德”飞行器的现有技术，形成该型火箭的核心竞争力。截至2019年2月1日，蓝色起源已经签署了8个“新格伦”火箭发射任务，合作对象分别为总部设在巴黎的Eutelsat、日本的SkyPerfect JSAT和泰国初创公司MuSpace，加上5次为低地球轨道巨型星座公司OneWeb的发射。此外，加拿大的卫星运营商Telesat也同意使用“新格伦”火箭为其未来的低地球轨道星座发射卫星，但数量和次数暂未确定。① 蓝色起源公司称，“新格伦”火箭可以携带45吨的物品进入近地球轨道，其有效载荷整流容积是市场上任何其他火箭的两倍，这是该型火箭的重要竞争优势。

航天发射成本不断降低，航天发射效率不断提升

“猎鹰9号”火箭于2015年以低成本优势打破由国际发射服务公司、欧洲阿里安航天公司长期垄断市场的格局，并于2019年11月公布了“搭便车”发射服务，其发射报价仅为每千克5 000美元，这使得传统航天发射服务面临十分严峻的挑战。为应对航天发射价格战，俄罗斯于2020年4月宣布将火箭发射价格下调30%，

---

① 杨开，才满瑞．蓝色起源公司“新谢泼德”飞行器及其未来发展分析．国际太空，2018，(07).

以应对 SpaceX 公司在全球发射市场的扩张。此外，中国一直以“性价比”优势在世界航天发射市场占据一席之地，但现在，“快舟一号”系列运载火箭每千克 2 万美元的价格优势已不复存在。这表明，商业航天发射市场进入了以成本和价格为核心的新一轮竞争阶段，传统航天发射服务面临变革挑战。

除价格外，重复使用能够在一定程度上缩短发射周期，提高发射服务的周转能力，满足更频繁进入空间的需求。目前，采用回收复用一子级的“猎鹰 9 号”已将最短的周转时间（距离该一子级执行上次发射任务的时间）缩短至 28 天。相比于制造一枚全新的火箭，采用重复使用运载火箭能够显著提高快速履约能力。

军事航天运输和作战能力不断提升

“猎鹰 9 号”火箭发射价格仅是同等运力火箭发射价格的 2/3，2015 年又获得美国军用卫星发射资质，打破由“德尔塔 4 号”和“宇宙神 5 号”垄断军用卫星发射的现状。该火箭于 2017 年 5 月 1 日发射了美国国家侦察办公室秘密卫星，并于 2020 年 7 月和 11 月先后两次执行美军 GPS-3 卫星发射任务，进一步完善了美国军用航天运输体系。可重复使用的“猎鹰 9 号”火箭以超低的发射费用，极大降低了进入太空的成本，为美军提供了一条更高效费比的进入太空的选择，美军方也借此实现了低成本补网并满足了多种军事需求。此外，重复使用航天器还能为国家提供独特的太空军事作战能力。例如，美国的 X37-B 空天飞行器是由波音公司研制的无人且可重复使用的太空飞机，采用垂直发射方式，在跑道水平着陆，是第一种既能在轨道上飞行又能自主返回地球的飞行器，被认为是未来太空战斗机的雏形。该飞行器的最高速度能达 25 马赫（1 马赫≈1 225 千米/时）以上，常规军用雷达很难捕捉到它。

◎近年重大进展

美国 SpaceX 公司“猎鹰 9 号”火箭首次实现火箭第一级重复使用

“猎鹰 9 号”火箭是美国 SpaceX 公司研制的两级大型液体火箭，近地轨道运载能力最高为 22.8 吨，地球同步转移轨道运载能力为 8.3 吨，具备重复发射能力。2017 年 3 月 31 日，SpaceX 公司利用“猎鹰 9 号”运载火箭成功发射 SES-10 卫星，并在火箭发射 9 分钟后，再次实现一子级海上平台回收。此次发射使用了 2016 年 4 月首次海上回收的火箭第一级，实现了运载火箭重复使用并发射卫星的新突破，验证了运载火箭第一级从发射到回收再到复用的技术可行性，并使运载火箭部分重复使用的商业化运营成为现实。2017 年 6 月 23 日，“猎鹰 9 号”火箭从卡纳维拉尔角肯尼迪航天中心将“保加利亚 1 号”通信卫星送入地球同步转移轨道，同时也成功利用海上平台回收一子级。该一子级于 2017 年 1 月 14 日完成海上回收，这是 SpaceX 公司第二次复用一子级进行发射。时隔两天，“猎鹰 9 号”火箭于 6 月 25 日在范登堡空军基地再次成功发射第二代铱星，并完成了一子级海上回收。“猎鹰 9 号”火箭在两天多的时间内完成两次发射，创下了 SpaceX 公司的最短发射时间间隔纪录。

为实现“猎鹰 9 号”火箭第一级重复使用，在成功回收第一级后，SpaceX 公司要对其进行一系列检查、修复和测试工作，再次突破多项可重复使用火箭关键技术。一是可重复使用发动机技术。火箭一子级“隼-1D”发动机采用液氧/煤油推进剂，设计寿命为至少重复使用 10 次。但因使用煤油推进剂后发动机喷管、燃气发生器等关键部件产生积碳，加之回收过程中发动机遭受冲击，都可能导致发动机可靠性降低。SpaceX 公司通过翻修处理和地面点火试车验证了发动机重复使用的可靠性。二是可重复使用箭体结构技术。一子级箭体进行了防热设计与处理，并在底部加装了防热板，可抵御回收过程中受到的发动机点火时的尾焰烧蚀及再入大气的高温环境影响，SpaceX 公司只须对推进剂贮箱等箭体结构进行测试维护，即可实现复用。三是箭体健康管理技术。火箭一子级回收后，要先被运回发射场内的水平装配厂房进行箭体全面健康检测，包括对箭体结构、电气系统、推进剂管路和发动机动力系统等进行故障诊断、寿命评估等相关工作[①]；随后将箭体运至得克萨斯州的测试中心，拆解发动机进行翻修与试验，并对箭体进行维护处理；最后将发动机与箭体装配并进行点火试验，确定重复使用火箭的可靠性。

美国 SpaceX 公司“重型猎鹰”火箭完成首次发射任务

2018 年 2 月 7 日，美国 SpaceX 公司成功发射了近地轨道运载能力为 63.8 吨的“重型猎鹰”火箭，这是 30 年来全球研制并发射的最强大的航天运载工具，运载能力是中国现役“长征 5 号”火箭的 2 倍多。本次发射成功的“重型猎鹰”火箭全长 70 米，箭体最大宽度 12.2 米，总重 1 421 吨，为两级火箭，第一级由 3 台经改装的“猎鹰 9 号”运载火箭第一级并联捆绑而成，共有 27 台“灰背隼”1D 发动机，海平面推力 22 819 千牛，真空推力 24 681 千牛，2 台侧捆助推器在芯一级贮箱底部和顶部同芯火箭连接。第二级则与“猎鹰 9 号”一样，采用单台真空型“灰背隼”1D 发动机，真空推力 934 千牛，用于把有效载荷送入轨道。二级发动机可以多次

① 张明江，刘博．美国“猎鹰”－9 火箭一子级重复使用影响分析．中国航天，2017，(06).

启动，从而能把有效载荷送入近地轨道、地球同步转移轨道和地球静止轨道等不同轨道。该火箭近地轨道运载能力为 63.8 吨，地球同步转移轨道运载能力为 26.7 吨，火星转移轨道运载能力为 16.8 吨，发往冥王星的运载能力为 3 500 千克。[①]

美军执行 X-37B 轨道试验飞行器第六次在轨飞行任务

2020 年 5 月，美国空军和美国太空军联合使用“宇宙神 5 号”火箭从卡纳维拉尔角空军基地发射了 X-37B 轨道试验飞行器，启动了第六次飞行试验任务。美国太空军负责 X-37B 的发射、在轨运行和着陆相关工作。与之前试验任务相比，X-37B 首次在其尾部安装了服务舱，以执行更多的试验任务。具体试验内容包括：一是部署“猎鹰 8 号”卫星，该卫星由美国空军学院研制、美国空军研究实验室资助，携带 5 种有效载荷在轨道上进行实验和教学；二是尝试将太阳能转化为射频微波能量，并传输至地面（该实验由美国海军研究实验室负责开展）；三是研究辐射和其他空间效应对材料样品和粮食种子产生的影响。此外，美国空军曾表示，希望进行 F-35、F-22 战斗机与 X-37B 信息共享能力研究。因此，在执行本次任务期间，X-37B 或将与 F-35、F-22 战斗机等联手试验侦察、预警、情报、通信等全域作战能力，以验证空天联合作战新理念。长久以来，美军对 X-37B 项目保密。根据公开信息推测，X-37B 可为美军提供以下三种能力：一是可作为打击武器平台，遂行天地打击。X-37B 凭借其强大的轨道机动能力，可实施共面、异面变轨，快速抵达打击位置；一旦与在研的超燃冲压发动机等先进装备结合，可跨

① 薛惠锋，祝彬，康熙瞳，等．从“重鹰”发射成功看中美航天发展．中国航天，2018，(02).

越空间、临近空间和空中3个空域实施作战行动；其搭载武器系统后，可作为全球打击平台遂行多种作战任务。二是可作为反卫星平台，进行空间对抗。若在载荷舱中搭载动能武器、高能激光武器、飞网或机械臂等软硬杀伤性武器，则可作为反卫星平台，通过大幅轨道机动和精确轨道控制技术，抵达目标附近发动攻击，毁伤或捕获敌国卫星和其他航天器。三是可作为战时太空预备指挥所，直接实施作战指挥。X-37B搭载相关模块后即可作为天基通信指挥平台，实现星际间、天地间的通联，广泛用于各类数据传输及指挥通信。

中国成功发射可重复使用试验航天器

2020年9月，中国在酒泉卫星发射中心用“长征二号F”运载火箭成功发射一型可重复使用的试验航天器。试验航天器在轨飞行2天后，于9月6日成功返回预定着陆场。此次试验的圆满成功，标志着中国可重复使用航天器技术研究取得重要突破，后续可为和平利用太空提供更加便捷、廉价的往返方式。

◎我国现状及面临的挑战

太空是21世纪世界大国竞争的重要疆域，进入空间规模呈现快速增长趋势，太空轨位、频段等太空资源也将日趋紧张。中国已经拉开了载人空间站建设的序幕，并面临后续的维护与运营管理；大型互联网星座、在轨服务与维护、载人月球探测、大规模深空探测、大型空间太阳能电站和载人火星探测等任务已成为发展趋势，同时各类载荷多样化高密度发射和在轨部署需求也日益突出，以上各类空间任务也对中国的航天运输系统提出了更高的要求。而重复使用运载器的发展将为中国降低航天发射成本、提升航天运输效率提供重要帮助。

对于中国而言，在50多年航天运输技术的基础上，研制重复使用航天运输系统，将实现中国航天运输由一次性使用向重复使用的重大跨越，大幅提升中国进出太空的能力，为有效探索太空提供支持；也将加速航空航天科技的深度融合，带动超高温轻质材料、先进空天动力等硬科技创新发展。

根据公开媒体资料，目前，中国按照近、中、远期的目标确定了3条技术途径，同步开展工作，梯次形成能力。中国航天科技集团有限公司六院院长刘志让表示，航天六院已将重复使用航天液体动力作为重点，按照规划的路径整体推动研究工作。第一是基于现役火箭构型，开展主发动机重复使用技术研究及适应性改进工作。第二是基于新研火箭构型，开展重复使用液氧烃类发动机研究，支撑垂直、水平等多种回收方案。第三是基于水平起降重复使用运载器构型，开展吸气式组合发动机研究。此外，航天六院还瞄准更遥远的未来，开展了组合循环动力技术的研究和地面集成试验。组合循环动力如果研发成功，可支持水平起降天地往返重复使用飞行器的服役，将提高快速进出空间的能力。

此外，中国民营企业也在积极探索重复使用火箭技术。北京星际荣耀空间科技股份有限公司（以下简称“星际荣耀”）是中国首家成功完成运载火箭入轨发射任务的民营企业。星际荣耀以拓展人类生存空间为使命，致力于研发优秀的商业运载火箭并提供系统性的发射解决方案，服务于国内外商业卫星客户，为全球商业航天客户提供高效、优质、高性价比的发射服务。星际荣耀作为中国民营商业航天的先进代表，其产品具有低成本、高可靠和快速响应的特点。星际荣耀依照“由固到液、由小到大、由箭到弹、固液并举；小步快跑、快速迭代、持续进化”的产品战略，规划了“双曲线一号”固体运载火箭、“双曲线二号”小型液体运载火箭、“双曲线三号”中型液体运载火箭、“双曲线三号”大型液体运载火箭以及载人飞行器。2019 年 7 月 25 日，星际荣耀成功完成“双曲线一号”遥一——中国民营商业航天公司首枚成功入轨运载火箭的发射，并实现卫星高精度入轨，实现了中国民营运载火箭成功发射零的突破。2019 年 12 月 25 日，星际荣耀成功完成“焦点一号”可重复使用液氧甲烷发动机 500 秒全系统长程试车，这是国内首台突破单机全系统试车 500 秒、转入可靠性增长试车阶段的液氧甲烷发动机。该型号发动机将装配在国内首枚可重复使用运载火箭“双曲线二号”上，并将执行“双曲线二号”可重复使用运载火箭一子级垂直起飞、垂直降落飞行试验，有望突破中国液体运载火箭的重复使用技术难关。未来，星际荣耀公司将继续完善运载火箭型谱，以满足国内外发射市场需求，并代表中国商业航天积极参与到国际航天市场的竞争与角逐中。

三、低轨小卫星星座

◎综述

低轨小卫星星座由质量在 1 000 千克以下、轨道运行高度在 300～2 000 千米的微小卫星组成，可利用卫星和地面通信站接入国际互联网，为全球用户提供无缝覆盖、低时延的互联网宽带接入服务。与传统的中高轨卫星相比，微小卫星具备研制周期短、研制与发射成本低、发射方式灵活等突出优点。尤其是近年来，随着微电子技术的进步、轻型材料的研制以及高功率太阳能电池的出现，小卫星得以迅速发展，并被广泛应用于全球民用通信、遥感气象、地球科学、空间科学、行星探测、技术验证等领域。

低轨卫星通信网络作为未来信息通联方式领域的颠覆性技术，主要具有以下特点：一是卫星数量多、业务广、可靠性强。数以百计乃至万计有限容量的单颗卫星叠加而成的整个体系容量极大，除包含宽/窄带通信、物联网、互联网等多种业务外，还可拓展导航增强、对地监测等功能。同时，低轨卫星通信网络具备高弹性和冗余性，抗毁能力强，且低成本小卫星备份数量多，应急补发能力强。二是传输路径短、损耗小。低轨通信卫星轨道高度低，信号空间传输损耗比传统高轨通信卫星少，可大大缩小地面终端及天线尺寸，降低地面应用设施成本。同时，由于路径短，低轨卫星网络端到端的信息传输时延与地面光纤相近。[①] 三是覆盖范围广。由于轨道种类多样，低轨星座可涵盖传统高轨通信卫星不能有效覆盖到的两极和高纬地区，具有全天候复杂地形（如山区、峡谷、丛林、高轨卫星视线受限的城市等）条件下实时通信的能力。

低轨小卫星星座作为下一代太空基础设施，将极大提升通信、导航及遥感能力，并将为构建全球无缝通信网络提供关键支持。同时，随着信息技术的快速发展，低轨小卫星星座还将与5G网络形成互补，并成为未来构建6G和空天地一体化网络的主要组成部分，或将颠覆现有通信模式，进一步推动经济社会的信息化和现代化发展。

◎各国布局及发展趋势

低轨小卫星星座建设进入起步阶段

当前，美国利用“星链”等计划全力展开低轨小卫星星座布局，加快太空能力建设。低轨小卫星空间布建已成为全球太空竞争

---

① 吴奇龙，龙坤，朱启超．低轨卫量通信网络领域国际竞争：态势、动因及参与策略．世界科技研究与发展，2020，(12).

的新焦点。美国、英国处于低轨星座建设第一梯队，即将提供初期天基互联网服务。美国率先发力，初步具备天基互联网服务能力。美国SpaceX公司计划部署由4.2万颗卫星组网的“星链”星座，截止到2021年3月已发射22批共1 260颗“星链”卫星，已具备为北美提供初步天基通信服务的能力，并计划于2021年年底开始为美国和其他低纬度区域提供初期网络服务。2020年，“星链”星座在内部测试中已可为用户提供4G水平的网络接入服务。英国稳步推进小卫星星座建设，预计于2022年开始提供初期天基网络服务。英国和印度于2020年收购了OneWeb公司，继续推进拟由6 000余颗卫星组网的OneWeb星座建设，以实现全球通信和导航能力。目前，该公司已完成110颗卫星部署，其第一阶段部署任务约为650颗卫星。

俄罗斯、加拿大、韩国及欧洲等国家和地区的低轨小卫星建设处于规划阶段。俄罗斯计划于2021年起着手实施“球体”计划，拟在2023—2028年部署由640颗卫星组成的“球体”卫星星座。据悉，该星座将把“格洛纳斯”卫星导航系统、地球遥感系统、“快车-RV”与“信使”卫星通信系统等多种现有卫星系统纳入该星座的组建系统中，可提供定位、雷达探测及通信服务等综合服务。加拿大计划构建由298颗卫星组网的低轨互联网小卫星星座，并拟通过上市获得的融资为星座的建设提供资金支持。韩国韩华集团所属韩华系统公司于2021年3月宣布，计划在2030年前建成由2 000颗卫星组成的低轨通信星座，用于城市货运无人机和民用飞机通信。据悉，韩华集团将在2023年前投资5 000亿韩元（约合28亿元人民币）开发低轨通信卫星、超薄电扫天线和卫星控制系统。预计，该星座将于2023年提供试验性服务，于2025年提供常规服务。欧洲计划于2021年开启星座建设论证，拟投资60亿欧元构建卫星互联网星座，该星座将为欧洲政府和偏远地区提供安全通信和互联网服务，并将使欧洲在卫星互联网竞赛中保持竞争力。

低轨小卫星星座将给军民领域带来颠覆性变革

低轨小卫星星座将给太空安全和信息产业带来重大变革：一是满足无缝覆盖、全球服务的现实需求。低轨卫星星座可为山区、荒漠、空中和海上等地面信息系统无法覆盖的地方提供通信服务。同时，低轨卫星通信在发展过程中，借鉴了地面通信网络 IP 技术体制，具备实现卫星与地面网络兼容和融合的标准，一旦完成部署，可满足全球未普及互联网区域的规模化接入需求。2021 年 3 月，欧洲咨询公司（Euroconsult）在发布的《小型卫星市场展望》报告中认为，低轨小卫星星座是推动未来全球宽带接入市场的关键力量。二是带动 5G、物联网和航天产业的发展潜力。与地面 5G 网络集成、互补与融合不仅可实现 5G 的全球覆盖，反过来通过 5G 网络可提升自己的传输速率和用户体验，同时契合了快速兴起的低功率广域物联网的发展需求及“小、散、远、动”物体的监测和短数据采集等应用场景。低轨星座系统与物联网、云数据、智慧城市建设等领域的深度融合，将全面带动卫星制造、发射、应用配套和服务等上下游产业链的发展进步，撬动新的经济增长点。三是强化军事战略层面的太空信息能力。商业卫星是“非合作环境”中构建军用通信网络的重要补充力量，且具备弹性和规模化的部署能力。同时，低轨星座通过拓展部署可构建与全球卫星导航系统（GNSS）融合的星基增强系统，改善全球卫星导航系统自身的“脆弱性”。

太空碰撞风险增加

自 20 世纪 90 年代以来，微小卫星技术迅猛发展，通信与导航卫星在低地球轨道上的应用潜力渐渐被挖掘出来。由于低轨微小卫星具有成本低、部署快、时间分辨率高、覆盖范围广、响应速度快、传输时延小等优势，新型商业低轨小卫星星座不断涌现。由于星座卫星数量庞大，随着星座卫星的发射，预计空间目标的数量将快速增长，对长期在轨飞行的低轨航天器产生严重威胁，为航天器的安全管理带来新的挑战。据美国北方天空研究机构对全球中低轨通信卫星星座的统计分析，全球至少有 16 家公司已经对外公布其星座计划，星座卫星数量从几十到上万颗不等，高度主要集中在 1 000～1 500 千米和 600 千米左右。[①] 为保证全球覆盖率，部分星座轨道设计为极轨道，如铱星二代星座、OneWeb 星座、Telesat LEO 星座、LeoSat 星座以及中国的“鸿雁”星座，其余星座也设计了大倾角轨道。目前，SpaceX 和 OneWeb 公司已率先开始部署低轨星座卫星，其中 SpaceX 公司已完成 1 300 余颗卫星的在轨部署。根据规划，SpaceX 计划向低地球轨道发射约 1.2 万颗“星链”卫星。如果这些星座卫星全部发射，且退役或失效后采取无控陨落做法，则在短时间内会有大量卫星进入近地空间，对近地空间卫星安全产生威胁，特别是对长期在轨飞行航天器的影响较大。

2019 年 8 月，美国空军数据显示，欧洲航天局“风神”气象卫星可能将与“星链-44”卫星发生相撞。此后，欧洲航天局太空碎片办公室于 8 月 28 日联络了“星链”团队，但是该团队在一天内回复没有采取变轨规避行动的计划。情急之下，欧洲航天局紧急发布指令，命令“风神”卫星 3 次点火变轨，才避免了事故的发生。2021 年 3 月，OneWeb 公司发射了 36 颗 OneWeb 卫星，但卫星在

---

① 李翠兰，欧阳琦，陈明，等．大型低轨航天器与星座卫星的碰撞风险研究．宇航学报，2020，(09).

上升过程中须穿越“星链”卫星群。据美国太空军第 18 太空控制中队数据，两家公司的卫星最小间距仅为 58 米。一旦相撞，低地轨道上将增加数百块太空垃圾，会对近地轨道空间造成极大影响。

为避免未来可能发生的碰撞问题，各国已将太空交通管理问题视为航天领域的重要议题开展研究布局。2018 年 6 月，美国总统特朗普签署了 3 号航天政策指令《国家太空交通管理政策》，指导美国太空交通管理，并降低太空碎片的影响。该指令提出了美国太空政策的指导方针和方向，并通过减少太空碎片造成的威胁、引入新的数据共享和流量管理举措，以及提高能力、制定标准和实践等措施来维持并扩大美国在太空领域的领导地位。2021 年 3 月，美国太空司令部联合部队空间分队指挥官迪安娜表示，由美国国防部和国务院官员组成的小组正在起草文件，阐述美国对 2020 年 12 月联合国大会通过的“对太空系统的现有和潜在安全威胁”决议的立场，呼吁在太空中建立“负责任行为的规范、条例和原则”。为解决太空安全问题，迪安娜向国际社会呼吁：一是应参照海事领域规范和流程制定太空领域行为规则；二是提高军民两用航天器用途的透明度；三是保障卫星飞行和离轨安全，避免在轨卫星相互碰撞或干扰；四是应追究造成“长期在轨太空碎片”行为体的责任。2021 年 2 月，英国与联合国签署了一项新协议，旨在保障太空活动，促进太空发展的安全性及可持续性。该协议将有助于减少太空碎片、降低关键卫星发生碰撞的风险等。该协议将为联合国外层空间事务厅的有关太空能力建设工作提供信息，还将鼓励所有太空活动参与者全面履行“外空活动长期可持续性”行为准则。目前，英国已出资 8.5 万英镑，将通过一系列活动和外联工作来确定太空可持续利用的实例，并支持促进太空可持续发展的国际性事务。2020 年 11 月，欧洲航天局表示，其已与 ClearSpace SA 公司签署一项价值

8 600 万欧元（约 1.01 亿美元）的合同，首次从轨道上清理掉太空垃圾。此外，欧洲航天局计划在 2025 年实施“首次碎片清除”计划，将利用一架定制的航天器捕获在轨火箭残余物，并带回地球。2019 年 8 月，印度空间研究组织在班加罗尔的佩纳亚建设空间态势感知控制中心。该控制中心将加强空间态势感知与管理（SSAM）预测活动，保护印度空间资产免受失效卫星、轨道物体碎片、近地小行星和不利空间天气条件的影响。

◎近年重大进展

美国 SpaceX 公司加速构建“星链”星座

2020 年，美国 SpaceX 公司通过 14 次发射将 833 颗“星链”卫星部署入轨。截至 2020 年 12 月底，该公司已成功发射 955 颗“星链”卫星，并具备为北美地区提供初步网络服务的能力。根据内测网络用户发布的数据，“星链”网络的下载速度为 35～60 兆比特/秒，上传速度为 5～18 兆比特/秒，网络延迟为 20～94 毫秒，基本能满足用户在线观看 4K 高清视频和下载大型文件等需求。该公司表示，目前“星链”网络仍处于建设初期，“星链”项目团队将继续完善该网络系统的服务能力，包括采集时延数据和进行网速测试。2020 年 10 月，该公司在发送给潜在用户的邮件中公布了“星链”网络的使用费用。据悉，该卫星网络的定价为每月 99 美元，并且用户还需要支付 499 美元购买“星链”设备，包含终端接收设备、三脚架和 WiFi 路由器。“星链”项目团队表示，“星链”网络的数据传输速度将达 50～150 兆比特/秒，网络延迟将控制在 20～40 毫秒。该星座作为人类有史以来发射规模最大和部署进度最快的低轨小卫星星座，将给包括通信和互联网在内的多个行业带来冲击，并将大幅增加频谱资源竞争和信息安全风险。

英国政府和印度巴蒂集团联合收购 OneWeb 公司

2020 年 3 月，OneWeb 公司与其最大投资商日本软银公司谈判失败，正式宣布破产，并向美国法院递交了破产保护申请。7 月，英国政府和印度巴蒂集团（Bharti）共出资 10 亿美元，收购 OneWeb 公司 90%的股权。12 月，OneWeb 公司执行了破产后的首次发射任务，将 36 颗 OneWeb 卫星送入轨道，使 OneWeb 星座在轨卫星达到 110 颗。同月，美国休斯飞机公司（Hughes Aircraft）获得了一份价值约 2.5 亿美元的合同，将为 OneWeb 星座生产网关电子设备以及将在每个用户终端中使用的核心模块。OneWeb 公司表示，与休斯飞机公司开展合作将为 OneWeb 公司构建安全、可信、韧性的天基网络提供关键支持。该公司的目标是部署由 648 颗在轨卫星组网的互联网星座，并拟在 2022 年前为客户提供全球网络服务，初期服务的国家和地区包括英国、阿拉斯加、北欧、格陵兰、冰岛、北极海和加拿大。

俄罗斯于 2021 年开始部署卫星互联网

2020 年 11 月，俄罗斯国家航天集团（Roscosmos）向政府申请了 1.5 万亿卢布（约合 205 亿美元），用于建立“球体”（Sfera）卫星星座，以应对美国“星链”卫星星座以及英国和印度的 OneWeb 卫星星座。俄罗斯计划于 2021 年起开始着手实施“球体”计划，并拟在 2023—2028 年部署由 640 颗卫星组成的“球体”卫星星座。该星座将包括“格洛纳斯”（GLONASS）卫星导航系统、地球遥感系统、“快车- RV”（Express-RV）与“信使”（Gonets）卫星通信系统、“波束”（Beam）中继卫星系统、“马拉松”（Marathon）全球物联网系统以及“赛艇”（Rowing）宽带接入系统等多种类型卫星系统，可提供定位、雷达探测及通信服务等功能。同时，该星座将可为北海等偏远地区提供网络通信服务。

欧洲计划投资 60 亿欧元构建卫星互联网星座

2020 年 12 月，欧洲计划投资 60 亿欧元构建卫星互联网星座，以使欧洲在卫星互联网竞赛中保持竞争力。欧盟委员会相关人士透露，欧盟官员签署了一项类似于“星链”的近地轨道网络研究项目，该卫星网络将为政府机构提供安全通信，并为偏远地区提供互联网服务。

◎我国现状及面临的挑战

中国小卫星研制起步虽然较晚，但是后续发展的速度、应用水平提升的势头十分迅猛，从兴起开始，先后经历了高性能产品出现、装备化应用、体系化应用和市场细分发展等阶段。目前，中国已研制发射了上百颗小卫星，国内小卫星研制领域已经实现了“试验应用型”向“业务服务型”的阶段转化，而民营企业大批涌入这一领域，势必会加速这一领域的发展。

目前，中国拥有多个低轨小卫星星座项目，包括“虹云”“鸿雁”等由国有企业建设的国家低轨星座项目，也有“天启”“瓢虫”“银河”等由商业公司建设的商业低轨星座项目。

2018 年 12 月，中国航天科工集团有限公司启动“虹云工程”建设。12 月 22 日，天基互联网首颗技术验证卫星在酒泉卫星发射中心由长征十一号运载火箭发射升空，这标志着中国低轨宽带通信卫星星座建设迈出了实质性的一步。“虹云工程”计划发射 156 颗卫星，在距离地面 1 000 千米的轨道上组网运行，构建一个星载宽带全球移动互联网络，实现网络在全球无差别的覆盖。“虹云工程”是由中国航天科工集团有限公司牵头研制的覆盖全球的低轨宽带通信卫星系统。该系统将以天基互联网接入能力为基础，融合低轨导航增强、多样化遥感，实现“通、导、遥”的信息一体化。

2018 年 12 月 29 日，“鸿雁”全球卫星通信星座首颗卫星在酒泉卫星发射中心由长征二号丁运载火箭送入预定轨道。“鸿雁”全球卫星星座通信系统将由 300 颗低轨道小卫星及全球数据业务处理中心组成，具有全天候、全时段及在复杂地形条件下的实时双向通信能力，可为用户提供全球实时数据通信和综合信息服务。“鸿雁”星座的建设，将结合下一代互联网、移动通信网及工业制造、智能交通、智慧城市等领域发展，创新卫星互联网多元化、智能化应用，促进金融、物流等现代服务业快速发展与供给侧改革，拓展卫星互联网应用广度和深度，发挥产业带动作用，提升中国卫星通信应用产业的全球竞争力，推动卫星通信的可持续发展。

民营商业航天公司的参与也为航天市场注入了新的活力。银河航天是目前国内估值最高的商业航天企业之一，估值近 80 亿元人民币，于 2018 年 4 月正式投入运营。作为中国商业航天及卫星互联网领域的独角兽企业，银河航天自主研发出了我国首颗通信能力达到 48Gbps 的低轨宽带通信卫星——银河航天首发星，该卫星具备卓越的技术指标和国际领先的通信能力。2020 年 1 月 16 日，银河航天首发星在酒泉卫星发射中心成功发射，该卫星是我国由民营公司生产的唯一在轨的宽带互联网卫星。银河航天首发星在轨 30 天后成功开展通信能力试验，在国际上第一次验证了低轨 Q/V/Ka 等频段通信。银河航天还将通过建设国内首个卫星超级工厂，实现卫星生产达到日均一颗以上的能力。同时，银河航天充分利用全球先进的低轨宽带通信卫星高低轨通信与人工智能技术，聚焦项目所在地的应急管理需求，打造专项应急通信应用示范系统，为当地提供高质量的5G宽带卫星应急通信服务，提高城市应急救援水平和科学施救能力。未来，银河航天将致力于提供全覆盖的5G服务，并将有望提供覆盖全球的天基互联网服务，可与地面5G网络透明连接，让用户无感切换天地5G网络，亦可为地面5G基站提供数据回传等服务。银河航天致力于通过规模化研制低成本、高性能的低轨宽带通信卫星，解决全球5G网络覆盖和接入的难题，为5G产业的发展、我国卫星互联网建设和数字鸿沟的弥合贡献力量。

与世界航天强国相比，中国的低轨卫星星座建设还面临一定的挑战：一是中国的星座项目虽然数量较多，但缺乏顶层统筹规划，且大部分处于试验和论证阶段，未能形成一定的组网规模。二是中国在火箭发射成本、小卫星数字化、自动化生产能力等方面还存在较大差距。

第十二章　硬科技之海洋科技

海洋是人类生存发展的重要基础，而建设海洋强国必须大力发展海洋科技。

——吴立新（中国科学院院士）

海洋是支撑人类未来可持续发展的资源宝库，对各国未来发展具有重要的战略意义。对我国而言，海洋为国家经济发展和对外开放提供了重要依托。据自然资源部海洋战略规划与经济司发布的《2020年中国海洋经济统计公报》，2020年我国海洋生产总值达80 010亿元，约占国内生产总值的7.8%。近年来，以美国为主的世界海洋强国都在海洋领域积极进行重大部署，围绕海洋展开的国际竞争日益激烈，深海、极地丰富的资源具有重要的战略价值，海上智能装备尤其受到各国重视。以陆海统筹推进海洋强国建设，需要大力推动海上智能装备、深海、极地等关键领域的高新技术研发，通过高新技术进一步带动相关产业的快速发展。

我们选取了无人船、深海潜水器、极地破冰船作为海上智能装备、深海、极地领域的代表性硬科技，这些装备技术门槛较高，技术体系较复杂，对相关领域的发展具有较强的引领性与支撑性作用。其中，无人船作为继无人车、无人机之后发展起来的又一无人装备，或将引发海上智能装备产业井喷式发展；深海潜水器、极地破冰船是进入深海和极地的“敲门砖”，是开展科学研究、资源开发甚至主权维护的重要支撑，可极大带动深海、极地事业的发展。

一、无人船

◎综述

无人船（unmanned surface vessel，USV）是指依靠船载传感器，以自主或半自主方式在水面航行的智能化平台。无人船的雏形最早出现于二战期间，但当时自主化程度很低，需要完全依赖舰员的远程操控。20 世纪 90 年代，自主驾驶技术出现并被应用于无人船领域，先进的无人扫雷艇开始出现，并逐渐具备了监控、侦察、对抗等多种军事功能。[①] 进入 21 世纪后，随着计算机、人工智能、大数据等高新技术的不断成熟与完善，无人船的应用需求呈多样化发展，无人船在民用领域也逐渐得到应用。在军事领域，代表性无人船包括美国研制的“斯巴达侦察兵”“海上猎手”，以及以色列研制的“保护者”。

无人船隐蔽性好、可长期水面航行、活动区域广，与有人水面艇相比，具有无人值守、无人员伤亡、使用灵活、成本低等优势，能执行海上情报监视侦察、海洋调查、反水雷、电子战、反

---

① 童超，刘蔚，李雪，等．无人水面艇海洋调查国内应用进展与展望．导航与控制，2019，(01).

潜战及反舰战等任务，是可广泛应用于海洋军民领域的一项硬科技。发展无人船对于推动海洋环境调查、海洋权益维护具有重要意义。

在海洋环境调查方面，无人船能减轻劳动强度、降低安全风险。无人船体积小、质量小、吃水浅且无需人员随行，非常适合替代传统海洋调查手段执行浅水区的海洋环境调查任务。此外，在极地及环境恶劣海域开展海洋环境调查时，大船在缺少海底地形数据支持的海域航行时安全风险高，极易遇到触冰、搁浅等危险。无人船可以很好地执行这些危险任务，不会有人员伤亡等问题。

在海洋权益维护方面，无人船的应用增强了海岸警卫力量在长时间监控、应对复杂情况方面的能力，在有人装备的能力构成基础上，为增强海洋维权力量提供了新途径。[①] 无人船因具有无人化的特点，能够超越人类生理极限长时间在重点海域执行巡逻任务，并且其生产和运行成本偏低，便于大规模装备。近年来，世界主要国家愈发重视发展无人船，已经逐步配置各类先进无人船并应用于海洋维权的实际行动中。例如，美国在马六甲海峡、霍尔木兹海峡等存在较高地缘风险的海域部署无人船，替代有人巡逻船执行侦察、巡逻任务。此外，在装载相应载荷后，无人船还可提供反潜作战能力，如美国“海上猎手”携带独特的载荷系统，能够在没有人员支持的环境下对敌方潜艇进行长达数月的持续跟踪，大幅提升了美国海军反潜体系作战能力。

---

① 孟祥尧，马焱，曹渊，等．海洋维权无人装备发展研究．中国工程科学，2020，22 (06).

◎近年重要趋势

应用层面：任务领域不断拓展

自20世纪90年代以来，美国、以色列、法国、英国、德国等国高度重视研发无人船，并为此出台多项政策与战略规划。在一系列政策推动下，无人船研制成果竞相涌现，任务领域也得到明显拓展，已从最初执行简单情报监视侦察、反水雷作业，发展到反潜、特种作战等多个领域。以以色列“保护者”无人船为例，其最初主要用于反恐以及监视与侦察，后来新研制的“保护者”无人船已经装备了12.7毫米机枪，而且未来还考虑为其研制完成新使命所需的不同有效载荷，使其任务领域向反潜战、水雷战、反水雷、反水面战和电子战方面扩展。目前，开展无人船研制的主要有美国、以色列、日本、欧洲等国家和地区，但仅有美国和以色列的部分无人船型号装备部队。其他国家也在竞相发展集反水雷战、反潜战、电子战等能力于一体的多功能无人船。①

市场层面：市场规模不断扩大

随着无人船技术的不断进步和应用领域的不断拓展，全球无人船的市场需求快速增长。恒州博智发布的《2019—2025年全球及中国水面无人艇行业发展现状调研及投资前景分析报告》显示，2018年，全球无人船市场的收入为30亿元人民币，其中在军用、民用领域的消费量市场份额分别为66.8%、33.2%，预计2025年将达到74亿元人民币。从2019年到2025年，预计无人船全球收入的复合年增长率为13.07%。从现在的发展趋势来看，未来民用

---

① 宋磊．全球自主：国外无人水面艇未来发展及关键技术．军事文摘，2015，(13).

无人船的需求占比将继续提升，预计从2021年起接下来6年的增长率为16.46%。在无人船研制和列装的众多国家中，美国早在第一次世界大战时期就进行了无人船的开发和研究，是当今世界上无人船需求量和产量最大的国家，欧洲、以色列和日本紧随其后。

技术层面：向智能化、大型化和群体协同化方向发展

无人船的未来技术发展趋势主要有三个：一是智能化。智能化是无人船发展的终极目标。现阶段遥控或半自主的操控方式尚无法实现无人船的智能化，未来需要进一步提升态势综合感知，依托大数据和深度学习，不断提升无人船的任务规划能力、自主航行能力及自主决策能力等智能化水平。二是大型化。与中小型无人船相比，大型无人船具有航程远、工作时间长、对有人平台依赖性低、受海洋环境影响小、可靠性高、自主作战能力强等优势，特别是采用开放式架构和模块化设计后，可以实现载荷和任务重构，替代有人平台执行大部分情报监视侦察、水雷战任务，并分担反潜战和打击作战任务。2020年，美国启动大型无人船项目，并计划未来5年为该项目拨款27.4亿美元。大型无人船船体长度至少将达到60米，最大排水量可能达到2 000吨，相当于轻型护卫舰的级别。美国希望通过部署大型无人船来应对来自中俄等国的军事挑战。三是群体协同化。当面临复杂的水域环境，以及越来越精密化、多样化的任务时，单一的无人船难以担此重任。在此背景下，无人船集群应运而生，其具有更广的作业范围、更高的作业效率、更强的鲁棒性以及灵活性。例如，在反潜作战中，由多艘无人船组成反潜编队，当发现目标后，其中一艘无人船对其进行自主监视和威胁判断，并视情况自主决策，对其进行处置。编队其他成员则通过改变

编队形式和任务能力，迅速填补某一方向的空缺以避免出现盲区，从而保证舰队安全。[①] 从中短期来看，受无人艇智能化水平的限制，有人舰艇编队和无人船协同作战的方式将被广泛应用，有人/无人系统将协同完成复杂任务和高风险任务。但从长期看，随着智能化水平的不断提升，无人船将逐渐降低对人工控制的依赖，形成自主无人编队作战能力，届时海上作战模式将被彻底颠覆。

◎近年重大进展

无人船群协同作战能力不断提升

目前，世界上主要无人船装备研制国家都在开展无人船集群的研究，但只有美国具备军事行动验证的演示能力。近几年，美国海军研究署牵头成功完成了 2 次海上试验验证。2014 年 8 月，美国海军研究署将 13 艘无人船组成编队，利用“分散与自动数据融合系统”和“机器人智能感知系统控制体系架构”两款软件实现单艇接收任务指令后自主行为决策，成功发现模拟敌船并进行了拦截。但本次试验中无人船目标识别、护航、拦截等任务仍需人工指令，无人船群仅实现了半自主协同作战。2016 年 10 月，美国海军研究署再次开展无人船集群试验，在 16 平方海里（1 平方海里≈3.4 平方千米）的海域内，4 艘无人船集群成功实现了自主目标探测与识别、跟踪、巡逻，整个控制回路无需人工参与，首次真正实现了集群作战[②]。

此外，美国近年来还提出了无人船创新发展概念。2020 年 1

---

① 金宵，郑开原，王得朝，等．国外军用无人水面艇发展综述．中国造船，2020，(S01).

② 况阳，顾颖闽．基于几何力学的水面无人艇艇群控制技术．舰船科学技术，2019，41 (23).

月，美国国防高级研究计划局发布了“海上列车”（Sea Train）项目招标公告，提出将 4 艘以上中型无人船通过物理连接或编队航行的方式组建成“海上列车”。美国国防高级研究计划局设想在全程无人工干预的情况下，“海上列车”能够在恶劣海况下航行约 6 500 海里（约合 12 038 千米），抵达任务区域后分解执行任务，能够各自在不同海况下航行约 1 000 海里（约合 1 852 千米），最后再组成“海上列车”返航。该项目希望通过延长无人船的航程来提高海军舰队的持续作战能力。

无人船智能化程度显著提升

2020 年 11 月，美海军“霸主”无人船顺利完成 4 700 海里（约合 8 704 千米）的试航任务，从大西洋顺利开赴太平洋，并且首次成功通过著名的巴拿马运河。这是人类第一艘无人驾驶的船舶通过巴拿马运河。“霸主”无人船总长 59 米，采用双体设计，类似于 HSV-1 高速运输船。双体设计的特点在于舰体和水面接触面积小，航速更快，且稳定性更佳。“霸主”号可以运送 540 吨物资，并以 35 节（1 节≈1.85 千米/小时）的高速持续航行，具备很强的快速运输能力。值得注意的是，这艘无人船并非在远程遥控的情况下通过运河，而是在完全自主自动控制的情况下穿越巴拿马运河的，体现了极高的自动化水平。此次测试验证了“霸主”无人船在自主状态下可以完成远程快速运输补给的任务，这为将来跨洋和海战提供了全新的思路：前方可以使用快速无人船对敌方舰队发动袭击，在敌方海域内、航线上部署水雷，并且扫除敌方在自己防区内部署的水雷，确保己方舰队的安全。同时，还有部分无人船可以为前线的己方舰队快速运送补给，确保舰队可以持续作战。

新型无人船问世，推动无人船创新式发展

2020年4月，英国船舶工程设计公司BMT正式推出新一代五体无人船“Pentamaran”项目的概念设计方案。一般的高速艇都是三体船的船体构型，船的主体和侧体构成字母M的形状，Pentamaran无人船在中央船体的两侧各布置两个片体。该船设计旨在尽可能减少阻力。测试表明，与单体、双体和三体等传统船体相比，五体船阻力明显降低。新艇可为国防和商用客户执行巡逻、情报监视侦察、反潜战和水文测量等任务。

2021年2月，土耳其阿瑞斯造船厂和梅特克森国防工业公司联合宣布，土耳其首艘武装无人船ULAQ原型机研究成功，预计将在当年12月完成导弹试射等一系列海上测试。ULAQ武装无人船具备用于军事行动的人工智能和独立主动的高级功能。由于有人工智能技术的加持，ULAQ武装无人船在实现远程操控的同时还具有一定的自主能力。ULAQ武装无人船具有自主模式，可以在全球定位系统指定的路线上巡逻，并在机载传感器检测到任何意外情况时向控制器发出警报。因此，ULAQ武装无人船的自动化系统，不仅是远程控制系统，它还将在战场上自动指导和管理自己，为战争环境覆盖更加全面的人工智能技术，以在自主模式下完全控制船只。

◎我国现状及面临的挑战

与欧美相比，我国无人船技术起步相对较晚，早期研究多集中于高校、研究所等单位主持的基础研究、型号预研等项目，民用产品居多。相较而言，国外主要的研究投入方为国防部和海军，以实用为目的，且技术领先，军用产品居多。

民用领域，我国目前相关产品已投入实际应用。云洲智能的“领航者”无人船作为一款通用化海洋高速无人船平台，采用M型高速三体船型设计，可在5级海况下航行，主要用于环保监测、科研勘测、水下测绘、搜索救援等领域。此外，我国还设计出一款新型智能无人船，其配备了先进的导航雷达、全球定位系统、红外传感器、摄像头等，主要用于警用执法、海洋资源调查等任务领域。在海洋测绘领域，我国研制的一款无人船使用油电混合动力，可在多障碍物、动态目标环境下自主避障航行，主要用于海洋水文气象信息采集、海底地形地貌扫描测绘等。

军用领域，2018年，我国推出国内首艘察打一体导弹无人船“瞭望者Ⅱ”。该导弹无人船是继以色列“海上骑士”后全球第二艘导弹无人船。导弹无人船未来在军事领域的应用将有很大潜力，应用场景和作战用途广泛。一是导弹无人船可在港口岛礁、重要航线和重点目标附近执行巡逻警戒任务，并对周边水上中小威胁的目标进行识别、警戒和态势上报，对其实施高速拦截、警示，必要时进行导弹精确打击。二是可执行对岸攻击任务，对岸基坦克、装甲、碉堡等工事目标进行视距攻击。三是根据不同任务需要，搭载不同任务载荷，如水炮、声光拒止、电子对抗设备等，实现多功能、多场景应用。四是可执行多艘无人船集群协同任务，并能与无人机、有人舰艇进行信息互联互通，执行更复杂的水面任务。

综合国内外无人船发展现状来看，我国无人船研发虽取得一定成果，但尚处于起步阶段，与美国、以色列等领跑国家仍存在较大差距，主要表现为我国无人船类型及型号单一，任务功能简单，特别是在无人船的自主化、高速长航等方面还有很多单项核心技术需要突破。为提高海洋维权科技支撑水平、缩短与发达国家的技术差距，我国首先应从战略层面对无人船高度重视，并在发展初步阶段就强调无人船装备发展的智能化、模块化、集群化。其次，在无人船研制设计工作中应以需求为导向，加快制定无人系统通用技术标准，赶超国外先进技术，为我国早日建成海洋强国打下坚实的技术基础。

二、深海潜水器

◎综述

深海潜水器可以将科学研究人员、工程技术人员和各种机械电子装置快速且精确地运载到目标海底环境，是深海进入、探测、开发和保护的重要技术手段和装备。深海潜水器主要分为载人潜水器和无人潜水器，其中无人潜水器又可分为自主潜水器、遥控潜水器、自主/遥控潜水器和水下滑翔机。深海潜水器特别是深海载人潜水器，是海洋开发的前沿与制高点之一，其水平可以体现出一个国家在材料、控制、海洋学等领域的综合科技实力。

深海潜水器对于抢占深海资源开发先机具有现实意义。深海作为地球上未被人类充分开发的区域，资源丰富、种类繁多，目前已经发现的主要资源包括多金属结核、富钴结壳、硫化物等矿产，以及天然气水合物、油气等能源。但是，受深海高压、黑暗、低温、高盐、剧毒等极端环境条件的限制，这些资源目前远未被充分开发利用，未来具有无限的开发潜力。在陆地资源日渐枯竭和技术发展的双重作用下，深海将成为人类经济社会发展的新动力。鉴于此，各发达国家开始重视布局深海领域，将深海技术的发展提升到国家战略高度。深海潜水器被认为是发展深海技术的引擎和集成平台，是开展深海资源开发的重要支撑。深海潜水器可以进行海底勘探，勘探到公海区域的矿产后可以直接向联合国申报，并且取得独家或者优先的开采权，抢占深海资源开发先机。

深海潜水器是未来海底战争中的力量倍增器。未来，水下作战优势将主要由水下作战信息网络、水下发射的远程打击武器和大量无人潜航器体现。无人潜航器一是能够以水面舰船或潜艇为基地，在数十或数百海里的水下空间完成环境探测、目标识别、情报收集和数据通信，将大幅扩展水面舰船或潜艇的作战空间[①]；二是能隐蔽地进入敌方危险区域，以自主方式在该区域停留较长时间，无须担心人员伤亡等问题；三是可提供新的水下作战能力，如美国国防高级研究计划局研发的“海德拉”无人潜航器可搭载和发射无人机、反舰导弹、对陆攻击巡航导弹、鱼雷等多种战斗载荷，还可以作为网络中心战的水下节点参与体系作战，实现更快速响应、更具威慑力的前沿部署，以及更加隐蔽、更具致命性的力量投送，将大幅提升美国现有水下作战能力。

◎近年重要趋势

产业方面：保持逐年向上的势头

近年来，随着科技的进步和发展，与深海潜水器相关的能源提供、精准定位、零可见度导航、高强轻质材料等技术的研究都取得了不同程度的突破，加上市场需求的增加，深海潜水器产业化得到迅速推进，正快速向前发展。当前，深海潜水器已不仅成功应用于科考、勘探及军事任务，而且开始尝试走入人们的日常生活中，这为其产业规模的扩大提供了新的增长点，使其能继续保持逐年向上的势头。其中，深海载人潜水器在豪华游艇出游和远洋探险方面有

---

① 朱大奇，胡震．深海潜水器研究现状与展望．安徽师范大学学报，2018，41(03).

了新的商业增长点；旅游部门也在寻找新的高端探险市场，如极地、深渊，观光型载人潜水器为精品目的地和特色旅游船提供了高端旅游探险方式。同时，近年来，商业化自主无人潜水器也不断涌现。挪威康士伯格公司的无人潜水器在能源、海事和军工领域长期应用，已经成为全世界大型商用自主无人潜水器的标杆。加拿大 ISE 公司的潜水器在极地环境中表现优异，且商业化应用水平较高。

技术方面：继续向智能型、远程型、共融型方向发展

深海潜水器未来技术发展趋势有三个：一是继续向智能型方向发展。当前，人工智能技术在深海潜水器中的应用潜力还未完全释放，潜水器智能水平还较低。未来，发展真正的智能潜水器仍是各国重要的研究方向，需要将现代的人工智能技术引入潜水器研发中，如深度学习技术在水下机器人中的应用，使水下机器人具备自学习、自决策能力。二是继续向远程型方向发展。目前，深海潜水器航行能力还有限，阻碍其向远程发展的技术障碍有能源、远程导航和实时通信。能源方面，各国正在研究的可利用的能源系统包括一次电池、二次电池、燃料电池、热机及核能源。开发利用太阳能的无人潜水器是引人注目的新进展，太阳能自主潜水器需要浮到水面给机载能源系统再充电，并且这种可利用的能源是无限的。[①] 远程导航方面，目前主要的导航方式是基于外部信号的非自主导航和基于传感器的自主导航，地理导航也是研究较多的深海潜水器导航方式。通信方面，在迄今所熟知的各种通信方式中，水下声波通信由于衰减小受到普遍关注，但其也存在诸多需要完善的方面，未来

① 朱大奇，胡震．深海潜水器研究现状与展望．安徽师范大学学报，2018，41(03).

快速、准确、方便的水下通信技术是研究重点。三是继续向共融型方向发展。针对载人潜水器、自主潜水器、遥控潜水器、自主/遥控潜水器和水下滑翔机等系统，深入研究水下共融潜水器系统，如潜水器—水下环境共融、潜水器—潜水器共融、人—潜水器共融等，更大程度的共融可以实现更高效的潜水器水下作业，如水下搜索、多潜水器协作与跟踪围捕等。这也是未来深海潜水器的一个发展趋势。

装备体系方面：深海潜水器向谱系化方向发展

近年来，海洋科技强国重视潜水器装备体系建设，美国、日本、法国、俄罗斯等海洋大国目前正在形成从先进的水面支持母船，到可下潜 1 000～11 000 米的载人/无人深海潜水器，以及探测、作业等水下通用技术与装备的综合谱系。以美国伍兹霍尔海洋研究所为例，其运营的谱系化深海潜水器包括：载人潜水器“Trieste”号（10 916 米）、“Alvin”号（6 500 米）、“Nadir”号（1 000 米），自主潜水器“Sentry”号（6 000 米）、“SeaBed”号（2 000 米）、“Mesobot”号（在研）、REMUS 系列，遥控潜水器“Jason”号（6 500 米），自主/遥控潜水器“Nereid UI”号（2 000 米），深海滑翔机 Spray Glider（1 500 米）、Slocum Glider（1 000 米）。我国当前深海潜水器谱系化研究也取得了重要进展，已形成“有人/无人”“有缆/无缆”，下潜深度从浅水、1 000 米、4 500 米、7 000 米到 11 000 米的全海深潜水器能力，作业功能已覆盖海洋科研、大洋矿产资源开发、军事安全、搜救打捞及旅游观光等领域。

◎近年重大进展

发达国家开始研制大型化、多任务化无人潜水器

为进一步夺取和维持水下军事优势，美欧等发达国家正致力于

发展大型/超大型无人潜水器。和现役无人潜水器相比，大型/超大型无人潜水器尺寸更大，装载负载更多，可执行的任务也更多样化，在作战场景中更贴近有人驾驶的潜艇。

2019 年 2 月，美国海军授予波音公司一份价值 4 300 万美元的合同，建造四艘“虎鲸”超大型无人潜水器。“虎鲸”以波音公司“回声旅行者”无人潜水器为原型设计，采用开放式体系架构、模块化有效载荷，将用于执行水雷战、反潜战、反舰战及电子战等多种任务，拟于 2022 年交付。“虎鲸”无人潜水器作为一种超大排水量长航程自主平台，具有高自主性、高隐身性、长续航及多模块等特点，是美国海军构建新型有人/无人协同作战装备体系的重要装备，将对未来海战形式产生重大影响。

2020 年 3 月，英国皇家海军与 MSubs 公司签署合同，授权该公司为皇家海军研发 S201“魔鬼鱼”超大型无人潜水器（XLUUV）。英国皇家海军称，该潜水器主要用于情报收集，可在不搭载乘员的情况下自动离开船坞，秘密潜入作战区域，续航时间最长可达三个月。该型潜水器还能够感知敌方目标，并向基站传回相关信息。早在 2019 年，英国就开始了超大型无人潜水器的研发工作，当时由英国国防部投资 330 万美元用于设计、改装和测试超大型无人潜水器，该潜水器设想目标是能够独立作业至少三个月，航程要达到 5 556 千米。

具备核打击能力的深海无人潜水器问世

2018 年 7 月，俄罗斯国防部展示了“波塞冬”无人潜水器。该潜水器是目前世界上最先进的潜水器，配备了专门研制的核动力装置，巡航距离超过 6 000 千米，下潜深度可达 1 000 米，且航行噪声小、机动性强。此外，“波塞冬”潜水器航速近 60 节，大大超过现有同类武器装备的航速，甚至还超过某些新式鱼雷和水面舰船的速度。在武器搭载上，“波塞冬”可携带常规和核弹头鱼雷，在锁定攻击目标后，能攻击航母舰队、海防工事和其他海上设施；如果在海域引爆核鱼雷，其能够完全摧毁就近城市，威力极大。

与其他核武器不同，“波塞冬”由核动力驱动，可在水下引爆。美国国防部发布的《2018 年核态势评估》将其称为“新型洲际核动力水下自主核鱼雷”。“波塞冬”无人潜水器可在俄海军北方舰队、太平洋舰队的四艘潜艇上部署（“奥斯卡Ⅱ”级改进型核潜艇），每艘潜艇最多可携带八个。该款潜水器目前正在展开母艇搭载试验，相关测试至少持续到 2022 年。相关专家称，美国和北约国家目前还没有能与俄罗斯“波塞冬”无人潜水器匹敌的同类型武器。

全海深载人潜水器研制取得突破性进展

全海深就是世界海洋洋底全触达，其深度标尺就在 11 034 米的马里亚纳海沟，当前只有极少数国家的载人潜水器可到达海底 10 000 米处。2020 年 11 月，我国自主研发制造的万米级全海深载人潜水器“奋斗者”号在西太平洋马里亚纳海沟成功下潜至 10 909 米，创造了我国载人深潜新纪录。“奋斗者”号在万米级海试中显示的优势，诸如可乘载三人的舱体、海底连续 6 小时的作业能力、海试过程中 8 次抵达万米深的海底、在多种类科考样品的采集及多次目标搜寻布放回收作业中展现的作业能力、自动巡航以及连接水面的高速数字水声通信等，表明了“奋斗者”号在万米级深度所拥有的综合性技术实力。[①]“奋斗者”号创造的下潜深度以及水下作业

---

① 王祝华. 99.25 分！“奋斗者”号全海深载人潜水器表现优异顺利交付. 科技日报，2021-03-16.

时间纪录标志着我国在大深度载人深潜领域达到了世界领先水平。

◎我国现状及面临的挑战

近几十年来，我国攻克了一系列技术难题，深海潜水器研究已取得长足进步。

在无人无缆潜水器方面，我国研制出“潜龙”系列无人无缆潜水器，“潜龙一号”可以在水下6 000米处以2节的速度巡航，连续工作24小时，已得到多次实际的深海作业应用；“潜龙二号”主要用于多金属硫化物等深海矿产资源的勘探作业；“潜龙三号”以深海复杂地形条件下资源环境勘查为主要应用方向，是在“潜龙二号”基础上进行的优化升级。此外，“悟空号”无人无缆潜水器2021年进行了5 000米级深潜和7 000米级深潜，最大下潜深度达到7 709米，创造了我国无人无缆潜水器下潜深度的新纪录（原最大潜深纪录为5 213米）。这也是继俄罗斯“勇士-D”后，无人无缆潜水器下潜的世界第二深度。

在无人遥控潜水器方面，我国研制的“海龙号”无人遥控潜水器是我国目前仅有的能在3 500米水深、海底高温和复杂地形的特殊环境下开展海洋调查和作业的高精技术装备，是目前我国下潜深度最大、功能最强的无人遥控潜水器。“海龙号”除了在潜水深度上的优势，还搭载了全球最先进的固定式24人双钟饱和潜水系统，可支持24名潜水员到300米水下作业，总体作业能力达到国际顶尖水平，其建成交付，标志着我国在大深度饱和潜水装备和深水装备领域再次取得了重大突破，深水工程作业能力达到世界先进水平。

在载人潜水器方面，“蛟龙号”载人深潜器接连取得1 000米级、3 000米级、5 000米级和7 000米级海试成功。2012年7月，

“蛟龙号”在马里亚纳海沟试验海区创造了下潜 7 062 米的中国载人深潜纪录，同时也创造了世界同类作业型潜水器的最大下潜深度纪录。2020 年 11 月，“奋斗者”号全海深载人潜水器在马里亚纳海沟成功完成 13 次下潜，其中 8 次突破万米，并创造了 10 909 米的中国载人深潜新纪录。在整个海试过程中，共有 11 人到达万米海底开展试验及科考工作，使我国成为人类进入万米海底人数最多的国家。

我国深海潜水器研究虽取得了一定成就，但由于我国深潜研究比国外要落后 50 年，因此整体发展比国外慢，主要表现为：载人潜水器在下潜次数、累计下潜时间和累计下潜人数方面远远落后于某些国家；无人无缆潜水器在小型潜水器协同化作业和系列化生产等方面存在不足等。此外，我国深海研究关键专用设备发展滞后，例如，在无人无缆潜水器配套的感知器件、能动控制器件等核心器件方面缺乏专门研究，使无人潜水器专用设备的发展滞后于无人潜水器总体集成技术的发展，相关配套市场依然被国外产品垄断①。同时，我国深海潜水器产业化进程缓慢，如在无人无缆潜水器谱系化、国产化研制方面取得“点”的突破，但装备业务化、产业化的进程依然缓慢。

深海潜水器是我国海洋科学研究、海洋资源利用以及海洋权益维护中必不可少的装备，是我国海洋强国建设中必须要抢占的技术制高点。为进一步缩小与国外的差距，我国应该深化产学研用合作，加强人才培养，强化对相关主体的技术、资金等方面的统筹管理。

---

① 吴有生，赵羿羽，郎舒妍，等．智能无人潜水器技术发展研究．中国工程科学，2020，22（06）．

三、极地破冰船

◎综述

近年来，全球气候变暖加剧，北极地区持续出现罕见高温，冰雪加速融化，生态环境正发生重大变化，这为各国利用北极航道和开发北极资源提供了绝佳机遇。随着北极开发时代的来临，破冰船因其重要的战略地位受到美加俄等国的重视，已成为大国北极资源开发、航道建设及军事扩张的重要抓手。破冰船是在极地恶劣环境中考察作业的特种船舶，对船舶的设计和建造都有很高的技术要求，主要用于破碎水面冰层，开辟航道，保障舰船进出冰封港口、锚地或导引舰船在冰区航行，同时还可担负科学考察及物资补给运输等任务，是进入极地的“敲门砖”。发展极地破冰船具有三个重要意义。

其一，支撑海洋大国开展极地科学研究。极地研究是所有海洋大国必须开展的活动，对于气候研究、海洋学研究、增加关于地球结构和其他领域的知识非常有必要。而破冰船是支撑各国开展极地海洋环境调查和科学研究的重要基础平台。

其二，助力各国在北极资源争夺战中抢占先机。北极蕴藏着丰富的石油、天然气资源，油气储量占世界未开发油气资源的 1/4。近年来，北极国家尤其是俄罗斯在北极地区成功开展的油气资源项目正得益于其拥有的庞大破冰船队。以“亚马尔液化天然气”项目为例，该项目是一个集天然气勘探与生产、液化天然气生产与运输、能源投资与贸易为一体的巨型工程，是当前在北极地区开展的最大液化天然气项目。在项目建设过程中，大量建设所需的技术设备在破冰船的引航保障下被运送到亚马尔半岛。2017 年，该项目第一条生产线正式投产，标志着俄罗斯北极油气开发项目取得了初步进展。俄罗斯现在在建的“领袖”级核动力破冰船的机动性是全球同类船只中最强的，能使运载 30 万吨液化天然气的油轮全年行驶，将进一步增强俄罗斯在北极资源争夺战中的实力。

其三，增加北极国家军事博弈的筹码。极地破冰船是保障各国实施极地快速行动的一种重要海上工具。依托在破冰船领域的优势，俄罗斯不断强化北极军事部署。在核动力破冰船的保障下，俄海军多次向北极地区部署军力，不断完善北极常驻军事基地建设，已在北极地区形成绝对的军事优势。当前，俄罗斯正加大力度研制带有明显战斗属性的破冰船，目的是巩固北极军事优势，更好地应对来自美国等西方国家的挑战。作为美国北极活动主力军的海岸警卫队曾在 2019 年发布的《北极战略展望》报告中指出，美国需要对北极装备、基础设施进行大量投资，其中就包括组建破冰船队。美国海岸警卫队认为，在大国竞争背景下，极地破冰船对美国在北极地区的存在至关重要。此外，俄罗斯近年来在北极地区愈发频繁的军事活动也给美国带来一定压力，美国需要依靠破冰船填补关键军事缺口，以在未来可能发生的军事竞争中加强主权存在。

◎近年重要趋势

极地开发前景较好，带动破冰船需求上升

近几年来，全球各国对于海洋战略地位的持续重视，以及全球变暖导致的全线通航的可能性，使得南北极地区的战略性不断增强，因此也带动了极地破冰船行业的发展。目前，全球约有 120 艘

破冰船，其中俄罗斯数量最多。从全球各国的破冰船使用年限看，目前约有60%的船舶船龄在20年以上，破冰船已进入更新换代期，未来破冰船的建造以及研发空间较大。此外，随着北极开发程度逐渐加深，需要更多的破冰船才能完全满足在极地地区的任务需求。美国国土安全部早在2013年就通过评估表示，美国海岸警卫队需要多达6艘破冰船来满足极地任务需求。俄罗斯当前虽然在破冰船方面取得了压倒性优势，但仍不敢放松警惕，依然在积极推动破冰船建造工作，目的是确保北方海航道安全以及推动资源开发工作的正常进行。

核动力技术在破冰船上的应用逐步加深

与常规动力破冰船相比，核动力破冰船续航能力强、单船功率大，具有巨大的优势。例如，极地港口相对较少，燃料补给较为困难，核动力破冰船不必频繁对燃料进行补给，且节约了燃料所需的空间，便于配置更多的科考及作业装备。经济性方面，美国海军研究表明，核动力破冰船全寿期费用与常规动力破冰船基本相当，因此在其极地战略规划中也提及了核动力破冰船的相关计划。由此可见，核动力技术在破冰船领域的应用已成为未来发展的必然趋势。①

迄今为止，俄罗斯在核动力破冰船技术上遥遥领先，且是世界上唯一拥有核动力破冰船的国家，拥有四代五型核动力破冰船。其中包括第一代核动力破冰船“列宁”号，第二代核动力破冰船“北极”级和“泰米尔”级，第三代也是目前建成的最新一代的核动力

---

① 黄金星，王凯，李岳阳．美俄破冰船技术发展研究．舰船科学技术，2019，41（15）．

破冰船“LK-60”级，以及已经开始研发工作的第四代核动力破冰船“领袖”级。2019 年 4 月，俄罗斯总统普京在第五届“北极—对话区域”国际北极论坛上表示，俄罗斯将加大在核动力破冰船方面的投入。预计到 2035 年前，俄罗斯北极船队将拥有至少 13 艘重型破冰船，其中 9 艘为核动力破冰船。

装备上打破常规，使破冰船具备战斗力

当前，大多数破冰船的主要任务是破冰开道、救援。2019 年 10 月，俄罗斯 23550 型多用途破冰巡逻舰首舰“伊万·帕帕宁”号的下水打破了这一常规，使破冰船开始向军用领域发展。该舰采用“破冰船＋导弹”的设计方案，是全球同型船只中武器装备最强的，配备小口径高射炮、重机枪，可搭载便携式导弹，甚至可安装专为北极作战研制的“道尔- M2DT”防空导弹系统，且预留了集装箱式巡航导弹的安装阵位，未来还计划加装功率为 30～200 千瓦的高能激光器，从而反制空中优势和导弹攻击。“伊万·帕帕宁”号在一定程度上已经具备了轻型护卫舰的武装水平。俄罗斯政府表示，北极地区未来发生军事冲突的可能性会增大，而军用破冰船可使俄罗斯军队轻易进入北极地区，从而使俄罗斯在备战北极地区的军事行动上的能力大大超过其他国家。美国方面评价该舰有区别于其他破冰船的明显优势，可作为护卫北极航道的新利器。

俄罗斯破冰船的军用化发展一定程度上警醒了美国。2020 年 6 月，美国启动“极地安全巡逻舰”项目采购项目，计划新建 6 艘破冰船。美国海岸警卫队明确要求这些破冰船需要具备携带甲板模块化武器的能力，且均将安装对空、水面雷达。美俄的这些举动标志着未来破冰船已不仅仅是用于破冰护航的民用船只，还是未来极地作战、资源争夺、战略部署的重要装备。

◎近年重大进展

“双向破冰”技术首次成功应用于破冰船

双向破冰是指船艏和船艉均可破冰。一般的破冰船大多是由船艏向前破冰，一旦遇到较厚的冰脊需要转向时，容易被冰脊卡住。2019 年，由自然资源部所属的中国极地研究中心组织实施、芬兰阿克北极技术有限公司承担基本设计、中国船舶工业集团公司第 708 研究所开展详细设计、江南造船（集团）有限责任公司负责建造的“雪龙 2 号”交付。“雪龙 2 号”是全球首艘采用双向破冰技术的破冰船，在冰区的操纵性能有了极大提高，可实现冰区快速掉头、转向，尤其是在南极近岸冰情复杂、水域狭窄的环境中，极大增强了船舶的安全性，同时也意味着可进行极地考察的区域和季节得到了极大拓展和延长。

美国迈出弥补“破冰船缺口”的重要一步

美国当前破冰船数量、破冰能力与俄罗斯相比差距较大，甚至比不上加拿大、芬兰、瑞典等其他北极圈国家，只有一艘已服役 44 年的“北极星”号，进入极地能力严重不足。美国智库曾多次发文指出，美国对北极问题的关注始终不如俄罗斯，突出表现在破冰船数量短缺，呼吁美国政府重视破冰船建设，确保美国拥有进入极地地区的关键能力。近年来，美国国土安全部与海岸警卫队都在积极推进极地破冰船项目。2017 年，由美国海岸警卫队、美国海军成立的联合项目办公室正式对外发布“重型极地破冰船”方案需求书。然而，美国政府并未对该项目给予充分的资金支持，导致该项目一直停滞不前。这一现象在 2019 年开始得到明显改善。

2019 年 6 月，美国发布新《北极战略》，重点强调强化北极安全：美国必须重塑北极能力，以应对中俄北极活动可能产生的威胁。在新战略背景下，美国开始积极推动破冰船建造工作。2019 年，美国海岸警卫队终于获得 6.55 亿美元财政拨款用于建造新一代极地破冰船，随后与新加坡 VT 霍尔特海事公司签订建造合同。首艘破冰船的建造工作于 2021 年启动，计划于 2024 年交货。首艘破冰船合同的签订标志着美国海岸警卫向建造完整的 6 艘破冰船队的目标迈出了重要一步。

芬兰推出新破冰船概念

作为北极圈重要国家的芬兰，其破冰船设计和建造能力十分出色，目前全球在运营的破冰船中 60%由芬兰机构、企业设计和建造，如芬兰阿克北极技术有限公司、ABB Marine、Arctech 赫尔辛基造船厂、芬兰国家技术研究中心等。2019 年，芬兰交通基础设施部门推出一种配有创新、机动、可拆卸船首的新破冰船概念。其中的主要目标之一就是打造一个机动化的可拆卸破冰船首概念，将使冰级加强的船舶在冬季能被用作破冰船。这种专门的船首能破厚达 70 厘米的冰，是目前全球最大的此类机动船首。此次的新型可拆卸船首将使整个行业的发展更加高效和可持续，将使几乎任何一种拖船都能成为破冰船。

俄罗斯建造出全球最大核动力破冰船“北极”号

俄罗斯作为全球核动力破冰船发展最为成熟的国家，不断推进核动力破冰船的更新换代。2020 年 11 月，俄罗斯建造的全球最大核动力破冰船“北极”号正式交付服役。“北极”号船长 173.3 米、宽 34 米、高 15.2 米、排水量 3.35 万吨、水上航速 22 节、功率

8.2 万马力（1 马力≈0.74 千瓦），可破除厚度在 3 米以内的冰层。与苏联时期建造的破冰船相比，该船所需船员数量更少，设备更先进，船上装备两座 RITM-200 型水冷核反应堆，采用轻巧、紧凑型设计，占用空间更小，成本效益更高。“北极”号是俄罗斯国家原子能公司委托波罗的海造船厂建造的总计 5 艘 22220 型核动力破冰船中的首船。“北极”号核动力破冰船的出现，是俄罗斯加强在北极地区实力的重要举措，对加强俄罗斯在北极地区的活动具有战略意义，将进一步推动北极航线的开发。

◎我国现状及面临的挑战

我国目前拥有 2 艘极地破冰船，分别为“雪龙号”和“雪龙 2 号”。其中，“雪龙号”是在购进的乌克兰破冰船基础上改进而来的，于 1994 年服役，是我国首艘极地破冰船。20 多年来，“雪龙号”一直是我国极地考察的主力，共承担了 22 次南极考察和 9 次北极考察任务，出航 4 100 多天，航行里程达 75 万余海里，承担了绝大部分南极考察物资和人员输运以及极地海洋调查任务，支撑了中国南极昆仑站和泰山站建设，成绩斐然。我国科研人员搭乘“雪龙号”首次进入阿蒙森海海域进行科学调查，获得了南极绕极流核心区域全深度大断面观测数据。可以说，“雪龙号”见证了我国极地科考的诸多重要时刻。

“雪龙号”自服役后一直采取一船多站的运营模式，每次航行除了承担极地科学考察的任务外，还要承担给各科学考察站运送建站物资、人员、补给等重要任务。南北极夏季短暂，一艘船却要同时兼顾南北极多项任务，海洋科考时间被大量压缩和挤占。[①]“雪龙

① 刘诗瑶．我国自主建造的第一艘极地科考破冰船开工．珠江水运，2017，(02).

号”船单独运行、长期疲劳作业和缺乏现代化地球物理和海洋生物资源调查装备，无法适应我国对两极冰区海洋的战略新需求。在此背景下，我国开始研制新一代破冰船。2019 年 7 月 11 日，我国历经十年自主建造的第一艘极地科考破冰船“雪龙 2 号”在上海正式交付。2020 年 7 月 15 日，中国第 11 次北极科学考察队搭乘“雪龙 2 号”从上海出发，执行科学考察任务。这是“雪龙 2 号”继顺利完成南极首航后，首次承担北极科学考察任务。“雪龙 2 号”的出现，将改变我国极地科考的作业模式，最先体现在延长科考作业的时间窗口。

我国与芬兰、俄罗斯这些先进国家在破冰船方面的差距，主要体现在船舶设计、冰区航行经验这些软实力层面，最主要的原因是破冰船在全球船舶建造中是个小众细分市场，市场规模也就能支撑起 2～3 家设计企业。而以芬兰阿克北极、瓦锡兰集团这样的传统厂家为代表的企业，已经基本实现了设计市场的垄断，我国“雪龙 2 号”的基本设计工作就是由芬兰阿克北极完成的。虽然破冰船是一个小众市场，但其在极地开发中占据着重要的战略地位，是我国开展极地事务的基石。对此，我们应积极推动极地破冰船的发展，提高破冰船自主设计和建造能力，同时重视重型破冰船的研建。

第三篇

金融篇

第十三章　硬科技时代需要怎样的金融

金融是科技发展的重要支撑力量，是技术进步转化为现实生产力的催化剂。

——陈元（中国金融四十人论坛常务理事会主席、第十二届全国政协副主席）

一、硬科技将金融带向何方

硬科技与金融具有共荣共生的密切联系，金融是促进硬科技高速发展的助推器，科技创新离不开健康的金融土壤，而硬科技发展中所催生出的大量技术成果也将为金融创新提供技术支持，引领金融服务模式的创新和优化。

◎硬科技发展需要的是创新的金融、合适的金融

多层次的资本市场在一定程度上为硬科技企业的发展提供了多重选择和渠道，股权融资尤其是包括天使轮、种子轮等在内的早期创业投资对于助力硬科技企业健康起步和持续发展起到关键作用。然而，由于硬科技具有高技术、高投入、长周期、高风险等特点，许多科技成果、科技创业企业因得不到有效的资金支持仍面临着极

大的融资挑战。因此，金融服务应基于硬科技的发展特性更切实地向科技赋能。

一方面，硬科技具有长周期性和“重资产”属性，需要持续且多样的资金保障。硬科技一般为需要长期研发投入、持续积累才能形成的高精尖原创技术，是可以对人类经济社会产生广泛而深远影响的革命性技术。从时间维度看，硬科技的实现往往需要 5～10 年的时间，且在早期甚至种子期就需要大量研发资金投入，但是投资人出于对投资回报的要求，往往更倾向于变现周期更短的投资，这就使硬科技企业难以在直接融资市场上获得足够的资金保障。此外，以银行为代表的间接融资市场受体制机制约束也难以贷款给科技企业。在我国的现行金融结构下，以银行贷款为代表的间接融资成为中小企业融资的重要渠道。但我国政策性银行与商业银行的贷款活动受到政策法规极大限制和银监会严格监管考核，大部分银行资金无法投向高风险、周期长的科技型中小微企业。

因此，为满足硬科技周期长、投入大的资金需求，应突破传统融资渠道限制，广泛调动资源探索多样化的融资机制。例如，在银行领域，可设置新的管理部门、组织模式和机构为科技型小微企业提供专业服务。一方面，可成立科技银行开展风险投资，破除科技企业和金融机构之间的业务壁垒，联合发起园区贷、专利贷与小额信用融资等新型金融产品。同时，在传统的银行系统可探索设立投贷联动部门，承接科技型小微企业的融资业务，探索持有科技企业股权的经营模式，平衡风险和收益。

另一方面，硬科技具有高风险性，需要良好的风险共担机制。硬科技多为实验室技术，由于早期产品尚未定型，市场未打开，投资周期长，未来不确定因素很大，这些都深刻影响着各类投资主体的投资意愿。作为高风险和高收益并存的矛盾体，金融服务于硬科技企业，收益越大，面临的风险层次越不相同。

因此，应注重风险防控，建立可降低科技企业创新研发失败风险、保障企业科技研发和技术转化的金融支持体系，例如，在金融层面，可建立银行—担保机构风险分担模式，调动信用担保公司、信用评级机构融资租赁公司、担保型科技保险和政策性科技专项基金等都作为中介机构为科技企业融资提供信用支持。[①] 信用支持类型随企业发展阶段变化。在硬科技企业发展种子期，企业面临较高的研发技术风险，信用担保公司可以为科技企业提供科技信用担保，与银行共担风险，减轻银行科技贷款信用压力；在硬科技发展成长期，风险更多体现为科技成果转化失败的市场风险，如技术成果不被市场接受或受价格波动的影响等，科技企业可依据科技成果特性投保担保型科技保险，这样如果科技成果转化失败，保险公司会为企业偿还一部分贷款，从而降低银行不良贷款等信贷风险。

◎硬科技推动金融服务模式的创新和优化

在金融支撑硬科技进步的同时，硬科技发展需求也不断推动着金融服务模式的创新和优化，使金融服务更加智能化和多样化，金融与科技深度融合，从而也引领金融进入全新的时代。

一方面，硬科技促使金融服务模式创新，加速助推科技成果转化。硬科技打破了具体科技概念本身的边界，以新的内涵连接起政府、企业、资本、科研机构、中介机构种种力量，引导并推动广泛的资本要素流动，促使金融服务手段更加多样、金融服务内容更加聚焦。例如，硬科技概念的发源地——中国科学院西安光学精密机

① 朱雪璇，盛玉婷．金融支持科技成果转化的风险监管探究．北方经贸，2020，(08).

械研究所提出“拆除围墙开放办所”的创新理念，与以往简单地吸纳投资不同，其打造出“研究机构＋天使投资＋孵化服务＋科普科教”的创业生态，在研发的早期实现资本、企业等众多资源的介入，整合了从基础研究到应用研究再到产业孵化和市场销售的创新链、产业链和资金链，助推科研成果加速转化。

另一方面，硬科技的应用实践为科技与金融深度融合发展提供了宝贵经验。为突破硬科技与金融之间融合的瓶颈，已有多个地区在积极开展科技与金融融合探索，形成了具有借鉴意义的宝贵经验。例如，北京发起成立总规模300亿元的科创母基金，专注于科技创新领域投资，与天使投资、创业投资等社会资本形成合力，面向国内外高校、科研院所、创新型企业等创新源头。科创母基金致力于实现“三个引导”：一是引导投向高端的硬技术创新；二是引导投向前端的原始创新；三是引导符合首都战略定位的高端科研成果落地孵化转化，培育高精尖产业。此外，西安市的科技金融工作已经形成了较为完善的科技金融政策体系、服务体系和产品体系，通过政府增信和贴息、补助等降低融资成本的办法，解决了科技企业发展所需资金，在培育科技企业群体健康发展中发挥着重要作用，特别是形成了一只在国内有影响力的“西科天使”早期基金，总规模53亿元，极大地解决了初创型硬科技企业“第一桶金”严重匮乏的问题，获得了业界广泛认可。

二、脱虚向实：金融与硬科技

科技是国家强盛之基，创新是民族进步之魂。对一个国家而言，硬科技是支撑躯干的骨骼，实体经济是提供动力的肌肉，金融则是运送能量的血液。金融为科技发展和实体经济建设源源不断输送动力，支持骨骼和肌肉的健康成长。因此，金融业需要锚定正确方向，力求脱虚向实，更好地服务于科技创新与实体经济，推动硬科技科研成果落地，建立完整的生态体系。

◎我国金融业对硬科技发展的支持作用显著

在科技发展与创新要求的驱使下，我国目前已初步建立了规模庞大的金融体系，成立了多家支持科技创新的专业化金融机构，资本市场资源配置功能逐步得到发挥，直接融资与间接融资比例日趋协调。金融对建设硬科技市场、助推创新行为已经起到了极大的支撑作用，新增重大科技项目频繁涌现，科技支出已成为国家金融政策的重要环节。2020 年，科学技术部压减了公用经费和信息系统运行维护费等项目中涉及的非急需、非刚性支出，同时合理保障了重大科技任务等支出需求，其中科学技术支出 582.28 亿元，较 2019 年年初增加 15.84 亿元，增长 2.80%。从全球视角来看，2016 年美国研究与试验发展国内支出达到 5 103 亿美元，位居世界第一；中国研究与试验发展国内支出达到 2 378 亿美元，位居第二，但不及美国的一半；其次为日本、德国、韩国等。2000—2016 年，中国研究与试验发展国内支出增长超过 20 倍，年均复合增速达到 21.3%，同期美国研究与试验发展国内支出增长不到 2 倍，年均复合增速仅为 4.1%。我国同美国等发达国家在科技投入上的差距正在不断缩小。

2020 年年初至今，新冠肺炎疫情对中国科技市场造成较大冲击，但是在抗击疫情的过程中对“无接触”服务的强烈需求也促进了互联网金融的创新发展与数字化转型升级，基于云服务的各种实践活动诸如远程办公、线上展会、在线医疗等获得了快速发展，硬科技从实验室技术逐渐走进了人民群众的生活中。为了顺应数字化需求，中国政府推出了多项刺激经济发展、助推科技成果转化的政策措施，例如，“新基建”政策将直接推动5G网络、数据中心、人工智能等科技的发展，特高压、轨道交通等基础设施建设也会拉动对前沿通信技术的需求。互联网经济所呈现的新兴发展态势，叠加税收、金融等国家政策的有力引导，一定程度上将减轻科技企业的发展负担，从而更好地构建健康的科技金融生态。此时，如何提高金融对硬科技的助推效率，使金融创新更好地服务于科技创新，完成金融市场“脱虚向实”，就成为新阶段的重要任务。

◎我国金融市场同科技发展的配置精准度有待提高

尽管近年来我国在硬科技研发领域资金投入效果愈发显著，但由于早期存在金融市场建设及发展不充分、科技企业同金融市场信息不对称等诸多问题，目前我国金融市场仍无法同科技产业实现精准对接，金融同科技产业在一定程度上出现了脱节现象。这种脱节现象的出现有以下三个原因：

一是我国金融市场发展尚不成熟，存在结构性问题。首先，金融市场结构失衡矛盾比较突出。当前中国金融市场债权融资与股权融资比例失衡，这种金融结构不利于降低实体经济的杠杆水平，也不利于助推科技创新和新兴产业的发展。其次，我国直接融资市场起步较晚，目前仍处于萌芽阶段，还不能支撑起科技成果转化的庞大资金需求，金融支持的严重不足导致衔接硬科技产业的精准度难以进一步提升。

二是金融市场缺乏耐心。当前金融发展迅速，交易方式相较以往更为灵活，收支周期短，短期内科技产业对金融有一定的吸引力，但从长期来看，金融产业缺乏耐心与包容度。一项新技术成果从研发到工业化或产业化，再到广泛应用于社会生产生活，往往要经历较长时间的磨合沉淀，而营造稳定的创新环境则更加需要有耐心的资本支持，否则将难以维持至下一轮创新增长。目前，我国已建立起很多创投基金支持科技创新企业，但这些基金常常期望科研成果在短期内取得明显收益，有时候甚至还会抱有迅速投产上市等不切实际的幻想。当下资本市场“赚快钱”思维不适用于科技发展路径，不仅对创新支持力度有限，从长期来看还将影响产业健康发展。现阶段我国科技研发能力突出，甚至已超出许多发达国家水平，但承担风险、承受失败的能力较弱，对于失败的容忍度远远不够，除却科技公司本身企业文化影响外，一定程度上也是由于资本市场的耐心有限，不足以支撑长期研究工作，科技企业的创新驱动潜力仍有待挖掘。

三是逐利让金融市场出现“脱实向虚”乱象。由于金融具有逐利本质，金融从业者会优先选择回报率高的行业合作。我国金融业信息交互体系已足够发达，触角可以延伸至经济领域的各个角落。资本的逐利性决定了当前金融市场脱实向虚的趋势。一个科技产业的发展将随着技术逐步成熟、产品需求饱和表现为边际报酬递减，这与金融行业逐利的本质要求相悖，而在如今资本与信息高度结合的时代背景下，金融从业者们将更倾向于利用信息套利、监管套利、跨期套利等多种新型套利模式，来获取远超以往投资实体经济所创造的利润。此外，近年来过度的金融创新加剧了金融市场的“脱实向虚”风险。2011—2015 年是中国金融创新密集时期，P2P、供应链融资等互联网金融新业态频繁涌现，同时银行等传统金融机构也推出了融资融券、场外配资等新型业务模式；金融监管部门也在创新频发的大趋势下，不遗余力地鼓励各类业务、理财、信托等金融概念逐渐在民众间普及。金融创新服务在此期间为科技企业拓宽了融资渠道，也为一般投资者提供了多种交易方式，毫无疑问，其在优化市场资源配置、服务科技产业等方面发挥了积极作用。然而，过度金融创新在创造财富效应的同时，一定程度上也酝酿了潜在金融风险，加速了资本向“脱实向虚”的转变。

“脱实向虚”趋势为金融市场埋下了隐患，不利于建立稳定的科技创新环境。大量资本流入虚拟经济将抑制实体经济发展，从业者纷纷逐利金融理财服务炒买炒卖，科技产业后续发展得不到充足的资金支持，融资环境也会愈发不利。资本“脱实向虚”还会带来风险分散、资金外逃、市场波动强烈等诸多问题，会造成金融系统化风险，容易引发金融市场泡沫。因此，我国要采取措施推动金融“脱虚向实”，促进金融市场同科技产业和谐运行和有机融合，实现资源有效配置和精准对接，形成良性循环。

三、促进金融与硬科技协调发展

我国金融要“脱虚向实”，服务于科技发展。要从金融与科技两方面入手，强化支持实体经济的功能。

一方面，要强化金融市场监管，引导资金回流实体经济，加强金融从业规则建设，落实金融监管层的严格问责制度，有效防范、规制资本逐利性引发的套利行为，并完善各监管机构的协调联动，尽力平衡实体经济和虚拟经济业务，使金融市场回归到拉动实体经济增长、服务科技创新的本源作用上来。我国金融同科技的深度融合仍有很大空间，金融应当在硬科技补短板方面发挥先导作用，扩大直接融资规模，同时建立健全以银行为代表的间接融资市场机制，给硬科技初创企业和中小企业提供精准金融支持。

另一方面，国家应继续合理加大对硬科技的投入，加强科技产出效率和成果转化率，营造积极的科技创新环境。同时，完善硬科技项目的事前评估机制，为相关投入制定明确战略管理制度，确保资金能尽可能发挥最大效用和保证科技投入融资来源的稳定性，从而获得高产出效率。研究硬科技的根本目的是使技术真正转化为经济，服务于国家建设的各项需要。科技成果转化是经济社会发展的重点环节，也是科技对接经济的薄弱环节，只有在这一点上实现精准的金融支持，优化硬科技资金投入，才能进一步释放创新潜力，建立起金融业和硬科技的互促互生关系。

第十四章　科技投资进入 2.0 时代

科创板承担了支持科技企业、推动经济结构转型、推动中国资本市场深层制度变革的重大使命。

——易会满（中国证监会主席）

科技革命诞生与推进的背后，金融始终扮演着赋能者、助推器的角色。对科技企业而言，创新研发意味着无数次的试错，某种未来科技从雏形初现到最终转化为可面向市场的成熟产品往往要经历漫长的周期。因此，科技发展需要的是有耐心的金融、容错的金融、与科创模式相匹配的金融。

当前，基于互联网的商业模式创新已经过了风口期，下一个创新趋势正在到来，这是一个由硬科技驱动的崭新时代，未来的大国竞争必然是由硬核技术引领的科技博弈。所以，找到能够助力硬科技企业健康起步和持续发展的金融支持模式对每个国家来说都至关重要。

一、海外国家投资硬科技的典型生态模式

当前，科技水平位于世界前列的国家所构建的典型金融支持模式主要分为市场主导型、银行主导型、政府主导型三种（见表 14－1）。

表 14－1 美国、日本、以色列科技融资典型模式

国家	美国	日本	以色列
典型模式	以风险投资和纳斯达克股票市场为主，同时以硅谷银行和政府政策优惠支持等方式为辅助	以金融机构的间接融资（都市银行＋中小型金融机构＋二级信用补全担保体系）为主，以证券市场的直接融资为辅	以政府创业引导基金为主，同时在过程中融入国外资本和民间资本

◎美国模式：市场主导型

美国的科技融资模式以风险投资和纳斯达克股票市场为主，同时以硅谷银行和政府政策优惠支持等方式为辅助。风险投资和纳斯达克股票市场是支撑美国科技发展的重要融资渠道，为科技型初创企业的成长提供了便利的融资渠道。无论是天使轮、种子轮阶段的投资，还是成熟期登陆资本市场，有硬实力的科技企业得到资本眷顾的概率大大增加了，因资金短缺而夭折的科技创意也减少了（见图 14－1）。

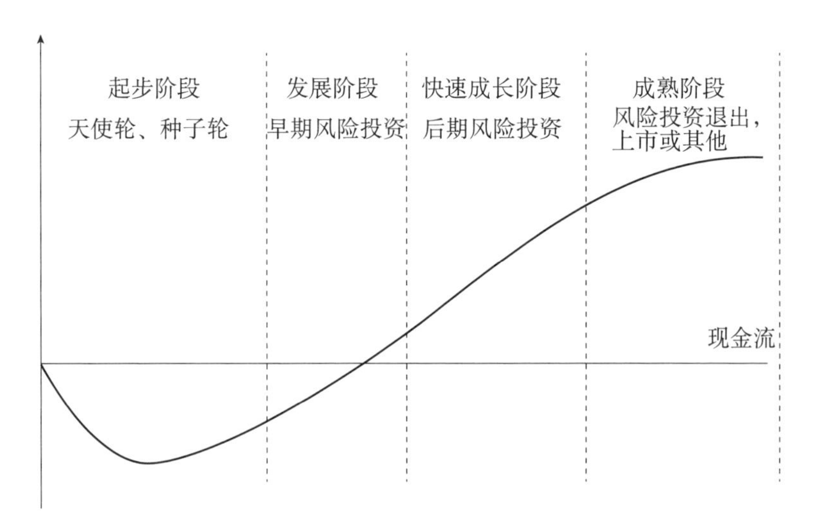

图 14－1 企业不同成长阶段的现金流与融资情况

美国是当前世界硬科技的引领者之一，其在人工智能、5G、VR/AR、云计算、大数据、芯片等领域均有不凡表现，微软、Alphabet、苹果、甲骨文、英伟达、英特尔、思科等众多科技巨擘汇集于此。而故事的开始，还要从1971年说起。1971年1月，加州圣塔克拉拉谷地因聚集了大量与高纯度硅制造相关的半导体产业和电脑产业而被称为“硅谷”，“硅谷”一词开始被用于《每周商业》的新闻专栏；同年，硅谷沙丘路（Sand Hill Road）上风险投资开始成规模地兴起，此后的几十年间，这条路陆续汇集了凯鹏华盈（KPCB）、标杆资本（Benchmark Capital）、经纬创投（Matrix Partner）、红杉资本（Sequoia Capital）、红点创投（Redpoint Ventures）等知名风险投资机构，微软、谷歌、苹果、思科、亚马逊的第一笔投资都来自这里。1971年2月，全美证券交易商协会自动报价系统纳斯达克开始正式运作，为尚不具备条件在纽交所上市的中小企业股票提供场外交易服务。因此，1971年是美国科技创业者梦想开始加速的元年。

美国的风险投资市场

自20世纪70年代以来，风险投资给美国各领域的创新企业提供了高度支持，风险投资将资本、人力和技术紧密结合，创造了美国在信息技术、生物医药、新能源、新材料等多个领域的技术神话。诺贝尔奖获得者保罗·克鲁格曼（Paul Krugman）在《萧条经济学的回归》（*The Return of Depression Economics*）中写到，美国经济发展的60%～70%由新经济推动，而新经济的背后，是风险投资的金融支持。

美国的风险投资机构主要采用有限合伙制。其中，对于一般合伙人（GP）兼管理人而言，能以较低的出资额撬动较高的投资收益比例，所获激励性较好，此外，一般合伙人将对亏损承担无限责任，这约束了一般合伙人谨慎做出投资决策，一定程度上降低了道德风险；有限合伙人（LP）只负责出资，参与投资收益分配，并只对亏损承担有限责任。

风险资本的使命有四个：募、投、管、退。风险资本往往有自己所专注的行业领域和企业成长阶段。因为不同行业和阶段的风险特征不同，风险投资人需要掌握的技巧也不同。一旦确定开始投资，风险投资人将与企业签订详细的合约条款，对未来可能出现的各种问题进行事前规划，资金通常分期注入。投后管理阶段，风险投资人将协助企业制定发展战略，将自己积累的行业经验和财务管理建议提供给企业，协助企业招募资质较高的高级管理人才，利用自身的资源帮企业积极拓展融资渠道。因此，风险投资人的培育和辅导对初创企业的技术进步、科技成果转化、将产品推广到市场作用重大。

根据美国风险投资协会（NVCA）的统计，美国的风险投资市场近年来活跃度在持续提升。2019 年，全美风险投资案例数量为 12 211 件，投资额高达 1 358.4 亿美元（见图 14－2）。近十几年来，投资额年均复合增长率为 12.49％。从对初创企业各阶段投资额的占比分布来看，2006—2015 年间，风险投资机构对种子轮和天使轮的投资力度在增加，体现出风险投资对初创企业的风险容忍度在提高，风险偏好有所加强，这说明对科技初创企业而言，获得天使轮和种子轮资金的难度在降低。2015 年至今，风险投资机构开始表现出一定的风险规避倾向，加大了对成长早期和成长后期科技企业的投资力度，而天使轮和种子轮的投资占比在缓慢下降。根据 2019 年度统计结果，美国风险投资对天使轮和种子轮的投资额占比约为 42.6％，对成长早期企业的投资占比约为 34％，对成长后期企业的投资占比为 23.3％（见图 14－3）。

从每个投资案例获得的投资金额来看，超过一半的案例只能获得 500 万美元以下的投资额。自 2013 年至成稿之时，获得超过 500 万美元资金注入的案例比例在上升（见图 14－4）。根据 2019 年度统计结果，除未披露信息的 1 936 件案例外，6 401 件案例获得融

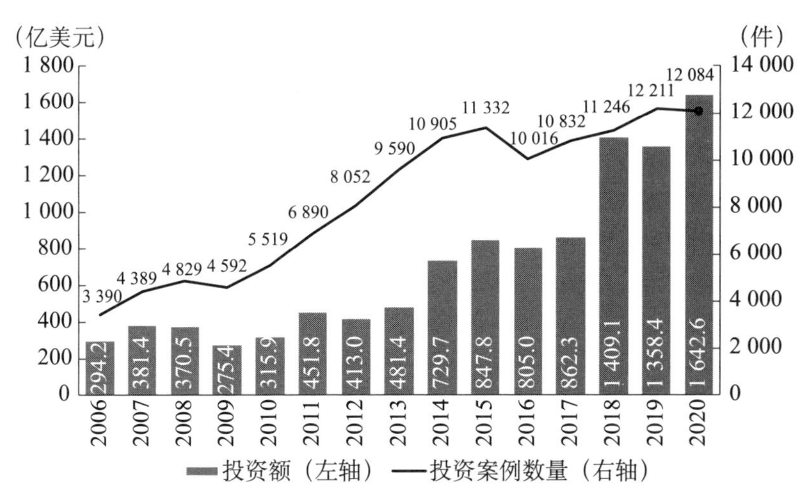

图 14－2　2006—2020 年美国风险投资机构的投资额与投资案例数

资料来源：美国风险投资协会。

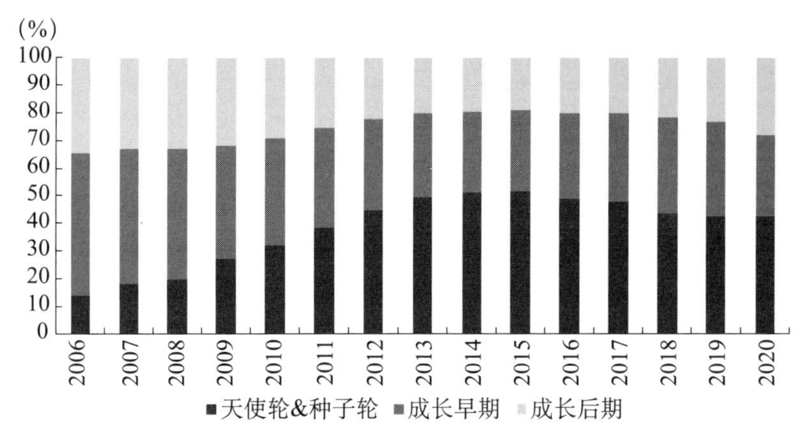

图 14－3　美国风险投资机构对各阶段企业的投资分布

资料来源：美国风险投资协会。

说明：图中数据以案例数计算占比。

资 500 万美元以下，3 313 件案例获得了 500 万～5 000 万美元的注资，561 件案例获得了高于 5 000 万美元的超大额融资。

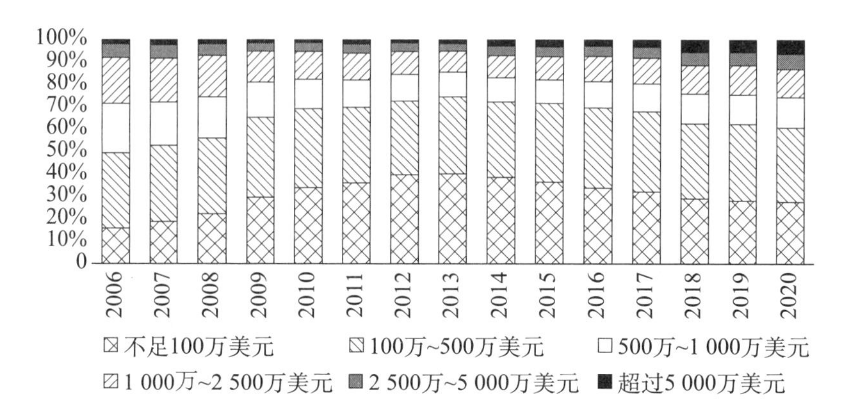

图 14－4　美国风险投资资金注入金额的分布情况（以案例数计算占比）

资料来源：美国风险投资协会。

从资金投向行业的分布来看，风险投资机构最青睐的两个领域分别是计算机软件、医药与生物科技，2019 年两者汇集的资金分别高达 224 亿美元和 120 亿美元，合计占 2019 年度总投资额的 49.64%。从变化趋势来看，风险投资机构近 14 年来对这两个领域的创投企业关注度保持稳定上升态势（见图 14－5）。

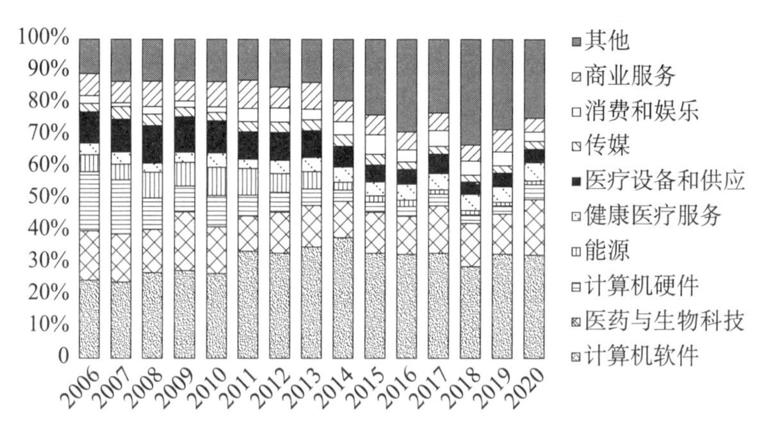

图 14－5　美国风险资金投向行业分布（以投资额计算占比）

资料来源：美国风险投资协会。

风险投资的目的是在最终产权转移中实现高额利润。从退出方式来看，2019 年，风险投资在 72.69％的案例中选择以并购方式退出投资，以 IPO 和管理层收购退出的案例分别占比 7.72％和 19.59％（见图 14－6）。与之形成鲜明对比的是，从退出投资收回的资金来看，2019 年以 IPO 方式退出的案例收回总资金量高达 1 972 亿美元，而以并购和管理层收购退出收回的资金额分别只有 578.04 亿美元和 65.66 亿美元。这说明，在众多退出方式中，IPO 的难度较大，但该方式为风险投资机构提供的投资回报最高。

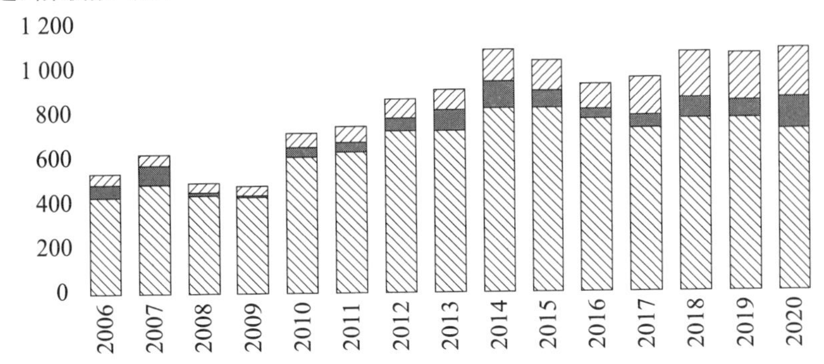

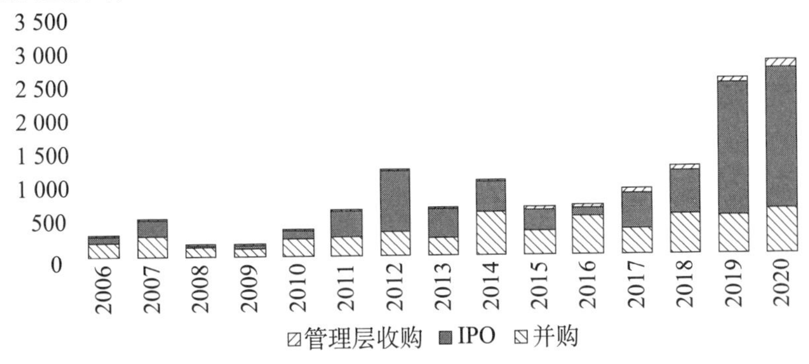

图 14－6　美国风险资金退出情况（分别以案例数和金额计算占比）

资料来源：美国风险投资协会。

美国的纳斯达克股票市场

对于大部分初创科技公司而言，纽约证交所和美国证交所的上市门槛过高，场外市场（OTC）流动性较差，因此投资这些公司的风险资金退出渠道十分受限，自然打击了风险资金注资的积极性。而纳斯达克的成立，使风险资金退出难的局面彻底得到改观，也为众多科技公司提供了理想的专属融资平台。

自成立起，纳斯达克经历了设立挂牌标准、两次设置分层等重要事件，如今纳斯达克分为三层：纳斯达克全球精选市场包含1 444家上市公司，占据50%的比重；纳斯达克全球市场包含486家上市公司；纳斯达克资本市场包含966家上市公司（见图14－7，上市公司数据截止到2020年9月19日）。

纳斯达克的分层标准设置体现了对科技企业极强的包容性。纳斯达克全球精选市场主要面向业绩优良、红利丰厚的高市值企业，以及从另外两个层中进一步发展后的优质企业，在三层市场中门槛最高；纳斯达克全球市场主要面向具有高成长性企业，企业特征分散而多元，异质性程度高，门槛高度居中；纳斯达克资本市场主要面向规模较小的创新性企业，伴随着一定的经营风险，门槛最低（见表14－2）。此外，纳斯达克还有灵活的层间转移机制。这种多样性的分层能够最大限度地将准入范围拓宽，把更多有巨大发展潜力、有可能为经济注入活力的科技企业纳入资本市场。这是因为科技创新企业所在行业的发展特征不同，且企业成长呈现非线性的指数形态，如果用传统的单一尺度去衡量，很多优质企业可能在初创期会被拒之门外，失去成长机会。

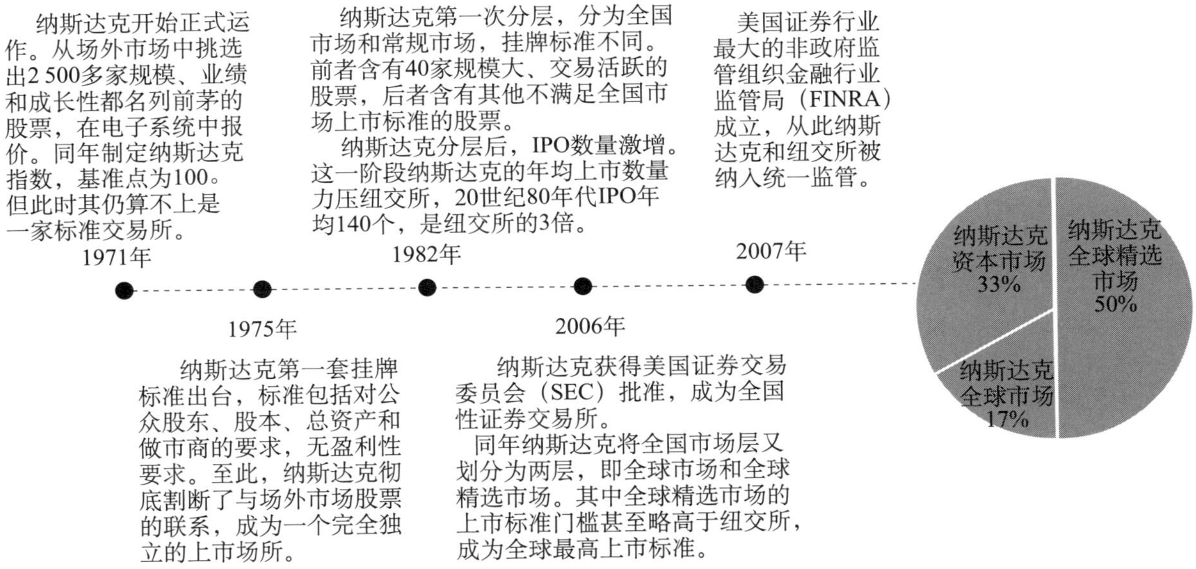

1971年

纳斯达克开始正式运作。从场外市场中挑选出2 500多家规模、业绩和成长性都名列前茅的股票，在电子系统中报价。同年制定纳斯达克指数，基准点为100。但此时其仍算不上是一家标准交易所。

1975年

纳斯达克第一套挂牌标准出台，标准包括对公众股东、股本、总资产和做市商的要求，无盈利性要求。至此，纳斯达克彻底割断了与场外市场股票的联系，成为一个完全独立的上市场所。

1982年

纳斯达克第一次分层，分为全国市场和常规市场，挂牌标准不同。前者含有40家规模大、交易活跃的股票，后者含有其他不满足全国市场上市标准的股票。

纳斯达克分层后，IPO数量激增。这一阶段纳斯达克的年均上市数量力压纽交所，20世纪80年代IPO年均140个，是纽交所的3倍。

2006年

纳斯达克获得美国证券交易委员会（SEC）批准，成为全国性证券交易所。

同年纳斯达克将全国市场层又划分为两层，即全球市场和全球精选市场。其中全球精选市场的上市标准门槛甚至略高于纽交所，成为全球最高上市标准。

2007年

美国证券行业最大的非政府监管组织金融行业监管局（FINRA）成立，从此纳斯达克和纽交所被纳入统一监管。

纳斯达克全球精选市场 50%
纳斯达克资本市场 33%
纳斯达克全球市场 17%

图 14－7　纳斯达克板块重要事件与当前各层公司数量分布

资料来源：公开资料，Wind。

表 14-2　纳斯达克各层上市标准

各层市场	上市标准 1	上市标准 2	上市标准 3	上市标准 4
纳斯达克全球精选市场	税前净利润，附加股份流动性要求	市值+现金流+营业收入，附加股份流动性要求	市值+营业收入，附加股份流动性要求	市值+总资产+股东权益，附加股份流动性要求
纳斯达克全球市场	税前净利润+股东权益，附加股份流动性要求和做市商数量要求	股东权益+经营期限，附加股份流动性要求和做市商数量要求	市值，附加股份流动性要求和做市商数量要求	总资产与营业收入，附加股份流动性要求和做市商数量要求
纳斯达克资本市场	股东权益+经营期限，附加股份流动性要求和做市商数量要求	股东权益+市值，附加股份流动性要求和做市商数量要求	股东权益+净利润，附加股份流动性要求和做市商数量要求	

资料来源：纳斯达克上市指南（2020 年 6 月）。

从美国三大证券交易所纽约证券交易所（NYSE）、美国证券交易所（AMEX）、纳斯达克的上市公司数变化来看（见图 14-8），纳斯达克拥有最多的上市公司，对企业的包容性最强，对新兴科技产业尤其具备强大的吸引力，正如纳斯达克流传的一句话所言“任何公司都能上市，但时间会证明一切”（*Any company can be listed, but time will tell the tale*）。此外，纳斯达克上市公司数量的波动性最大，说明企业上市和退出活动较活跃，严格的退市制度能提高上市公司的竞争意识，激发其前进动力，这使得纳斯达克相对其他两个市场更有活力。

从指数表现来看，纳斯达克综合指数除了在 2000 年互联网泡沫时期和 2008 年金融危机时期经历过剧烈下滑之外，整体呈现增长态势，反映了市场对高科技领域前景的积极预期。这期间，大批具有划时代意义的科技巨头在纳斯达克密集登陆，顺利融得预期的

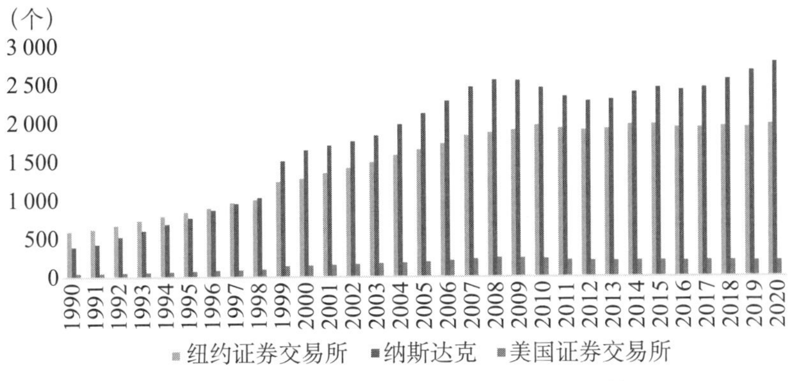

图 14-8　美国三大交易所的上市公司数变化情况

资料来源：Wind。

资金并投入创新与研发，在科技探索的边界寻求一次又一次的突破（见图 14-9）。

美国促进科技投资的其他措施：硅谷银行与政府支持政策

硅谷银行是美国支持科技型企业融资的另一种创新举措，设立的初衷就是服务于科技创新型中小企业，因而被贴上了科技银行的标签。截至 2019 年年末，硅谷银行总资产已达到 710 亿美元，除美国外，硅谷银行在加拿大、英国、德国、中国、印度、以色列等国均设有分支机构，寻找具有潜力的高新技术成长企业，给予资金支持。2019 年，硅谷银行平均吸收客户存款规模为 156.8 亿美元，年度平均贷款余额为 320 亿美元，年末平均贷款余额为 333 亿美元，其中 53.46%直接贷给 PE/VC 机构，18.92%贷给互联网与软件领域的企业，4.03%贷给硬件研究领域的企业，7.24%贷给生命科学与健康领域的企业。

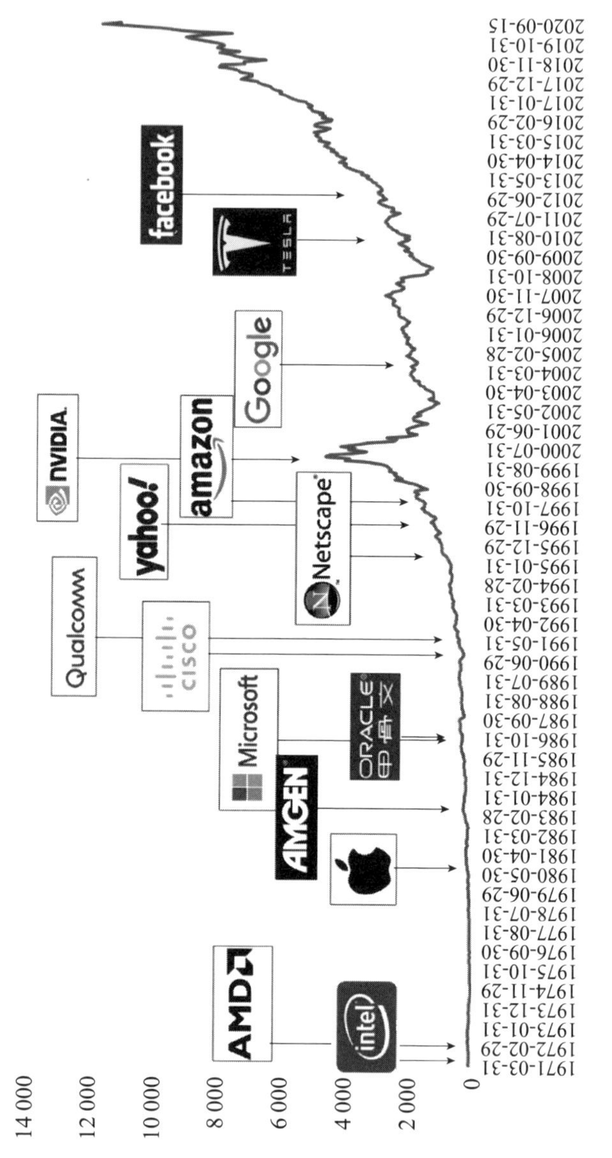

图 14－9　美国纳斯达克指数与部分高科技公司上市时点

资料来源：Wind。

美国政府也为科技型中小企业融资设立了小企业管理局，一方面，其在为科技型中小企业提供担保服务、建立与商业银行长期稳定的密切关系方面发挥了重要作用[①]；另一方面，小企业管理局批准设立的小企业投资公司也是一种风险投资引导基金，其投资方向仅限于有关法律法规规定的处于种子期和起步期的科技型中小企业。政府通过向小企业投资公司拨款、提供低息贷款等政策性金融手段引导风险投资向科技型中小企业投资，发挥了政府引导民间资本的作用[②]。除此之外，美国接连颁布多部法案，核心内容包括：准许养老基金进入风险投资市场，将有限合伙制合法化、规范化，为风险投资机构提供担保和降低税率，等等。这些举措均有力促进了资本向科技型中小企业汇聚（见表14－3）。

表14－3　美国促进科技投资的部分法规与措施

时间	事件或法规	促进科技企业融资的意义
1953—1958年	美国政府根据《小企业法》建立美国小企业管理局（SBA），局长以及全美10个地区局的负责人由总统任命，局长直接向总统汇报工作	负责为科技型中小企业提供担保服务，帮助中小企业建立与商业银行的长期稳定关系，使银行为科技型中小企业提供资金时更放心；SBA还向中小企业提供咨询与培训服务，协助中小企业获取联邦部门的研发项目与购销合同
20世纪50年代	SBA推出小企业投资公司（SBIC）计划	由小企业管理局批准设立的小企业投资公司类似于一种风险投资引导基金，其投资方向仅限于有关法律法规规定的科技型中小企业的种子期和起步期。政府通过向小企业投资公司拨款、提供低息贷款等政策性金融手段引导风险投资向科技型中小企业投资，发挥了政府引导民间资本的作用

① 吴雅楠．美国科技型中小企业市场主导型融资模式研究及经验借鉴．河北工业大学，2014.

② 张佳睿．美国风险投资与技术进步、新兴产业发展的关系研究．吉林大学，2014.

续前表

时间	事件或法规	促进科技企业融资的意义
1973 年	成立全国性的风险投资协会（NVCA）	定期发布行业报告，让外界更了解行业发展状况，给风险投资机构提供资金和政策支持
1974 年	《雇员退休收入保障法案》	明确规定私营和公共养老基金进入高风险投资领域，从而改变了创业投资的来源结构
1976 年	《有限合伙法》	为投资管理家与风险资本家的结合创造了有效的组织形式，为合伙公司的创业和发展发挥了巨大作用
20 世纪 80 年代以后	《小企业技术创新发展法》《国家竞争力技术转移法》《小企业技术转移法》	为风险投资向科技企业投资提供了强有力的法律保障，极大地激发了风险投资机构投资于科技企业的热情，形成了美国风险投资的浪潮
1992 年	《小企业股权投资促进法》	给小企业投资公司提供融资支持
2003 年	《新市场风险投资计划》	SBA 为投资于落后地区的风险投资机构提供担保
2003 年	《就业与经济增长税收减免协调法案》	资本利得税降至 15%，促进了风险投资的复苏

资料来源：根据自张佳睿（2014）、吴雅楠（2014）和李士华（2014）的文献整理。

◎日本模式：银行主导型

日本的融资模式以金融机构的间接融资为主，以证券市场的直接融资为辅。

根据世界银行截至 2017 年的最新统计，日本前五大银行的资产集中度高达 64.4%，银行存款与 GDP 的比值高达 221%，银行业高度发达。

根据学者邓平的研究[①]，日本的商业银行体系主要包括以都市银行为代表的大型金融机构和以地方银行、信用金库、信用组合、劳动金库等为代表的中小金融机构。都市银行业务范围以大城市为基础，总行设在东京、大阪、名古屋这些大城市，并在全国设有为数众多的分支机构，其与财团资本关系密切，实力雄厚，放款对象偏重于大企业。然而，由于大企业逐渐显现出由间接金融转向直接金融脱离银行的倾向，所以都市银行近年来积极开展了针对中小企业的业务。不过，在支持中小企业生存和发展中起主导作用的仍是中小金融机构。日本的中小金融机构主要包括地方银行、第二地方银行协会加盟行（简称第二地方银行）、信用金库、全国信用金库联合会、信用组合、劳动金库等（见图14-10）。它们的特点是地方性强、分支机构多而密集、互助性强、业务种类多，虽然资金量、贷款量均小于都市银行，但平均每笔贷款额大于政府系统银行。

整体而言，日本的银行与科技企业融资形成了有序的对接，都市银行支持大型企业的科技创新，而中小金融机构支持中小企业的科技创新，在此过程中，有的商业银行还设立了银行贷款证券化等新型金融工具，分散对科技型中小企业贷款的风险。

在商业性银行体系之外，日本还为中小科技企业搭建了完备的政策性融资支持体系和担保体系。根据学者邓平、文海兴和许晓征[②]、黄灿和许金花[③]的研究，早在20世纪30—50年代，日本就建立了专门的政策性金融机构，给中小科技企业提供支持，主要包

---

① 邓平．中国科技创新的金融支持研究．武汉理工大学，2009.

② 文海兴，许晓征．日本信用保证业发展的经验．中国金融，2011（8）：12-14.

③ 黄灿，许金花．日本、德国科技金融结合机制研究．南方金融，2014（10）：57-62.

地方银行
主要为本地企业服务，主要服务对象是中小企业。

第二地方银行
前身是20世纪50年代初建立的具有合作性质的相互银行，其性质和地方银行相同，但在规模、人员素质、贷款结构、贷款对象等方面与地方银行存在差别。

信用金库
根据1951 年6月起实施的《信用金库法》，在信用协同组合的基础上改组而成的合作金融机构。其特点一是实行会员制，且会员限于本地的小企业、小事业单位和个体业主；二是采用合作制，表决权一人（自然人和法人）一票；三是业务范围有一定的限制。

全国信用金库联合会
以全国信用金库为会员的信用金库中央机关，同时也是一家独立的金融机构。

信用组合
规模比信用金库小，更突出相互合作，业务限于组合内的成员、国家、地方、公共团体、非营利法人的存款和非会员存款。

劳动金库
为了加强共济活动，提高劳动者生活水平而建立起来的合作性质的金融机构。

图 14-10　支持企业创新的日本中小型金融机构

资料来源：邓平（2009）的文献。

括商工组合中央公库、国民金融公库、中小企业金融公库三大机构，这些机构功能各有侧重，但大多定位于为中小企业提供低息融资服务；此外，由信用保证协会和信用保险公库构成的二级信用保证体系能够为中小科技企业提供担保，其对中小企业的担保余额曾在 1966—1999 年间从 6 256 亿日元快速增长至 41 万亿日元，信用补全制度有力地推动了日本科技中小企业的发展（见表 14-4）。

表14-4　日本政策性信贷机构与信用保证体系

类别	机构名称	成立时间	主要目的	资金来源
日本主要政策性信贷机构	商工组合中央公库	1936年	由政府和中小企业协会等协会团体共同出资组成，为团体所属成员提供无担保贷款、贴现票据等金融服务	政府拨付的资本金和发行债券
	国民金融公库	1949年	对从银行等金融机构融资较为困难的、规模较小的中小企业进行小额周转资金贷款	政府拨付的资本金和向政府借款
	中小企业金融公库	1953年	向规模较大的中小企业提供长期低息贷款，贷款侧重于支持重点产业	政府拨付的资本金、政府借款及发行中小企业债券
日本的二级信用保证体系	中小企业信用保险公库	1958年	对信用保证协会的贷款担保进行保险的同时，向信用保证协会融通其所需要的资本	政府拨付的资本金、政府投资的保险准备金、保险费收入、信用保证协会回收债务时缴纳的款项
	信用保证协会	截至1952年，日本成立了52家地方信用保证协会	为中小企业向金融机构贷款提供信用保证。同时，为减轻风险负担，又由中小企业信用保险公库提供保险。信用保证制度和信用保险制度有力地促进了中小企业的发展	日本信用保证协会资本金由地方政府出资、金融机构出捐的负担金和累计收入构成，一般50%以上为地方政府出资

资料来源：汇总整理自邓平（2009）、文海兴和许晓征（2011）、黄灿和许金花（2014）的文献。

日本的科技企业融资以证券市场为辅助。

日本目前主要有东京、大阪、名古屋、福冈和札幌这五大证券交易所。其中，东京和大阪证券交易所影响力较大，名古屋、福冈和札幌证券交易所交易量偏小。每家交易所旗下都设有各自的创业板板块，创业板相对于各交易所的一部、二部市场而言，上市条件更为宽松，主要为高科技型中小企业提供融资和交易场所，较为知名的是MOTHERS和JASDAQ，目前两者都已归入东京交易所集团管理。MOTHERS目前包含315家上市公司，JASDAQ属于日本各交易所的创业板中上市标准最严格的，它含有JASDAQ Standard和JASDAQ Growth两层，分别包含666家和37家上市公司（数据截至2020年2月28日，来自东京交易所集团网站公布的最新数据，见图14－11和表14－5）。

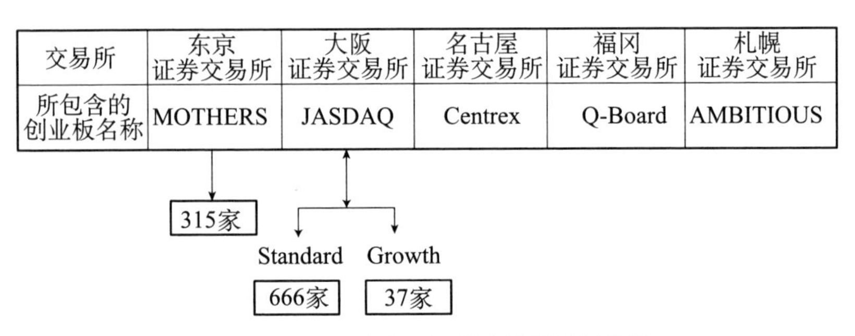

图14－11 日本主要证券交易所及创业板

资料来源：东京交易所集团网站。

表14－5 MOTHERS和JASDAQ上市公司2018年10月市值排名

MOTHERS板块			JASDAQ Standard板块			JASDAQ Growth板块		
市值排名	公司名称	市值（亿日元）	市值排名	公司名称	市值（亿日元）	市值排名	公司名称	市值（亿日元）
1	Mercari	4 034	1	日本麦当劳控股	6 608	1	JapanTissue-Engineering	435
2	MTG	2 107	2	Harmonic D-rive Systems	3 308	2	RaQualia	232
3	Mixi	1 929	3	Workman	2 921	3	REPRO-CELL	150

续前表

MOTHERS板块			JASDAQ Standard板块			JASDAQ Growth板块		
市值排名	公司名称	市值（亿日元）	市值排名	公司名称	市值（亿日元）	市值排名	公司名称	市值（亿日元）
4	Sanbio	1 829	4	Seria	2 885	4	SymBio Pharma-ceuticals	146
5	TKP	1 274	5	Universal-Entertain-ment	2 742	5	IDEA INT-ERNATIO-NAL CO.，LTD.	142

资料来源：东京交易所集团。

从日本证券市场对科技企业融资效果来看，根据学者殷燎原的研究[①]，JASDAQ上市公司所属行业仍集中于传统行业，对尖端科技企业的服务属性并未深刻体现。比如，从东京交易所集团2012年公布的JASDAQ行业分布来看，前五大行业为服务业、通讯信息业、批发业、零售业、电气设备。

◎以色列模式：政府主导型

整体而言，以色列的科技企业融资模式以政府创业引导基金为主，同时在过程中融入国外资本和民间资本。

根据瑞士洛桑国际管理学院（IMD）世界竞争力中心的统计，以色列在2019年《IMD世界人才报告》世界人才竞争力榜单中排名19，美国则排名12。根据IMD发布的2019年竞争力报告国家档案中对以色列的描述，在技术设施方面，以色列排名世界16；科研设施方面，以色列排名全球15。在该国最具吸引力因素的统计

① 殷燎原．美日多层次资本市场促进产业升级功效研究．上海交通大学，2015.

中，研发氛围位居第二。以色列科技的发达离不开金融的支持。金融方面，根据IMD发布的2019竞争力报告国家档案，以色列的风险投资指标排名全球第二，对科技发展的资金支持排名全球第三。

根据学者麦均洪的研究[①]，以色列在促进科技成果转化方面有两个关键因素：企业孵化器计划和成立YOZMA基金。YOZMA基金已被公认为世界上最成功的政府主导型创业投资引导基金之一，自1992年成立至今，促进了大量的国家创新科技成果转化。

1991年，以色列工贸部主导设立企业孵化器。具体运营模式是：政府和其他投资者通过持有创业者或者企业的股权，为其提供资金支持；企业成功发展后的5年内，可以从投资者手中回购股权，并支付资金投入的利息。

1992年，以色列风险投资之父伊戈尔·厄里克（Yigal Erlich）向政府提出申请拨款1亿美元，组建了以色列第一只政府创业引导基金——YOZMA基金（见图14-12、图14-13），基金采用有限合伙制的形式设立了十个子基金，每个子基金的组成必须有一家国外机构和一家以色列的金融机构参与，但子基金必须是不隶属于任何一家现有的金融机构的新的独立实体。YOZMA基金以参股的形式对子基金投入40%的份额，政府投入1亿美元的YOZMA基金吸引了大约1.5亿美元的国内外私人资金，同时YOZMA还赋予私人投资者在5年内以优惠价格买断YOZMA股份的权利。这种设计不仅给投资者提供了资金供给和风险分担机制，而且引入了足够的激励机制，吸引了职业风险投资机构和高素质的基金管理人员的参与。

综上所述，YOZMA基金已逐渐成长为以色列本土行之有效的一套模式，为此后以色列风险投资走向成熟奠定了坚实的基础，也

---

① 麦均洪．支持高新技术产业发展的科技金融研究．华南理工大学，2014.

推动了以色列高技术企业的创新发展。

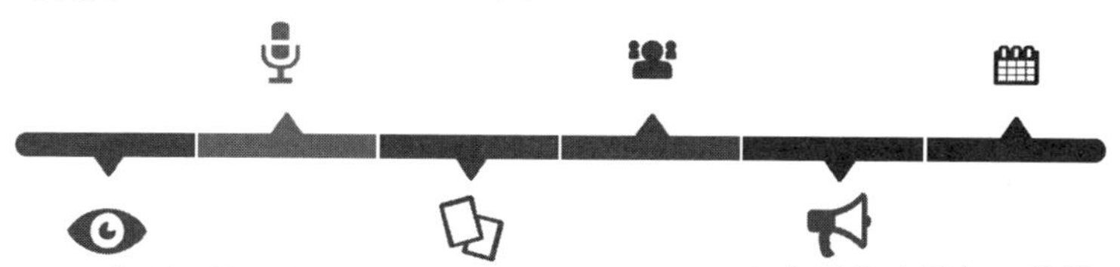

图 14－12　YOZMA 基金的设计思路

资料来源：根据麦均洪（2014）的文献整理。

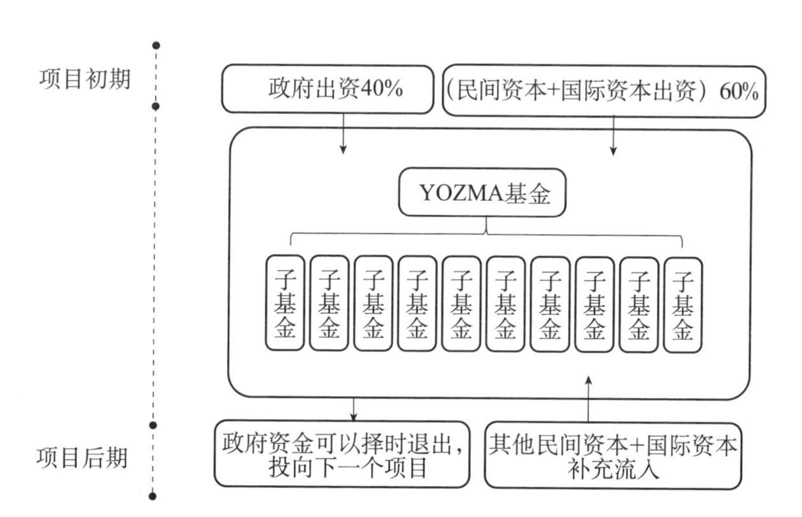

图 14－13　YOZMA 基金的作用与特色优势

资料来源：根据公开资料整理。

二、我国硬科技领域投资步入新时代

◎政府引导型基金近年围绕硬科技加速布局

习近平总书记讲到，我国经济社会发展和民生改善比过去任何时候都更加需要科学技术解决方案，都更加需要增强创新这个第一动力。当今世界正经历百年未有之大变局，我国“十四五”时期以及更长时期的发展对加快科技创新提出了更为迫切的要求。如何在更宽广的全球视野下和历史纵深中准确把握科技创新的极端重要性？如何走出适合国情的创新路子？这是新的时代课题。

近几年来，我国多地设立围绕硬科技布局的地方政府引导基金，它们主要引导社会资金进入科技初创企业投资领域，克服仅仅依靠市场力量来配置风险资本导致的市场失灵问题（见表 14－6）。

表 14－6　2017—2019 年围绕硬科技布局的部分政府引导基金

归属	时间	基金名称	主要投资领域	金额（亿元）
西安市	2017 年	硬科技产业基金，包括西科天使	拥有核心技术、具有高成长潜力的种子期及初创期硬科技企业	1 000
浙江省	2017 年	省级科技成果转化引导基金	信息经济、新材料、高端装备、清洁能源、节能环保、智能交通、现代农业、新药创制、精准医疗等新兴产业领域，以及基于 4G＋/5G 的移动互联、大数据行业应用、特色产业智能制造、环境治理、新兴农业集成创新应用、农业新品种新技术成果转化应用等	20

续前表

归属	时间	基金名称	主要投资领域	金额（亿元）
苏州市	2017年	苏州市创新产业发展引导基金	生物医药、新能源等战略性新兴产业	500
深圳市福田区	2018年	福田政府引导基金的人工智能类子基金	主要面向人工智能领域	10
青岛市	2019年	科创母基金	重点支持原始创新、成果转化及高端科技产业化项目培育	首期120
北京市	2019年	北京创新产业投资有限公司	代表当地政府向新经济领域展开投资，聚焦于信息技术、集成电路、电动汽车和新材料等诸多领域	100
北京市	2019年	北京硬科技基金	主要投向中科院相关科研院所和国内重点院校的科技成果转化项目，面向下一代信息技术和智能制造等硬科技领域，投向以自主研发为主，需要长期研发投入、持续积累形成的高精尖原创技术项目	9.2
国家级	2019年	中国科创产业母基金	深科技、硬科技、大健康、互联网模式创新、文娱、消费升级等	1 000
贵阳市	2019年	贵阳市科技创新引导基金	大数据、电子信息、人工智能、生物医药、新能源、新材料、中高端制造等产业	25

资料来源：根据公开新闻整理。

2017年，在西安市政府引导基金体系下，西安市设立了目标总规模1 000亿元的硬科技产业基金，希冀以此撬动社会资本投向硬科技重点领域。该基金支持西安光机所设立了我国首只专注于硬科技成果转化的天使基金——西科天使，主要投资拥有核心技术、具有高成长潜力的种子期及初创期硬科技企业。根据《每日经济新闻》的报道，截至2018年9月，西科天使已运作管理并形成13只硬科技创投领域的市场化基金集群，基金总规模达51亿元，累计孵化军民融合、光电、人工智能、高端装备制造等领域的硬科技企业230家，市值过亿项目数量已超过50%，近60个项目完成后续轮融资，实现纳税过亿元，一大批硬科技企业在西安落地并迅速发展壮大。此外，截至2018年9月，西安市硬科技产业基金的总认缴规模达887.47亿元。其中，引导基金出资89.71亿元，社会资本出资797.76亿元，硬科技产业基金体系累计撬动产业投资2 056.90亿元。

2017年1月，浙江省财政设立了20亿元省级科技成果转化引导基金，重点投资于信息经济、新材料、高端装备、清洁能源、节能环保、智能交通、现代农业、新药创制、精准医疗等新兴产业领域，以及基于4G+/5G的移动互联、大数据行业应用、特色产业智能制造、环境治理、新兴农业集成创新应用、农业新品种新技术成果转化应用等。浙江省建立重大科技成果转化投资项目清单管理机制，提出年度科技成果转化投资项目推荐清单，推荐给基金运营机构，引导其优先支持国家和省各类科技计划支持的项目，优先支持军民合作项目，优先支持高端人才创办企业，优先支持海内外科研成果在浙江落地转化。鼓励市县与省联合设立区域引导基金，省出资比例一般不超过20%，出资总额不超过1亿元，区域引导基金由市县为主管理。省与市、县（市、区）设立的引导基金规模一般不低于5 000万元；省与市、县（市、区）共同设立的引导基金规模一般不低于1亿元。

2017年9月，苏州市设立苏州市创新产业发展引导基金，总规模达500亿元，首期规模120亿元，并计划通过3年时间，在苏州市各区市（县）板块累计完成30～50只基金的投资，累计形成1 000亿元基金总规模，预计带动各类社会资本投资累计将达到5 000亿元。基金将结合本地优势产业及未来产业发展趋势，大力支持生物医药、新能源等战略性新兴产业。

2018年2月，《福田区支持新一代人工智能发展若干政策》发布。福田政府引导基金将安排10亿元，按照《深圳市福田区政府投资引导基金管理办法》，优先出资于在福田区注册的人工智能类子基金，新注册或落户福田的人工智能企业将得到最高500万元的产业资金支持。

2019年5月，全球（青岛）创投风投大会上，青岛正式发布设立了科创母基金。该基金得到了山东省政府的支持，首期120亿元，其中，山东省出资20%，青岛市出资25%，社会出资55%。为提高资金使用效率，在四年内分六期出资到位。基金存续期为10年，其中投资期5年、退出期5年，如有需要可适当延长。该科创母基金聚焦硬科技，对标科创板，将重点支持原始创新、成果转化及高端科技产业化项目培育。参股初创期子基金的资金不低于60%，用于直接投资项目的不高于40%。在收益分配方面，坚持政府让利原则，在基金年化收益率超过设定标准时，超额收益按照一定比例奖励投资人和基金管理机构。

2019年，已经在尖端科技领域深度布局的北京政府引导基金再次加大布局力度。1月，由北京市国资委设立的北京创新产业投资有限公司揭牌，这是北京国资系统唯一一家专注于高精尖产业发展的投资公司，任务是代表当地政府向新经济领域展开投资，并将对信息技术、集成电路、电动汽车和新材料等诸多领域展开直接投资，融资额100亿元。5月31日，北京首只硬科技基金——北京硬科技基金正式成立，由北京科技创新基金、三峡资本、实创集团、国投创合、中植资本、中科创星共同出资设立，设立规模 6 亿元，实际到位 9.2 亿元，超额募集 3.2 亿元，将主要投向中科院相关科研院所和国内重点院校的科技成果转化项目，面向下一代信息技术和智能制造等硬科技领域，投向以自主研发为主，需要长期研发投入、持续积累形成的高精尖原创技术项目。这些项目的特点是具有较高技术门槛和技术壁垒，被复制和模仿的难度较大，并有明确的应用产品和产业基础。

2019 年 7 月，中国科创产业母基金启动仪式成功举行。中国科创产业母基金总规模 1 000 亿元，首期 150 亿元，由中国科技金融促进会风险投资专业委员会（中国风投委）、北京企业联合会、北京市企业家协会指导，水木资本、上海元贵资产管理有限公司、中城新型城镇化基金管理有限责任公司三家作为管理人，并由水木资本、上海元贵资产管理有限公司、中城新型城镇化基金管理有限责任公司、山东水发集团水发基金管理有限公司、汉麻集团、海量数据、德展大健康股份有限公司、中联信集团共同出资组建。中国科创产业母基金把支持创新创业、促进科技成果转化和满足产业发展的需求作为根本，重点投资领域包括深科技、硬科技、大健康、互联网模式创新、文娱、消费升级等。

2019 年 12 月，由贵州省贵阳市人民政府授权市科技局出资的科技创新引导基金正式设立。该基金总规模达 25 亿元，其中政府财政性科技专项资金出资 5 亿元，其他社会资本出资 20 亿元，主要投向大数据、电子信息、人工智能、生物医药、新能源、新材料、中高端制造等产业。该引导基金投资方向偏向早期创新型项目，既可设立参股注册在贵阳市的各类天使投资基金、创业投资基金，也可直接投资于处于初创期、种子期、成长期的科技型企业或具有自主知识产权的创新创业项目。

此外，2019年1月，国务院办公厅印发《关于推广第二批支持创新相关改革举措的通知》，改革将在全国或京津冀、上海、广东（珠三角）、安徽（合芜蚌）、四川（成德绵）、湖北武汉、陕西西安、辽宁沈阳8个区域内实施，该通知中强调了以下内容：一是科技成果转化激励，将推广"以事前产权激励为核心的职务科技成果权属改革""技术经理人全程参与的科技成果转化服务模式""技术股与现金股结合激励的科技成果转化相关方利益捆绑机制""'定向研发、定向转化、定向服务'的订单式研发和成果转化机制"等举措，通过制度创新推动更多科技成果转化为现实生产力；二是科技金融创新，将推广"区域性股权市场设置科技创新专板""基于'六专机制'的科技型企业全生命周期金融综合服务""推动政府股权基金投向种子期、初创期企业的容错机制""以协商估值、坏账分担为核心的中小企业商标质押贷款模式""创新创业团队回购地方政府产业投资基金所持股权的机制"等举措，拓宽科技型企业融资渠道，推动各类金融工具更好地服务科技创新活动。

该政策中关于容错率的安排和科技成果归属激励机制的设定充分考虑了政府引导基金投资初创科技企业遇到的困难，并有针对性地提供了实操依据和办法。根据"母基金研究中心"发布的《2020中国母基金全景报告》，2019年我国政府引导基金的实际在管规模为19 126亿元。此轮政策松绑将有效鼓励政府引导基金在科技初创企业投资领域进行大胆尝试，为更多资金涌入硬科技早期发展阶段提供了可能。此外，政府引导基金还能发挥杠杆效应，撬动民间社会资金涌入硬科技初创企业，进一步推动科技成果产业化。

◎风险投资对硬科技的支持

我国的风险投资业自2010年以来经历了高速增长，2019年投资额有所收缩。但是近三年来，以硬科技为主题的地方政府引导基金在加速布局，对科技型中小企业而言是重要利好。

具体来看，我国的风险投资业在2010—2016年间经历了投资金额与投资案例数的双增长，但是2017年起风险投资的投资案例数呈现下滑态势，2019年投资总额亦出现下滑。2019年，我国风险投资的投资额为13 058.62亿元，投资案例总数为7 608件。下滑趋势可能与2018年资管新规的出台有关，消除多层嵌套的规定影响了银行与基金的合作，部分银行和保险体系的股权类投资业务受到限制，在资金面供给紧缩的情况下，很多市场化基金受到了影响。

从风险投资的行业分布来看，对信息技术行业的投资仍占较大比重，为34.34%。除此之外，风险投资较青睐的行业有金融业、可选消费业、医疗保健业（见图14－14、图14－15）。

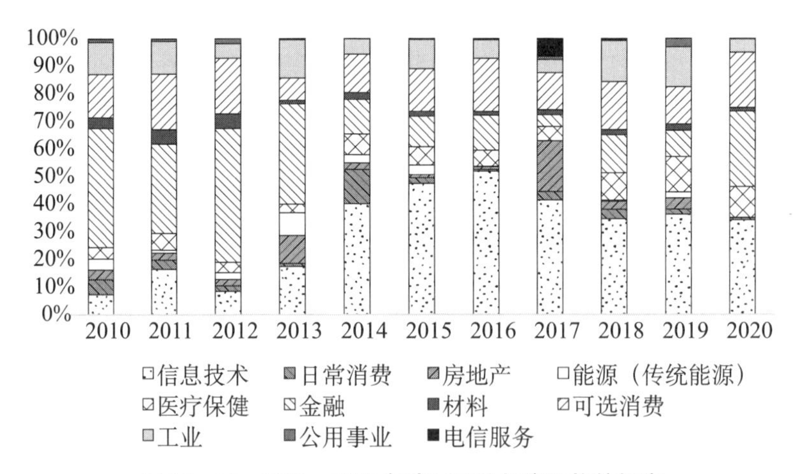

图14－14　2010—2020年我国风险投资机构的投资行业分布（以案例数计算占比）

资料来源：Wind。

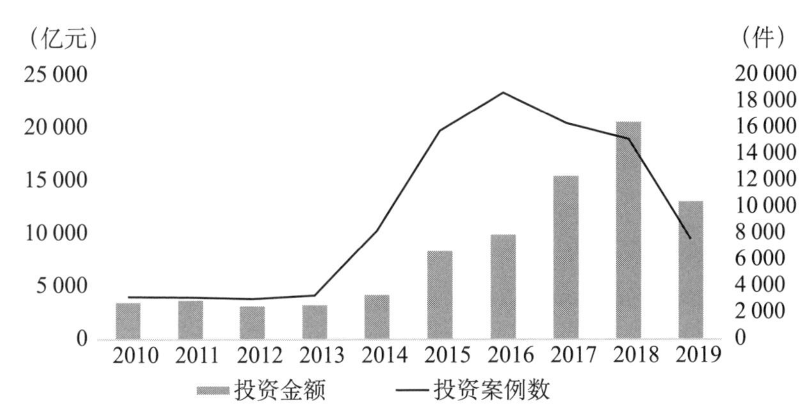

图 14－15　2010—2019 年我国风险投资机构的投资额与投资案例数

资料来源：Wind。

从具体机构来看，阿里巴巴、腾讯产业共赢基金、华人文化产业投资基金、融创中国、宝能地产是我国 2017—2019 年间投资额最高的前五大风险投资机构，它们的平均投资额为 150.74 亿元，平均投资案例数为 18.8 家，投资特征是对标的公司较为专注，且单笔投资额极高。险峰长青、英诺天使基金、梅花天使创投、光谷人才基金、蚂蚁集团是我国 2017—2019 年间投资案例数最多的前五大风险投资机构，它们的平均投资案例数为 101 家，平均投资金额为 3.67 亿元（见表 14－7）。

表 14－7　2017—2019 年间投资金额前 20 名和投资案例数前 20 名的风险投资机构

排名	机构名称	投资金额（亿元）	投资数量（件）	排名	机构名称	投资金额（亿元）	投资数量（件）
1	阿里巴巴	324.75	42	1	险峰长青	0.80	126
2	腾讯产业共赢基金	151.83	16	2	英诺天使基金	0.26	98
3	华人文化产业投资基金	113.82	10	3	梅花天使创投	2.04	96

续前表

排名	机构名称	投资金额（亿元）	投资数量（件）	排名	机构名称	投资金额（亿元）	投资数量（件）
4	融创中国	98.30	25	4	光谷人才基金	0.05	93
5	宝能地产	65.00	1	5	蚂蚁集团	15.17	92
6	利创信息	54.04	33	6	红杉资本投资	13.06	86
7	阿里资本	53.95	3	7	真格基金	0.00	84
8	国药资本	52.87	13	8	君联资本	0.81	71
9	广田投资	50.00	1	9	IDG资本投资顾问（北京）有限公司	0.00	70
10	上海华建电力设备股份有限公司	50.00	1	10	腾讯投资	1.00	70
11	Starr Investment Holdings	48.13	1	11	中金公司	8.18	68
12	中国海油	48.04	1	12	中科创星	0.20	65
13	红杉资本中国	45.26	23	13	飞马旅	0.02	64
14	高瓴资本	38.80	47	14	宁波天使基金公司	0.00	63
15	CDPQ	35.29	1	15	腾讯产业投资基金	0.00	62
16	京东叁佰陆拾度	34.33	19	16	真格天域投资基金	0.38	61
17	广东唯美	30.00	2	17	小米科技	1.57	56
18	山东高速	30.00	1	18	腾讯	0.05	55
19	美投高新投	30.00	1	19	红杉资本中国	0.87	52
20	睿灿投资基金	30.00	1	20	华创资本	0.66	52

资料来源：Wind。

从风险投资退出获得的回报情况来看：2019 年，风险投资机构从 152 件投资案例中退出且实现盈利，退出收回的资金总额为

312.96亿元，平均账面投资回报倍数为10.04，是近十年中的最大值；2019年，风险投资机构从4件案例中退出且遭受亏损，退出总金额为2.23亿元，平均账面投资回报倍数为−0.12（见表14-8）。

表14-8　我国风险投资机构退出回报统计

时间	退出盈利			退出亏损		
	退出金额（亿元）	退出案例数（件）	平均账面投资回报倍数	退出金额（亿元）	退出案例数（件）	平均账面投资回报倍数
2010年	732.38	330	9.37	0.37	3	−0.49
2011年	917.13	363	6.16	34.26	4	−0.53
2012年	313	277	3.34	5.76	13	−0.18
2013年	170.93	122	2.14	15.44	23	−0.28
2014年	815.33	566	2.51	11.72	31	−0.12
2015年	670.84	676	4.86	28.6	69	−0.23
2016年	427.25	351	2.32	40.37	39	−0.26
2017年	609.05	574	1.79	116.95	88	−0.2
2018年	538.5	202	5	39.55	41	−0.33
2019年	312.96	152	10.04	2.23	4	−0.12
2020年	22.49	22	10.63	0	0	0

资料来源：Wind。

目前我国风险投资产业仍处于快速发展期，且未来还会面临广阔的发展空间与机遇，而下一阶段的主题将围绕高端科技、硬科技领域展开。

◎科创板启航，硬科技企业上市迎来新窗口

2018年11月5日，习近平总书记在首届中国国际进口博览会上宣布将在上海证券交易所设立科创板并试点注册制。2019年3月

1日，证监会正式发布了《科创板首次公开发行股票注册管理办法（试行）》和《科创板上市公司持续监管办法（试行）》。当日，上海证券交易所正式发布实施了设立科创板并试点注册制相关业务规则和配套指引，明确了科创板股票发行、上市、交易、信息披露、退市和投资者保护等各个环节的主要制度安排。从首次提出概念到细则全面落地，科创板仅用了117天。

2019年6月13日，上海证券交易所科创板正式开板。2019年7月22日，科创板正式开市，首批25只科创板股票上市交易。

科创板将重点支持新一代信息技术、高端装备、新材料、新能源、节能环保、生物医药等高新技术产业和战略性新兴产业，这六大产业与硬科技八大领域的整体思路一致。

科创板的启航，对资本市场影响重大：一方面，这是资本市场供给侧结构性改革的重要探索，促进了我国多层次资本市场的完善；另一方面，它为科技创新型企业提供了全新的上市融资窗口，科技创新型企业将拥有专属板块参与市场定价估值，此外，科创板也为投资于该类企业的风险投资机构开辟了新的退出通道，通过缓解风险投资的流动性压力，进一步增强风险投资对科创型早期企业投资的积极性。

从科创板整体概况来看，截止到2020年9月16日，科创板上市企业173家，总市值28 070.65亿元，总股本557.95亿股，平均市盈率为90.36倍。从行业分布角度来看，新一代信息技术产业占据绝对优势，合计上市67家，此后排名靠前的行业有生物产业39家，高端装备制造产业28家，新材料产业23家，其他产业领域的上市公司布局目前相对较少（见表14－9、见图14－16）。

表 14-9　科创板 173 家上市公司的科创主题明细

科创主题	科创主题明细	公司数量（家）
新一代信息技术产业	电子核心产业	28
	人工智能	1
	互联网与云计算、大数据服务	4
	新兴软件和新型信息技术服务	24
	下一代信息网络产业	10
新能源汽车产业	新能源汽车相关设施制造	1
	新能源汽车相关服务	1
	新能源汽车装置、配件制造	1
新能源产业	太阳能产业	3
新材料产业	先进有色金属材料	4
	高性能纤维及制品和复合材料	1
	先进无机非金属材料	3
	先进石化化工新材料	7
	先进钢铁材料	2
	前沿新材料	6
相关服务业	新技术与创新创业服务	1
生物产业	生物质能产业	1
	生物农业及相关产业	1
	其他生物业	2
	生物医药产业	22
	生物医学工程产业	13
节能环保产业	高效节能产业	2
	先进环保产业	7
高端装备制造产业	智能制造装备产业	20
	航空装备产业	1
	卫星及应用产业	3
	海洋工程装备产业	1
	轨道交通装备产业	3

资料来源：Wind。

从募集资金情况来看，自 2019 年 7 月至 2020 年 9 月，科创板 173 家上市公司拟募集资金合计为 1 804.43 亿元，平均每家公司拟

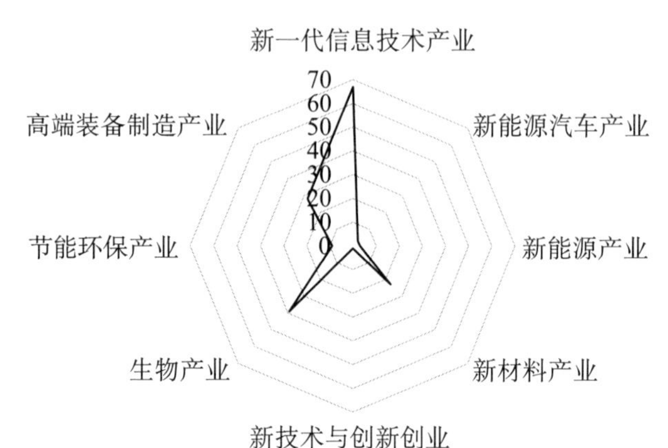

图 14-16 科创板 173 家上市公司的行业分布

资料来源：Wind。

募集资金 10.43 亿元。从实际募集结果看，科创板 173 家上市公司最终 IPO 募集资金总额合计为 2 611.08 亿元，平均每家公司募集资金总额为 15.09 亿元。募集资金总额最高的上市公司是中芯国际，为 532.30 亿元，其次是中国通号，募集 105.30 亿元（见表 14-10）。募集资金位居前列的上市公司所属的细分行业主要为电子核心产业、下一代信息网络产业、先进石化化工新材料、新兴软件和新型信息技术服务、新能源汽车相关服务、生物医药产业等。

表 14-10 科创板 IPO 募集资金总额前 20 位的上市公司

排序	公司名称	募集资金总额（亿元）	排序	公司名称	募集资金总额（亿元）
1	中芯国际-U	532.30	11	福昕软件	28.72
2	中国通号	105.30	12	传音控股	28.12
3	奇安信-U	57.19	13	澜起科技	28.02
4	凯赛生物	55.61	14	寒武纪-U	25.82

续前表

排序	公司名称	募集资金总额（亿元）	排序	公司名称	募集资金总额（亿元）
5	康希诺-U	52.01	15	天合光能	25.31
6	君实生物-U	48.36	16	沪硅产业-U	24.12
7	金山办公	46.32	17	华熙生物	23.69
8	石头科技	45.19	18	泽璟制药-U	20.26
9	华润微	43.13	19	圣湘生物	20.19
10	孚能科技	34.05	20	瑞联新材	19.96

资料来源：Wind，数据截至 2020 年 9 月 16 日。

从首发市盈率来看，科创板上市公司（不包含发行时尚未盈利的公司）的首发市盈率均值为 71.43 倍，中位数为 47.45 倍，位居前 14 位的上市公司首发市盈率均超过 100 倍（见表 14-11）。硬科技企业契合国家战略，科技含量高，理应得到较高的估值。我国传统的 IPO 标准更加看重盈利水平与净资产规模，这在一定程度上弱化了对硬科技企业未来成长性的估值。而此轮科创板通过“取消直接定价方式，全面采用市场化的询价定价方式”“增加‘战略配售＋绿鞋机制＋保荐机构＋高管参与’这 4 类配售机制”“首发及增发前 5 个交易日不设涨跌幅”等改革，大大提高了市场对科技型成长企业的价格发现效率，为股票合理定价保驾护航。

表 14-11　科创板首发市盈率前 20 位的上市公司

排序	公司名称	首发市盈率（摊薄）	排序	公司名称	首发市盈率（摊薄）
1	孚能科技	1 737.49	11	中芯国际-U	113.12
2	圣湘生物	536.30	12	芯源微	112.70
3	微芯生物	467.51	13	成都先导	110.77
4	艾迪药业	285.07	14	绿的谐波	106.24
5	特宝生物	209.46	15	海尔生物	89.05

续前表

排序	公司名称	首发市盈率（摊薄）	排序	公司名称	首发市盈率（摊薄）
6	国盾量子	196.99	16	高测股份	80.67
7	福昕软件	191.42	17	睿创微纳	79.09
8	优刻得-W	181.85	18	金山办公	78.37
9	中微公司	170.75	19	三生国健	75.73
10	凯赛生物	120.70	20	普门科技	74.65

资料来源：Wind，数据截至2020年9月16日。

我国在扶持高新技术企业发展上做了很多尝试和努力，但仍有很多企业选择赴海外上市，这表明我国的IPO制度亟待改进。而科创板此次大胆改革与创新为硬科技企业扎根中国资本市场提供了新的窗口。

从资本市场的功能视角出发，科创板主要对我国科技投资产生以下影响：

1. 科创板是对我国资本市场体系的进一步完善，能有针对性地满足高科技成长企业的融资需求。科创板推出之前，国内的资本市场主要包括主板、中小板、创业板、新三板、区域性股权交易市场和场外交易市场（OTC），然而当时创业板在帮助科技型企业融资方面并未起到十分显著的作用。此次，科创板主要面向新一代信息技术、高端装备、新材料、新能源、节能环保、生物医药六大方向，将有针对性地满足符合国家战略、科技创新能力强的企业的融资需求。

2. 科创板让我国风险投资机构有了更多的投资机会和退出渠道，一定程度上能够带动风险投资业投资科技领域项目的积极性。

3. 科创板使国内二级市场投资者可以直接投资于高新技术企业，享受我国高科技创新型企业快速成长的红利。

4. 科创板会在一定程度上吸收其他板块的存量资金，长期来看将促进板块之间的良性竞争，倒逼其他板块（如创业板等）进行创新改革。

5. 科创板设有注册制和退出机制。根据注册制，企业必须根据法律法规对公司的经营状况等实施完整、真实的披露，这样将有效减少对价值投资者利益的损害；而退出机制的设定，强化了市场机制对企业的甄选，竞争能力较差的企业将从市场迅速出清，让资金下沉到真正具有发展前景的优质企业。

第十五章 硬科技与资本市场

畅通科技型企业国内上市融资渠道，增强科创板“硬科技”特色。

——《中华人民共和国国民经济和社会发展第十四个五年规划和2035年远景目标纲要》

一、我国的资本市场体系

中国资本市场经过30多年的快速发展已经建立了包括主板、中小板、创业板以及新三板和区域性股权交易中心在内的多层次资本体系。随着2019年科创板的推出，与拥有200多年历史的美国资本市场相比，中国资本市场体系更加健全和完善，能够为处于不同生命周期阶段的企业提供融资服务。中美资本市场体系的对比见图15-1。

成立时间较短的创新型初创企业可以选择门槛较低的区域性股权交易中心和新三板进行融资，处于成长期的科技成长型企业可以选择科创板和创业板进行融资，处于成熟期的稳定发展的企业可以选择中小板和主板进行融资。各个板块的市值参见图15-2。

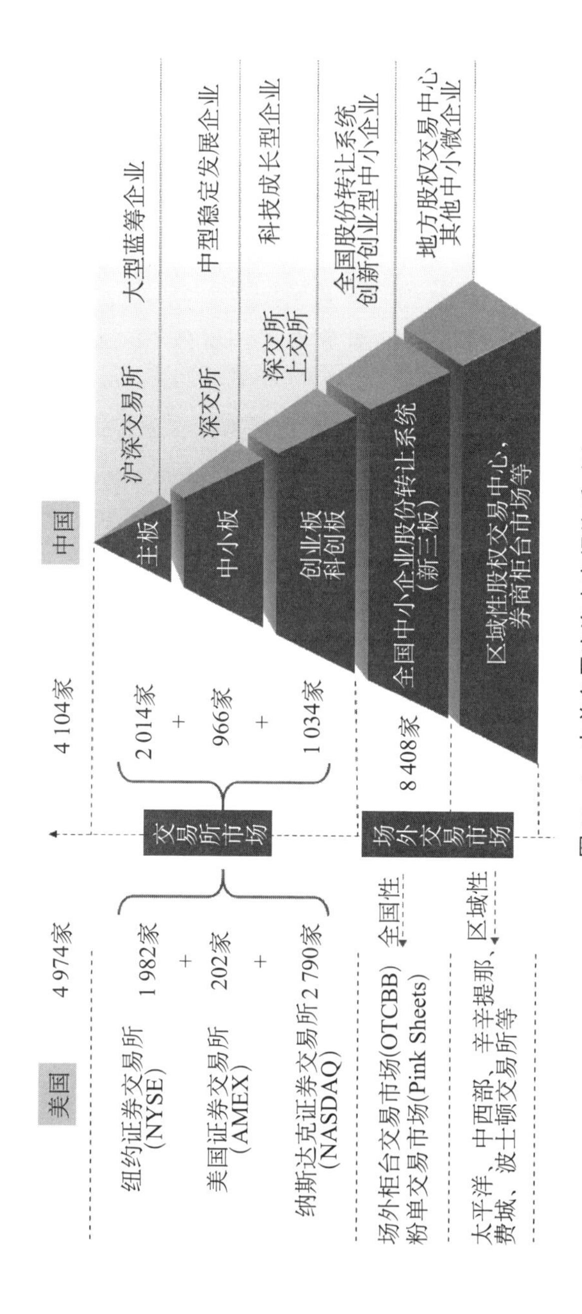

图 15-1　中美多层次资本市场体系对比

资料来源：Wind、上交所、深交所，截至2020年9月17日。

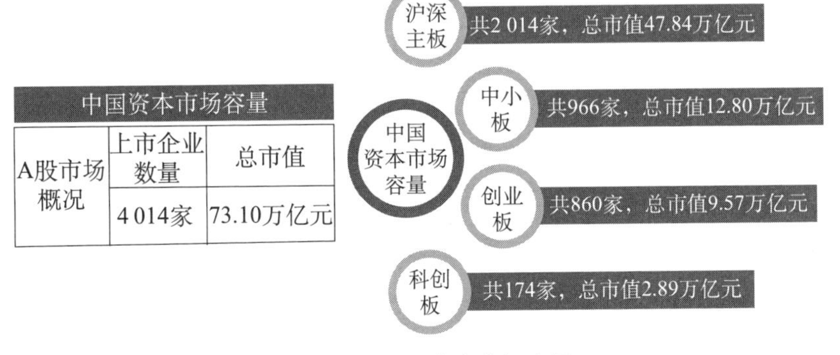

图 15-2　中国资本市场容量

资料来源：Wind、上交所、深交所，截至 2020 年 9 月 17 日。

一直以来中国金融体系以间接融资为主。以 2018 年为例，根据 2019 年 2 月央行公布的数据：中国的社会融资规模中比重最大的为贷款融资，占比为 68.65%，主要为银行提供的人民币贷款(67.59%)，说明我国依然是一个主要依靠间接融资的国家；其次是直接融资，占比为 13.41%，其中债券融资占比 9.98%，股票融资占比 3.43%；再次为表外融资，占比为 11.64%，其中委托贷款、信托贷款和未贴现票据分别占比 5.96%、3.80%和 1.88%；地方政府专项债和其他项目则分别占比 3.67%和 2.63%。

2014—2019 年，中国证券市场的股权融资规模经历了一个由增长到下降的过程。2014 年企业 IPO 和上市公司再融资合计的股权融资规模为 7 646.32 亿元，2016 年增长到 18 673.66 亿元；随着 2017 年各项融资政策的收紧，2018 年大幅下降至9 129.99 亿元；2019 年，随着科创板的推出，IPO 融资规模比 2018 年大幅回升，为 2 532.48 亿元，整体股权融资规模合计为 9 463.76 亿元，止住了下滑趋势（见表 15-1）。

表 15-1　我国证券市场股权融资规模（亿元）

类型	2014 年	2015 年	2016 年	2017 年	2018 年	2019 年
IPO	666.32	1 576.39	1 496.08	2 301.09	1 378.15	2 532.48
增发	6 842.03	12 253.07	16 879.07	12 705.31	7 523.52	6 797.40
配股	137.97	42.34	298.51	162.96	228.32	133.88
合计	7 646.32	13 871.80	18 673.66	15 169.36	9 129.99	9 463.76

资料来源：Wind。

正如习总书记所强调的，金融是实体经济的血脉，为实体经济服务是金融的天职，是金融的宗旨。金融要把为实体经济服务作为出发点和落脚点，全面提升服务效率和水平，切实防止并根本扭转“脱实向虚”的情形。要深化金融体制改革，增强金融服务实体经济能力，提高直接融资比重，促进多层次资本市场健康发展。2019年，资本市场顶层架构政策趋于完善。未来资本市场将会牢牢把握住服务实体经济这一核心，随着科创板推出、并购重组以及再融资政策趋于宽松，加大直接融资的比重，相信今后股权直接融资规模将会大幅提高。

二、各板块上市条件对比

在我国证券市场上，主板和中小企业板两板块的上市条件基本相同，创业板和科创板有两套独立的上市条件。

◎板块定位

从板块定位来看，主板、中小板没有明确的确制，上市企业可有多个主业。在创业板上市的企业应是创新驱动的。创业板定位于深入贯彻创新驱动发展战略，适应创新、创造、创意的大趋势，主要服务成长型创新创业企业，并支持传统产业与新技术、新产业、新业态、新模式深度融合。农林牧渔业等 12 个行业的企业，原则上不支持其申报在创业板发行上市。但鉴于创业板主要服务成长型创新创业企业，所以，负面清单并没有“一刀切”：如果有与互联网、大数据、云计算、自动化、人工智能、新能源等新技术、新产业、新业态、新模式深度融合的创新创业企业，仍可在创业板上市。科创板上市企业定位于科技驱动型企业：面向世界科技前沿，面向经济主战场，面向国家重大需求。优先支持符合国家战略、拥有关键核心技术、科技创新能力突出、主要依靠核心技术开展生产经营、具有稳定的商业模式、市场认可度高、社会形象良好、具有较强成长性的企业。科创板上市企业应同时满足三项指标要求：(1) 一般企业，三年累计研发投入占三年累计营业收入比例 5%以上或三年累计投入 6 000 万元；软件企业，三年累计研发投入占三年累计营业收入比例 10%以上。(2) 5 项发明专利（软件企业除外）。(3) 最近三年营业收入符合增长率达到 20%或最近一年达到 3 亿元。若不满足上述条件，须符合以下任意一项：(1) 被认定为国际领先；(2) 获得国家自然科学奖、科技进步奖、技术发明奖；(3) 国家重大科技专项；(4) 生产关键设备、关键产品、关键零部件、关键材料等，并实现了进口替代；(5) 发明专利（含国防专利）合计 50 项以上。

◎各板块上市的财务条件

从财务条件来看，主板、中小板上市企业应同时满足以下标准：最近三年盈利，且累计超过 3 000 万元；最近三年经营活动现金流量净额累计超过 5 000 万元或者最近三年营业收入累计超过 3 亿元（实际执行：最后一年净利润 8 000 万元）。此外，企业还应满足如下条件：最近一期末不存在未弥补亏损；最近一期末无形资产占净资产的比例小于等于20%；不得有显失公平的关联交易，关联交易价格公允，不存在通过关联交易操纵利润的情形；与控股股东、实际控制人及其控制的其他企业间不得有同业竞争；所募集的资金应当有明确的使用方向，原则上用于主营业务。

创业板上市应满足的净利润、现金流、营业收入条件是，要满足以下标准之一：（1）最近两年净利润均为正，且累计净利润不低于5 000万元；（2）预计市值不低于10亿元，最近一年净利润为正，且营业收入不低于1亿元；（3）预计市值不低于50亿元，且最近一年营业收入不低于3亿元。而对于红筹企业和存在表决权差异的企业，单独设定了两套上市标准：一是预计市值不低于100亿元，且最近一年净利润为正；二是预计市值不低于50亿元，最近一年净利润为正且营业收入不低于5亿元。

在未弥补亏损、无形资产方面，创业板上市未规定相关要求。在关联交易方面，创业板上市要求不得有严重影响公司独立性或者显失公允的关联交易。在同业竞争方面，创业板上市要求不得有构成重大不利影响的同业竞争。在募集资金的用途方面，创业板上市要求应当有明确的使用方向，原则上用于主营业务。

科创板上市应满足的净利润、现金流、营业收入条件是，要满足以下标准之一：（1）预计市值不低于10亿元，最近两年净利润均为正且累计净利润不低于5 000万元；或者预计市值不低于10亿元，最近一年净利润为正且营业收入不低于1亿元。（2）预计市值不低于15亿元，最近一年营业收入不低于2亿元，且最近三年累计研发投入占最近三年累计营业收入的比例不低于15%。（3）预计市值不低于20亿元，最近一年营业收入不低于3亿元，且最近三年经营活动产生的现金流量净额累计不低于1亿元。（4）预计市值不低于30亿元，且最近一年营业收入不低于3亿元。（5）预计市值不低于40亿元，主要业务或产品须经国家有关部门批准，市场空间大，目前已取得阶段性成果。医药行业企业需要至少有一项核心产品获准开展二期临床试验，其他符合科创板定位的企业须具备明显的技术优势并满足相应条件。以上所称的净利润以扣除非经常性损益前后的低者为准，所称净利润、营业收入、经营活动产生的现金流量净额均指经审计的数值。对于营业收入快速增长、拥有自主研发的国际领先技术、在同行业竞争中处于相对优势地位的尚未在境外上市的红筹企业，申请在科创板上市，市值及财务指标应至少满足下列标准之一：（1）预计市值不低于100亿元；（2）预计市值不低于50亿元，且最近一年营业收入不低于5亿元。对于发行人具有表决权差异安排的，市值及财务指标应至少满足下列标准中的一项：（1）预计市值不低于50亿元；（2）预计市值不低于50亿元，且最近一年营业收入不低于5亿元。

在未弥补亏损、无形资产方面，科创板上市没有相应条件。在关联交易方面，科创板上市要求不得有严重影响公司独立性或者显失公允的关联交易。在同业竞争方面，科创板上市要求不得有构成重大不利影响的同业竞争。在募集资金的用途方面，科创板上市要求所募集的资金主要用于主营业务，重点投向科技创新领域。

此外，无论是在主板、中小板，还是在创业板、科创板上市，都对公开发行比例有如下要求：若发行后总股本超过4亿股，公开发行比例不低于10%；若发行后总股本在4亿股以下，公开发行比例不低于25%。

从上市标准实际选择情况来看，截止到2020年9月16日，根据对科创板173家上市公司的统计，科创板上市标准（1）的采用频率最高，为143家；其次是上市标准（4），选择频率为15家（见表15-2）。

表 15-2　科创板公司所选择的上市标准

科创板上市标准	采用的公司数（家）
上市标准（1）	143
上市标准（2）	6
上市标准（3）	1
上市标准（4）	15
上市标准（5）	5
特殊表决权上市标准（2）	1
红筹股上市标准（2）	2
总计	173

资料来源：Wind，数据截至 2020 年 9 月 16 日。

◎上市的主体资格和规范运行要求

主板、中小板、创业板、科创板上市对主体的资格要求是一致的。

董监高（董事、监事、高级管理人员）禁止情形包括：被证监会采取证券市场禁入措施尚在禁入期内；最近 36 个月内受到证监会行政处罚，或者最近 12 个月内受到交易所公开谴责；因涉嫌犯罪被司法机关立案侦查或因涉嫌违法被证监会立案调查，尚未有明确结论。

发行人禁止情形包括：最近 36 个月内未经法定机关核准，擅自公开或者变相公开发行过证券；或者有关违法行为虽然发生在 36 个月前，但目前仍处于持续状态。最近 36 个月内违反工商、税务、土地、环保、海关或其他法律和行政法规，受到行政处罚，且情节严重。涉嫌犯罪被司法机关立案侦查，尚未有明确结论意见。严重损害投资者合法权益和社会公共利益的其他情形。

控股股东及实际控制人不存在贪污、贿赂、侵占财产、挪用财产或者破坏社会主义市场经济秩序的刑事犯罪，不存在欺诈发行、重大信息披露违法或者其他涉及国家安全、公共安全、生态安全、生产安全、公众健康安全等领域的重大违法行为。

会计基础工作规范，财务报表的编制和披露符合企业会计准则及相关信息披露规则的规定，最近三年财务会计报告由注册会计师出具无保留意见的审计报告。

内控制度健全且被有效执行（无保留意见的内控报告）。

不存在为控股股东、实际控制人及其控制的其他企业进行违规担保的情形。

不存在资金被控股股东、实际控制人及其控制的其他企业以借款、代偿债务、代垫款项或者其他方式占用的情形。

表 15-3 整理了在主板、中小板、创业板、科创板上市对企业规范运行方面的要求。

表 15-3　主板、中小板、创业板、科创板的规范运行条件对比

	主板、中小板	创业板	科创板
主体资格	依法设立且合法存续的股份有限公司		
经营年限	有限责任公司按原账面净资产值折股整体变更为股份有限公司，存续时间可以从有限责任公司成立之日起计算，持续经营时间在 3 年以上（36 个月）		
注册资本	注册资本足额缴纳，发起人或股东用作出资的资产的财产权转移手续已办理完毕		
主要资产	不存在重大权属纠纷		
主营业务变化	最近 3 年内没有发生重大变化	最近 2 年内没有发生重大不利变化	
实际控制人变更	最近 3 年内未发生变更	最近 2 年内未发生变更	
董事、高管变化	最近 3 年内未发生重大变化	最近 2 年内未发生重大不利变化	
核心人员变化	无要求		最近两年核心人员无重大不利变化

续前表

	主板、中小板	创业板	科创板
股权清晰	控股股东和受控股股东、实际控制人支配的股东所持发行人的股份不存在重大权属纠纷		
独立性要求	资产完整、人员独立、财务独立、机构独立、业务独立		

三、科创板是硬科技企业上市的摇篮

为进一步贯彻落实党中央国务院关于科创板建设的部署要求，落实科创定位，更好地支持和鼓励硬科技企业在科创板上市，加速科技成果向现实生产力转化，促进经济发展向创新驱动转型，国家设立了科创板。

科创板创立的初衷是扶持国家的科技创新型产业，为企业上市进行融资，尤其是初创阶段的中小型科创公司。科创板的推出将为企业的先进技术、创新成果带来更多展示的机会，也为企业快捷募集资金、快速推进科研成果转化带来便利，加速科创企业发展。

申请首次公开发行股票并在科创板上市，应当符合科创板定位，面向世界科技前沿、面向经济主战场、面向国家重大需求。优先支持符合国家战略、拥有关键核心技术、科技创新能力突出、主要依靠核心技术开展生产经营、具有稳定的商业模式、市场认可度高、社会形象良好、具有较强成长性的企业。

《上海证券交易所科创板企业上市推荐指引》中明确指出：保荐机构应当基于科创板定位，推荐企业在科创板发行上市。保荐机构在把握科创板定位时，应当遵循下列原则：

1. 坚持面向世界科技前沿、面向经济主战场、面向国家重大需求；

2. 尊重科技创新规律和企业发展规律；

3. 处理好科技创新企业当前现实和科创板建设目标的关系；

4. 处理好优先推荐科创板重点支持的企业与兼顾科创板包容的企业之间的关系。

保荐机构应当按照《实施意见》《注册管理办法》《审核规则》明确的科创板定位要求，优先推荐下列企业：

1. 符合国家战略、突破关键核心技术、市场认可度高的科技创新企业；

2. 属于新一代信息技术、高端装备、新材料、新能源、节能环保以及生物医药这些高新技术产业和战略性新兴产业的科技创新企业；

3. 互联网、大数据、云计算、人工智能和制造业深度融合的科技创新企业。

保荐机构在优先推荐前款规定企业的同时，可以按照《上海证券交易所科创板企业上市推荐指引》的要求，推荐其他具有较强科技创新能力的企业。

保荐机构应当准确把握科技创新的发展趋势，重点推荐下列领域的科技创新企业：

1. 新一代信息技术领域，主要包括半导体和集成电路、电子信息、下一代信息网络、人工智能、大数据、云计算、新兴软件、互联网、物联网和智能硬件等；

2. 高端装备领域，主要包括智能制造、航空航天、先进轨道交通、海洋工程装备及相关技术服务等；

3. 新材料领域，主要包括先进钢铁材料、先进有色金属材料、先进石化化工新材料、先进无机非金属材料、高性能复合材料、前沿新材料及相关技术服务等；

4. 新能源领域，主要包括先进核电、大型风电、高效光电光热、高效储能及相关技术服务等；

5. 节能环保领域，主要包括高效节能产品及设备、先进环保技术装备、先进环保产品、资源循环利用、新能源汽车整车、新能源汽车关键零部件、动力电池及相关技术服务等；

6. 生物医药领域，主要包括生物制品、高端化学药、高端医疗设备与器械及相关技术服务等；

7. 符合科创板定位的其他领域。

四、我国硬科技企业的上市现状

◎盾量子：在科创板上市的量子通信先行者

科创板的设立极大地推动了硬科技企业的发展，完善了我国科技企业的融资渠道。截至2020年9月16日，科创板上市企业173家，总市值28 070.65亿元，总股本557.95亿股，平均市盈率为90.36倍。

《2019中国硬科技发展白皮书》指出，信息技术的特征是快速迭代，当前各国竞争白热化的领域主要为5G、量子技术、超级计算机和网络安全等。量子通信是量子信息学的一个重要分支，是利用量子态作为信息载体来进行信息交互的通信技术。现阶段，量子通信的典型应用形式包括量子密钥分发（quantum key distribution，QKD）和量子隐形传态（quantum teleportation）。以具备信息理论安全性证明的量子密钥分发（QKD）技术作为密钥分发功能组件，结合适当的密钥管理、安全的密码算法和协议而形成的加密通信安全解决方案，被称为“量子保密通信”。与公钥密码技术利用数学问题的求解实现远程密钥交换，并利用求解的计算复杂度来保障密钥分发安全相比，量子密钥分发的主要优势在于安全性——无论攻击者具有怎样的计算分析能力，乃至任意的量子计算分析能力，量子密钥分发都是安全的。

国盾量子是我国率先从事量子通信技术产业化的企业，科创细分主题为下一代信息网络产业。公司当前总市值 180 亿元，市盈率 PE（TTM）为 304.11 倍，市净率 PB 为 18.51 倍（统计截至 2020 年 9 月 16 日）。公司的主营业务为量子通信产品的研发、生产、销售及技术服务，为各类光纤量子保密通信网络以及星地一体广域量子保密通信地面站的建设系统地提供软硬件产品，为政务、金融、电力、国防等行业和领域提供组网及量子安全应用解决方案。

应用方面，公司产品被部署在量子保密通信骨干网、量子保密通信城域网和行业量子保密通信接入网，产品与技术得到了充分验证，在国家重大活动保障中发挥了作用，如“十八大”量子安全保障、“抗战胜利七十周年阅兵”量子安全保障、“十九大”量子安全保障、杭州 G20 峰会保电系统量子安全保障、青岛上合峰会保电系统量子安全保障、首届中国国际进口博览会保电系统量子安全保障等。

从融资历程来看，2014 年，国盾量子获得了中科大资产经营有限责任公司的天使轮融资，该公司是由中国科技大学独家出资设立的国有资产经营管理公司，负责学校科研成果转化与产业化工作，主要投资战略性新兴产业，目前其在国盾量子的持股比例为 13.5%。这种大学内对科研成果的融资支持模式十分类似于将微型硅谷植入高校，是一种非常值得借鉴的合作模式，将有效解决许多高校内科研成果被束之高阁的问题。此后，国盾量子陆续获得神州资本、国贸东方资本、国科控股的 Pre-A 和 A 轮融资（见表 15 - 4）。战略融资阶段，国盾量子主要获得了君联资本、国元创投、北京泰生等投资机构的支持。与普通财务投资不同，战略投资通常是出于整体布局考虑，为企业发展服务的，投资方和被投企业可能存在上下游关系，投资的同时往往附加大量资源与帮助，容易在业务上形成协同效应。

表 15－4　国盾量子融资事件表

PEVC 阶段			
投资披露日期	投资机构		投资轮次
2014/12/22	科大控股		天数轮
2015/5/12	神州资本		Pre-A 轮
2015/11/25	国贸东方资本，国科控股		A 轮
2016/2/23	君联资本（15 000 万元），国元创投（2 860 万元）		战略融资
2016/12/27	北京泰生（4 940 万元），国元直投（3 900 万元），新丝路基金		战略融资
2018/6/7	东方嘉富		战略融资
上市以来募集资金统计			
融资日期	融资方式	发行市盈率	融资金额（万元）
2020/6/23	IPO	196.99	72 360

资料来源：Wind、国盾量子招股书。

说明：风险投资阶段的金额未公开，部分现有数据是根据招股书股份转让价格推算的，或有不准确之处。

2020 年 6 月国盾量子首次公开发行股票，募集的资金总额为 72 360 万元，将主要投向量子通信网络设备项目和研发中心建设项目。2020 年 7 月 9 日，科大国盾量子技术股份有限公司在上海证券交易所科创板正式鸣锣上市，采用的标准是上市标准二，股票代码为 688027。

国盾量子的研发人员占比 45.41%，硕士博士学历员工合计占比 30.82%，40 岁以下员工占比 89.18%。整体来看，研发团队呈现规模大、学历高、年轻化的特征，学习能力强、接受新事物的速度快、可塑性强，队伍具备足够的创新能力。国盾量子的研发模式如图 15－2 所示。通过十余年的创新发展和积累，公司已拥有专利 212 项，其中发明专利 50 项、实用新型专利 118 项、外观设计专利 33 项、国际专利 11 项，计算机软件著作权 195 项，并拥有多项非专利技术。

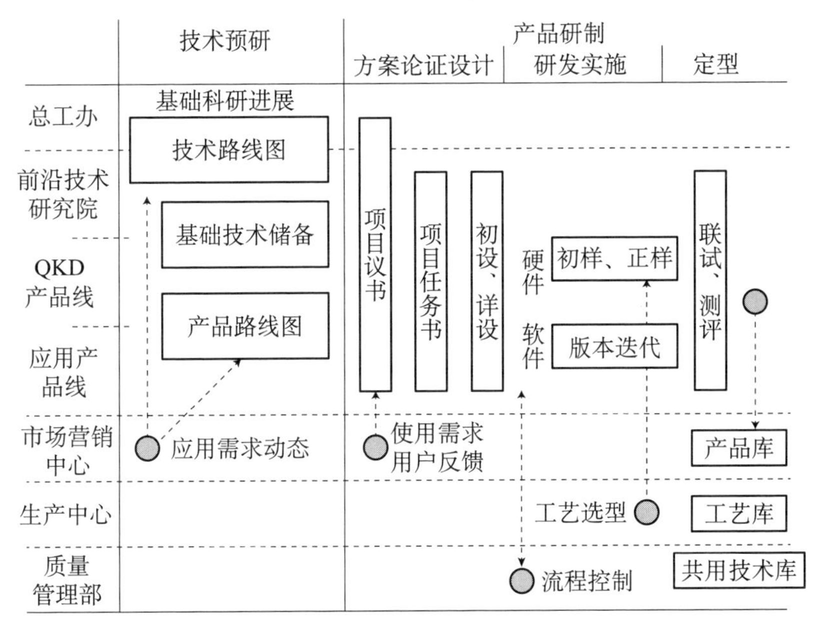

图 15－2　国盾量子的研发模式

资料来源：国盾量子招股说明书。

公司的主要产品包括量子保密通信网络核心设备、量子安全应用产品、核心组件、管理与控制软件四大门类，其中，量子保密通信网络核心设备主要包括 QKD 产品和信道与密钥组网交换产品，用于建立量子密钥分发链路，实现建链控制、链路汇接、链路切换、多链路共纤以及密钥多路由交换和管理，形成远距离覆盖、多链路组网的能力，并为全网终端按需提供量子密钥（见表 15－5）。

表 15－5　国盾量子的核心产品

产品类别	主要产品	产品样图	主要用途
量子保密通信网络核心设备	QKD 产品	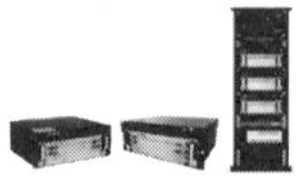	用于建立量子密钥分发链路，实现建链控制、链路汇接、链路切换、多链路共纤以及密钥多路由交换和管理，形成远距离覆盖、多链路组网的能力，并为全网终端按需提供量子密钥。
	信道与密钥组网交换产品		
量子安全应用产品	固网加密应用产品、移动加密应用产品	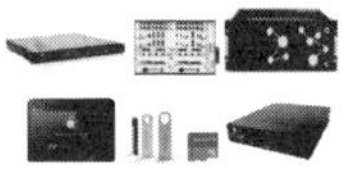	从量子通信网络获得量子密钥，为固网/移动终端、用户等提供加密传输、身份认证等服务。
核心组件	单光子探测器		主要应用于 QKD 设备，也可应用于量子信息的其他领域，如微弱光探测、随机数产生、量子力学实验演示等教学与科研仪器。
	量子随机数源		
管控软件	网络/网元管理与控制软件		用于各种量子保密通信网络的网络/网元管理和控制。

资料来源：国盾量子招股说明书。

技术先进性方面，公司 QKD 基于注入锁定的光源及编码技术、QKD 偏振编码调制技术、QKD 自稳定强度调制技术、QKD 信道波分复用技术、QKD 信道自适应技术等 11 项核心技术，广泛应用于公司 QKD 产品、波分复用等产品，达到国际先进水平；QKD 数据后处理技术、光源稳定控制技术、量子密钥输出控制技术、量子密钥中继高效安全传输技术、兼容量子密钥的 IPSec 协议技术、量子安全服务平台技术 6 项核心技术广泛应用于光源模块系列产品、量子密钥管理机系列产品、量子 VPN、量子加密路由器、QSS 系列产品等，达到国内先进水平。公司正在牵头或参与多项国际、国家及行业标准的制定，主要为：牵头制定国际标准 2 项、国家标准 1 项、密码行业标准预研 2 项、通信行业标准预研 3 项；参与制定国际标准 2 项、国家标准 1 项、密码行业标准及标准预研 2 项、通信行业标准及标准预研 12 项、金融领域行业标准 2 项、电力领域行业标准 2 项。

国盾量子是我国科创板上量子通信领域的第一颗新星，意义重大而深远，其上市将极大地丰富科创板的内涵。此外，其公开发行所募集的资金及后续可能进行的再融资，将有助于研发实现进一步突破，巩固我国量子通信在世界上的领先地位。

◎华大基因：硬科技和传统医学深度融合

截止到 2020 年 9 月 16 日，创业板共上市 857 家公司，总市值为 94 925.07 亿元，首发市盈率均值为 36.50，研发人员占比均值为 23.07%。

从当前创业板的行业市值构成来看，硬科技属性并不突出。根据申万一级行业分类，医药生物类企业总市值最高，为 22 333.76 亿元；其次是计算机行业，总市值合计为 11 684.64 亿元；此后还有电子行业、电气设备、机械设备，市值分别为 11 682.73 亿元、10 480.61 亿元、7 491.63 亿元。同时，创业板存在着大量属于传统行业的成长创新型企业。

2020 年 6 月 12 日，创业板改革和注册制试点开始。证监会发布了《创业板首次公开发行股票注册管理办法（试行）》《创业板上市公司证券发行注册管理办法（试行）》《创业板上市公司持续监管办法（试行）》《证券发行上市保荐业务管理办法》。与此同时，证监会、深交所、中国结算、证券业协会等发布了相关配套规则。

深交所为明确创业板定位，突出创业板特色，制定了《创业板企业发行上市申报及推荐暂行规定》。2020 年 8 月 24 日，深圳证券交易所组织创业板注册制首批企业上市。

简言之，在注册制下，创业板的行业定位可以具体归纳为“三创四新”，即企业符合“创新、创造、创意”的大趋势，或者是传统产业与“新技术、新产业、新业态、新模式”深度融合。本次改革使创业板活力迸发，企业申报创业板的积极性高涨，存量上市公司也积极运用再融资等资本工具做大做强。注册制改革后，创业板将为硬科技领域的成长企业提供一种除科创板以外、同样便捷的上市融资途径。

21 世纪被称为生命科学的时代，人类基因组计划被称为“21 世纪生命科学的敲门砖”。人类基因组计划以及后基因组计划的全面展开意味着我们将能够从分子水平阐明生命活动的本质。在可预见的未来，基因组学相关产业将在四大领域取得突破性发展：广泛应用于复杂疾病、农业基因组学、微生物学和宏基因组学，深刻影响人类健康、农业和环境保护；应用于生殖健康，显著减少出生缺陷，提高人类健康水平；肿瘤基因组研究将揭示肿瘤的发病机制，肿瘤基因组测序技术成为肿瘤的个体化治疗的基础，将贯穿疾病周期全流程，包括风险预测、早期筛查、分子分型、用药指导、预后监测等；基因组技术与传统临床医学的最新科研结果结合，形成精准医疗，为疾病诊断、治疗、临床决策带来革命性的改变。

华大基因的主营业务是通过基因检测、质谱检测、生物信息分析等多组学大数据技术手段，为科研机构、企事业单位、医疗机构、社会卫生组织等提供研究服务和精准医学检测综合解决方案，致力于减少出生缺陷，加强肿瘤防控，抑制重大疾病对人类的危害，实现精准治愈感染，全面助力精准医学。

从研发能力来看，公司核心管理团队在基因组学相关行业平均从业年限超过 14 年，公司积聚了一批高学历、高专业水平的年轻化优秀员工。截至 2019 年年末，华大基因的技术人员占比为 27.81%，78.35%的员工具有本科及以上学历，硕博学历人群占比合计为 31.24%，已成为公司研发的中坚力量。科研积累方面，截至2019 年年末，公司累计参与发表1 379 篇文章（其中包括 SCI 1 253 篇，CNNS 116 篇），累计影响因子为 11 401.7。公司及其全资、控股子公司拥有的已获授权专利共计 391 项。

公司核心业务覆盖全产业链，上游测序仪和配套试剂自主可控，中游在全球范围内运行超过 200 个基因组学实验室，且具有全面的资质优势，下游行业细分领域也均有布局。核心业务基本涵盖了当前精准医学的主要应用，包括生育健康领域、肿瘤防控领域、病原感染检测领域，并与之配套建设了强大的临床检测数据库。在渠道上，公司业务已经覆盖了全球 100 多个国家和地区，包括中国境内 2 000 多家科研机构和2 300 多家医疗机构（其中三甲医院 400 多家），欧洲、美洲、亚太等地区合作的海外医疗和科研机构超过 3 000 家。华大基因的核心优势如图 15－3 所示。

从融资历程来看，2014 年，华大基因集中披露了所融得的至少 67 060 万元风险投资，协助公司完成前期阶段的研发创新。

2017 年 7 月，通过首次公开发行股票并在深圳证券交易所创业板上市，深圳华大基因股份有限公司募集资金总额 54 696.40 万元，股票代码为 300676，首发市盈率为 22.99 倍。IPO 所募集的资金将主要投向云服务生态系统建设、医学检验解决方案平台升级、精准医学服务平台升级、基因组学研究中心建设、信息系统建设等项目（见表 15－6、表 15－7）。

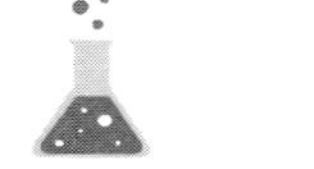

专利技术与产品线优势

- 国内少有的掌握核心测序技术的企业之一。
- 已获授权专利共计391项。
- 搭建了世界先进的多技术平台，可实现从中心法则到结构与功能的贯穿研究，构建生物技术与信息技术相融合的网络体系。

全面的资质优势

- 14家实验室通过相关技术验收。
- 3家实验室获首批遗传病诊断专业、植入前胚胎遗传学诊断专业、肿瘤诊断与治疗项目高通量基因测序技术临床应用试点单位资质。
- 深圳华大临检中心在地中海贫血基因检测及低深度全基因组测序检测方面取得审核合格证书。
- 产品获多项国外标准认证。
- 通过多项质量标准认证，主导或参与国家标准、地方标准、团体标准、企业标准研制合计25项。

实验室优势、临床样本积累优势

- 基因检测实验室23 家，运行累计超160 万小时， 多组学数据挖掘系统Dr. Tom专业用户注册超过6 600名。
- 与各医疗机构开展合作的联合实验室超200 家，与多家标杆医院形成战略合作关系。
- 大型科研项目及临床样本的积累，遗传病、肿瘤与病原数据库的支撑，多样化的临床研究案例，有助于实现感染病原的快速精准诊断。

基因组大数据优势

- 自建大型计算集群并开发出相应的基因数据分析软件，基因测序平台、蛋白质谱平台数字化能力达到行业领先水平。
- 自主测序仪占比超过95%，已建成基于本地化基因检测分析解决方案的一体机HALOS 和基因云计算平台BGI Online。
- 通过多组学数据挖掘系统Dr . Tom，满足个性化分析需求，打造集数据存储、管理、计算和应用为一体的闭环管理体系。

图 15－3　华大基因的核心优势

资料来源：华大基因招股说明书。

表 15-6 华大基因重要融资事件

募投项目名称	计划投资额（万元）	已投入募集资金（万元）
云服务生态系统建设项目	15 882.99	—
深圳医学检验解决方案平台升级项目	8 230.84	8 230.84
天津医学检验解决方案平台升级项目	6 299.94	6 325.03
武汉医学检验解决方案平台升级项目	7 117.70	7 145.81
精准医学服务平台升级项目	78 584.20	—
基因组学研究中心建设项目	36 948.11	10 787.66
信息系统建设项目	20 164.20	16 345.46

资料来源：Wind。

表 15-7 募投项目及当前资金投入进展

<table>
<tr><td colspan="4">PEVC 阶段</td></tr>
<tr><td>披露日期</td><td>投资机构</td><td>投资轮次</td><td>投资金额</td></tr>
<tr><td>2014 年 6 月</td><td>深圳市松禾资本管理有限公司</td><td>A 轮</td><td>未披露</td></tr>
<tr><td>2014 年 5 月</td><td>景林投资，华弘资本，成都光控，荣之联，盛桥投资，同创伟业，软银中国资本，上海国和投资，上海腾希，中金佳成，深创投，有孚创投</td><td>B 轮</td><td>60 000 万元</td></tr>
<tr><td>2014 年 11 月</td><td>华大投资</td><td>B+轮</td><td>7 060 万元</td></tr>
<tr><td colspan="4">上市以来资本市场募资统计</td></tr>
<tr><td>公告日期</td><td>募资方式</td><td colspan="2">募集资金</td></tr>
<tr><td>2017 年 7 月</td><td>IPO</td><td colspan="2">54 696.40 万元</td></tr>
<tr><td>2020 年 4 月</td><td>发行公司债</td><td colspan="2">50 000.00 万元</td></tr>
</table>

资料来源：Wind。

2020 年 4 月，华大基因发行两期公司债，分别是“20 华大 01”和“20 华大 02”，票面利率均为 3.5%，债项评级均为 AA，合计募集资金 50 000 万元，资金用途为补充流动资金，包括但不限用于补充日常营运资金、补充及置换前期为新冠肺炎疫情防控投入的资金，如采购新冠疫情检测物资及防护物资、增扩疫情防控相关业务产能等。

华大基因是我国基因检测与精准医学诊断领域的领先企业，但与国外同行业的竞争对手相比，在技术先进性上仍存在一定差距，产品的单位附加值仍存在提升空间。通过在创业板上市并进行后续再融资，华大基因的资金支持得到保证，这有助于公司进一步加强自主知识产权产品的研发，生产出达到国际领先水平的高附加值医学及科技服务型产品，增强公司的国际竞争力以及我国在基因诊断与精准医疗领域的话语权。

第四篇

政策篇

第十六章　如何加速硬科技成果转化

科技成果只有同国家需要、人民要求、市场需求相结合，完成从科学研究、实验开发、推广应用的三级跳，才能真正实现创新价值、实现创新驱动发展。

——习近平

一、周期长、风险大，硬科技成果转化难

科技发展需要真正转化为生产力，才能满足国家需要，推动人类进步。在当今时代，硬科技更要聚焦关键核心技术，服务于我国的长期战略性目标，真正转化为产业升级和经济发展的源动力。但目前我国的科技成果转化体系尚不完善。人才、资本、信息等要素的不充分供给及流动，以及科技成果申请、评价、许可、转让、确权及利益分配等体制机制的不足，导致我国大量科技成果停留在"实验室"，硬科技发展多是点上的进步，无法取得量和质的突破，我国科技潜力远远没有得到释放。因此，如何搭建成熟的科技成果转化体系，加速硬科技成果转化，助力科技与经济高效对接，是目前我国亟需关注的重要话题。

根据我国于 1996 年颁布的《中华人民共和国促进科技成果转

化法》，科技成果转化是指为提高生产力水平而对科学研究与技术开发所产生的具有实用价值的科技成果所进行的后续试验、开发、应用、推广，直至形成新产品、新工艺、新材料，发展新产业等活动。可以说，科技成果转化的过程，是通过对信息、人才、资本等资源的市场化配置，以及政府、研究机构、企业、中介机构的协调合作，将技术转变为生产力的过程，对各要素的充分供给以及与创新主体有效对接有着极高要求。此外，科技成果本身具有利益属性、权利属性和不确定性，因此科技成果转化的有效性与利益分配机制、知识产权保护制度以及风险补偿机制也息息相关。正是由于此，各国的科技成果转化普遍面临着科技成果评价和激励机制的方向引导作用不强、项目审核和专利保护等配套政策制度不完善、人才和资本要素与科技市场对接不充分、科技服务市场现代化不足、科研机构创新意愿不强且管理体制落后、企业吸收技术能力不足等固有难题。

硬科技是具有高技术难度和创新性、强战略引领性和产业支撑性、高风险性和长回报周期的一类特殊技术，其成果转化更加需要充分的信息对接、政策引导、市场投入和创新激励。具体来看：一是，硬科技通常是需要长期研发投入、持续积累形成的高精尖原创技术，重视基础研究且通常处于学科前沿，因此需要科学家、高技术人员和跨界人才的深度参与，需要高校和科研院所发挥强领导作用。二是，硬科技是国家形成核心竞争能力的关键技术，通常围绕国家战略目标展开，受到国家重点项目扶持，更有赖于国家的方向规划和政策保障。三是，硬科技具有较高的技术壁垒，以自主研发为主，需要较长时间的研究，具有较高的投资风险，更有赖于稳定充足的资本投入，需要更加完善多元的融资体系。因此，硬科技成果转化对人才、政策和资本都有着更高的要求，需要更加完善的科研机构激励管理机制、政府项目审核机制和资本引导机制等。

二、国外科技成果转化实践

深入了解国外硬科技成果转化经验，比较其共性和差异，对我国建设更加完善的硬科技成果转化体系有良好的借鉴意义。“科技成果转化”是我国科技管理工作专用的名词，国外与此较为相近的概念是“知识扩散、技术转移和商业化”。国际上没有“科技成果转化率”这一指标，通常通过包含研发合作协议数、专利申请数、专利授权数、新增企业数、研发经费来自企业的比例等在内的指标组成的综合评价体系来衡量科技成果转化效果。其中，科技成果转化能力突出、体系完备的代表性国家有美国、英国、德国、日本及韩国。

◎美国硬科技成果转化实践

1945 年，时任美国总统科技顾问的布什发布《科学：无止境的前沿》报告，强调政府对科学研究的关键支持作用。自那时起，美国一直积极推动促进科技成果转化的相关立法，完善科技成果转化流程和机制，出台政府采购、税收减免、项目资助等一系列支持政策，统筹国家实验室、科研院所、企业、中介服务机构间的协调合作关系，紧紧抓住全球第三次科技革命和产业变革机遇，通过在集成电路、计算机、互联网等硬科技领域的巨大突破，取代欧洲成为全球科技霸主。其促进科技成果转化的核心包括完善的法律法规、清晰的转化机制和专职机构、多样化的转化方式和支持政策。

完善的法律法规

20 世纪 80 年代以来，美国制定颁布了一系列法律法规，对知识产权归属、科研资助和奖励政策、利益分配和法律责任、政府有关部门职责以及转化各个环节都做出了严格规定，以保障科研成果转化和技术开发等各项政策的有效实施。相关立法调动了高校、科研机构和企业主动申报政府资助的研究项目的积极性，大大促进了技术成果的市场化流动和技术交易与转移，为美国的科技成果转化工作打造了良好的制度环境和牢固的政策基础。这些法律法规和政策包括：1980 年的《专利和商标法修正案》（《拜杜法案》）和《史蒂文森-威德勒技术创新法》，随后的《小企业技术创新法》《国家合作研究法》《联邦政府技术转移法》，以及 20 世纪 90 年代后的《国家竞争力技术转让法》《国家技术转让与促进法》《技术转移商业化法》《开启未来：迈向新的国家科学政策》《走向全球—美国创新的新政策》等。为使科技成果转化适应市场经济规则，建立有序的市场竞争秩序，美国还制定了一系列关于知识产权保护的法案，如《反垄断法》《投资法》《工业产权法》《资本市场规范法》等。

清晰的转化机制和专职机构

美国拥有较为成熟的科技成果转化机制，提升了硬科技成果的宏观转化效率和微观转化便利性。从宏观来看，美国政府首先选出将在未来的产业、经济和社会发展中发挥关键作用的新兴前沿技术；接着孵化和培育这些新兴前沿技术，促进其产业化；最后将新兴产业全球化。例如，美国政府于 20 世纪 90 年代推动并主导信息技术产业成为美国的国家支柱产业，并进一步将其发展为 21 世纪的全球高端产业。政府在此过程中发挥的重要作用是构建完善的科技服务市场、提供充足的科研项目资金资助，推动早期的基础研究成果产业化和市场化。美国负责科技成果转化工作的政府部门主要是商务部和国家专利局（USPTO）、国家技术转移中心（NTTC）、国家标准和技术研究院（NIST）、国家电信与信息管理局（NTIA）、国家科学技术委员会（NSTC）及国家产业技术委员会等，分别承担了审批、咨询、评估、监督等不同职责。从微观来看，美国高校和企业间也有较为成熟的转化机制：首先是发明披露环节，其次是创新性和应用性评估环节，再次是联系企业营销环节，最后是协议谈判和后续监督环节。在此过程中，美国高校设立了激励性的利益分配机制。例如，麻省理工学院的科技成果转让收入15%用于技术转让办公室的工作开支，其余部分的1/3归技术发明人、1/3归发明人所在院系或实验室、1/3归学校，这样就调动了各方积极性。

多样化的转化方式和支持政策

美国多样化的科技成果转化方式和全方位的支持政策为科研机构及企业提供了广阔的实践空间，减轻了科研机构的资金负担，分散了创新企业的转化风险，弥补了信息不对称造成的效率损失，搭建了积极完善的科技成果转化链条。

美国促进科技成果转化的主要方式分为四类：一是政府设立科技成果转化与技术开发项目，如“小企业创新项目”“制造技术推广伙伴项目”“小企业技术转移项目”“能量效率与再生能源研发项目”等。二是建立科技园区，由高校将研究成果转让给科技园区的企业或研发机构，或由科技成果研发者在园区内创业，例如，1951年由斯坦福大学创建的硅谷高技术产业园现已成为高科技企业的孵化器，新技术、新工艺、新产品的策源地。三是通过国家技术转移中心将科技成果转让给企业开发并应用于生产中，包括研究者将自己的专利成果一次性转让给企业、研发者将专利成果以折价入股的方式与企业合作开发、研发者以自己的专利成果直接创建新企业等方式。四是寻找国际同行业优势互补或强强联合的合作伙伴，为自己的新技术、新产品开拓国际发展空间和国外市场。

美国促进科技成果转化的主要政策包括为研究机构提供充足的科研经费，为企业提供金融支持和财税优惠，为社会和企业界提供及时全面的科技成果信息服务，放松对新兴产业的管制并为受到冲击的传统产业提供补偿，积极开展政府间、企业间和高校及研究者间的国际合作等。2013 年，奥巴马总统签署了《加速联邦研究成果技术转移和商业化，为企业高增长提供支持》备忘录，提出美国促进科技成果转化工作的新措施，包括：要求科研机构和国家实验室对更新迭代较快的科技成果承担二次研发甚至持续研发的责任，减轻企业对利益受损的担忧；加强不同部门、不同技术领域的科研机构和国家实验室间的交流，为涉及面较广、内容较复杂的科技成果转化任务提供多方合作的配套性技术支持；充分发挥互联网平台作用，进一步加强中介机构信息服务功能；发挥小企业在技术创新方面灵活、快捷、高效的长处；简化成果转让工作程序，缩短“申报—评估—批准”周期。

◎欧洲代表性国家硬科技成果转化实践

英国在蒸汽时代利用能源和动力领域的硬科技创新，发展纺纱织布、煤炭开采、钢铁冶炼、铁路运输、船舰建造等现代工业，成为世界科技强国，随后通过组建国家技术创新中心和构建产学研创新体系，持续推动科技成果产业化，以创新促发展。德国在电气时代引领了电动机、内燃机、大功率直流发电机等重大硬科技创新，支撑了西门子、戴姆勒等世界科技独角兽企业的诞生，为德国带来了强大的发展动力，随后，德国通过建立技术转移中心、产学研合作、管控利益冲突等方式推动科技成果转化，一直处于科技和创新强国行列。两国共同的科技成果转化重点举措包括建设国家技术转移中心和平台、构建产学研合作创新体系。

建设国家技术转移中心和平台

英国和德国的科技成果转化都依托于国家层面的技术转移中心，以及覆盖全国的成果转化网络，实现了信息和其他资源的有效对接。赫尔曼·豪泽博士于2010年3月提交给英国政府的《英国科技创新中心的现状及前景》报告中指出，英国科学技术创新对国家经济社会发展的贡献度不足，英国必须尽快消除科研成果商业化障碍，应建立国家层面的技术创新中心，构建技术与创新中心网络，为重点项目提供支持。英国政府采纳了此建议，于2010年投资2亿英镑，用于搭建国家级科技成果转移转化平台，先后设立细胞疗法技术创新中心、联通数字经济技术创新中心、未来城市技术创新中心、先进制造技术创新中心、近海可再生能源技术创新中心、卫星应用技术创新中心、交通系统技术创新中心7个国家技术创新中心（TICs），大幅推动了英国数字化经济发展、智慧城市建设、先进制造业发展、可再生能源技术部署以及卫星应用等产业的发展。

1994年，德国8个科研机构发起设立全国性的成果转化网络，现已发展为包含40个成员，涉及全德国250个科研机构和13万名科学家，形成横向的科技成果供需网络。同时，广泛的技术转移机构支撑起德国的纵向孵化网络，为创业企业提供了研发场地、咨询、尽职调查、资金等支持。该网络包括德国技术转移中心、德国史太白技术转移中心和德国弗劳恩霍夫协会等。此外，德国于2010年提出“高技术战略”并于2014年更新，更加聚焦科技成果转化为市场产品、工艺与服务，突出商业、科学、政府与社会的合力，为此构建了包括政府代表、商业协会代表、贸易工会、弗劳恩霍夫协会在内的协作平台。

构建产学研合作创新体系

20世纪90年代以来，英国政府先后实施了“联系计划”“知识转移合作伙伴计划”“技术计划”，鼓励企业投资于政府资助的研发成果的前期商业化开发，并逐渐在政府的统筹设计下形成了良好的产学研合作体系。此外，英国还以高校设立子公司的方式推行科技成果转化；设立科技成果专业化办公室，用于技术转移活动管理；设立校企联盟协会，用于加强学校、科研人员与企业间的密切联系；建立校院两级产学研联动机制，实现双重激励。英国高校还会为教师的科研成果产业化提供全面、专业的帮助，例如，牛津大学会帮助教师进行专利授权转让、建立衍生公司，并提供咨询服务；爱丁堡大学鼓励科研人员创业，定期召开投资者会议，邀请技术企业开展创业培训以帮助研究人员创业。

德国科技成果转化的高效总体上依赖于定位清晰的公共科研体系、高度重视创新的企业群体以及良好的产学研合作关系，其技术转移工作与上游的科研体系紧密相联，科研机构与广大中小型企业的合作广泛而深入。例如，德国四大国立科研机构探索出各具特色的产学研合作模式。弗劳恩霍夫协会本身的职能就是应用技术研发和成果转化，约三分之一的经费来自产业界，评价机制也在基础研究、应用研究、成果转化之间保持平衡；重视基础研究的马普学会成立了全资子公司“马普创新公司”，推动研究成果商业化；重视大装置和基础设施的亥姆霍兹联合会在各研究中心建立了技术转移机构，引入社会资本成立基金会，开展技术熟化和孵化工作；重视科技服务的莱布尼茨联合会建立了专门的应用实验室，联合企业开展技术熟化和成果转移。此外，德国建立了科技成果和人才数据库等科技情报网络，将企业界所需的信息以及高校的科技成果输入计算机，供双方查询与对接需求。

◎亚洲代表性国家硬科技成果转化实践

日本抓住了20世纪70年代末期全球半导体行业产业转移的历史机遇，在政府牵头、企业和研究机构的协力下取得了芯片领域的硬科技突破，并依靠技术和成本优势实现市场扩张，成为世界半导体中心。韩国抓住了20世纪80年代末期至90年代初期的第二次半导体产业转移机遇，利用美国的扶持以及成熟的政产研合作体系，形成产业优势并极大地促进了自身的经济发展。

法律保障和政策支持

20世纪90年代以后，日本政府意识到：若仅仅满足于改进技术和开发外围技术，整个国家的后续发展能力会不足，因此必须大力加强基础创新和源头创新，并鼓励和支持初创型高科技中小企业的发展。日本政府出台了一系列法律和政策，旨在促进日本大学和国立研究机构的技术成果向企业转移，加强大学及研究机构的创新活力，为中小企业提供技术支撑。[①] 例如，1995年的《科学技术基本法》规定，除使用政府提供的特殊试验设备或使用特别研究经费外，高校教师完成的技术成果均归其个人享有；1999年的《产业活力再生特别措施法》规定高校利用政府经费完成的科研项目，其成果开发获得的专利所有权完全归学校所有；2003年起，日本通过相关法令规定各高校要根据具体情况建立“知识产权本部”机

① 张晓东．日本大学及国立研究机构的技术转移．中国发明与专利，2010，(01).

构，统一管理知识创新和成果转让。此外，日本促进产学研合作、为科技成果转化构建良好制度环境的法律还包括《技术转移法》《产业技术强化法》《知识产权基本法》《专利法》等。

20 世纪 70 年代以来，韩国实施国家主导的经济赶超战略，涌现出三星、现代、LG、SK 等一系列实力雄厚的企业集团，在电子、汽车等先进技术领域的全球产业链中占据重要位置，成为“亚洲四小龙”之一。[①] 然而，尽管韩国已经位于高科技发展的前列，但高校的科研成果转化效率仍然不容乐观。为解决这一问题，2000 年前后，韩国相继出台以《产业教育促进与合作法》《科技成果转化促进法案》为代表的一系列促进高校科技成果转化的法律。

发挥政产研合作优势

日本的政产研合作体系较为完善，通过专门的技术转移机构（TLO）进行衔接协调。技术转移机构具有技术评估和市场分析、专利申请和知识产权维护、开展信息交流会等核心功能，受到政府的审核认可和资金支持，将高校的成果以专利许可等形式转移给企业，将企业的转化结果和利润分配反馈给高校。20 世纪 70 年代末，日本实施的超大规模集成电路的共同组合技术创新行动项目就是政产研合作的成功代表。该项目由日本通产省牵头，以日立、三菱、富士通、东芝、日本电气五大公司为骨干，联合了日本通产省的电气技术实验室、日本工业技术研究院电子综合研究所和计算机综合研究所，共投资 720 亿日元，用于进行半导体产业核心共性技术的突破研究。项目在实施的四年内共取得了 1 000 多项专利，推动了

---

① 杨哲，张慧妍，徐慧．韩国高效科技成果转化研究——以“产学研合作基金会”为例．中国高校科技，2012，(11).

全国的半导体、集成电路技术水平的提高，为日本半导体企业的进一步发展提供了平台，抢占了超大规模集成电路芯片市场的先机，令日本在微电子领域的技术水平与美国并驾齐驱。

韩国为开发政府引导下的产学研合作模式不断创新。其依据《产业教育促进与合作法》修订案成立了“产学研合作基金会”，将已有的众多促进产学研合作的机构和组织整合起来，形成体系化的科技成果转化机制。基金会作为独立法人获取高校和企业在科技转化合作中产生的专利，并就专利的使用、转让、收益分配等与企业达成合约；基金会下设技术成果转化中心，与科研人员建立密切联系，搜集所在高校的科研成果，转让给企业或是向企业出售使用许可以获取利润；所获得的利润用于投资回报、研究者的成果转让补偿、投资高校的基础设施建设，实现科研成果和资金双向流动。此外，韩国还推出了一系列鼓励科技成果市场化、产业化的税收政策，包括技术转让所得税及市场开发减免制度、新技术产业转化投资的税收抵扣政策、风险企业的税收优惠政策等。

◎国外硬科技成果转化经验总结

综合美国、英国、德国、日本、韩国的科技成果转化实践，结合硬科技的自有属性，我们可以总结出三方面共性举措和可借鉴经验。

一是营造良好的促进科技成果转化的法律政策环境。美、英、日等国家科技成果转化的成功离不开国家的法律保障，其中最重要的是知识产权归属和保护，对于硬科技这种技术开发周期长而回报率高的技术尤为如此。美国的《拜杜法案》明确知识产权的归属，允许大学和非营利组织将其拥有的专利向企业转让或发放许可，从而推动了联邦政府有关部门和机构及其下属的联邦实验室进行技术转移。英国的《专利法》规定，职务发明的知识产权归雇主所有。日本的《大学技术转让促进法》也把国立大学教师的职务发明由国家所有改为大学所有。这些不断完善和出台的法律法规极大地调动了大学从事知识产权经营的积极性，促进了科技成果的转化过程。

二是充分发挥政府在科技成果转移过程中的宏观调控作用。美、英、日、韩等国家的科技成果转化过程均得到政府的全力支持，关乎国家战略性技术和产业的硬科技发展更需要政府充分发挥保护、促进、引导、监督、协调等职能作用。政府通过颁布一系列法律法规界定、协调和保护利益相关方的权责；通过制定科技政策、财政支持、建设国家技术转移中心和风险投资机构等为科技成果转化营造良好的外部环境；通过建立技术评估体系和完善项目审核制度发挥其引导和监督职能；通过建设科技情报网络、构建科技成果孵化网络、助推科技服务市场发展等加强产业界和学术界的沟通，确保科技成果供需双方信息对称。政府通过加强宏观调控，对科技成果转移各方的资源进行优化配置，使利益各方实现社会效益和经济效益的最大化。

三是重视专门从事技术转移的机构建设和人才培养。充分、及时、准确地对接政府需求、市场需求、研究实力和进展。企业技术利用能力对高投入、高风险的硬科技至关重要。美、英、德、日等国家的高校等科研机构均设有专门负责技术转移工作的部门，社会上也有第三方服务机构，能够充分整合研究成果和市场信息，协助大学根据产业信息进行科研选题的确定或面向企业进行技术成果展销等活动，协助企业向大学提出技术需求并向大学进行技术招标或买进技术，促进后期的专利转让、许可，使双方信息和资源更好地融合，让科研机构的科技成果尽快转化为现实的生产力。此外，美、英、日非常注重网罗和培养专门的知识产权管理和经营人才。例如，美国高校的技术转移办公室从社会上招聘具有专业知识和企业长期实践经验的专家来从事技术转移工作；英国加强对各高校技术转移中心和人员的系统培训指导，提高技术转移人员的能力和素质。科技成果转化涉及技术和市场，需要技术转移人员具有较强的工程技术、法律、金融等交叉知识储备，并不是高校学者与一般管理人员能够胜任的。

三、加速中国硬科技成果转化

◎我国科技成果转化现状

新时代背景下，我国聚焦创新驱动发展的核心瓶颈和关键环节，强化科技成果转移转化，自 2015 年起相继修订和颁布《中华人民共和国促进科技成果转化法》《实施〈中华人民共和国促进科技成果转化法〉若干规定》《促进科技成果转移转化行动方案》这个科技成果转化“三部曲”。2020 年，教育部、国家知识产权局、科技部、财政部等又联合印发《关于提升高等学校专利质量促进转化运用的若干意见》《赋予科研人员职务科技成果所有权或长期使用权试点实施方案》等政策文件。截至 2020 年年底，中国颁布与科技成果转化有关的法律 1 部、行政法规 3 部、地方法规 64 部、规章 92 部，各种规范性文件 715 份，将科技成果转化上升到顶层设计层面，从修订法律、出台配套细则到部署具体任务给科技成果转化工作提供了充分的指引和依据。

随着法律的完善和政策支持，我国在 2016—2019 年间出现了“井喷式”的科技成果转化热潮，各高校积累的高价值科技成果逐渐实施转化。从绝对量看，据科技部评估中心发布的《中国科技成果转化2020年度报告》，2019年，3 450家公立高等院校和科研院所以转让、许可、作价投资方式转化科技成果的合同项数为15 035项，同比增长32.3%，合同总金额为152.4亿元，同比下降19.1%。中国科技评估与成果管理研究会秘书长韩军评述称，项目数量增加说明2019年科技成果转化活动持续活跃，金额减少可能是由于科技成果交易均价减少，大额科技成果转化项目数减少。高价值科技成果需要一定的研发周期，转化和产出不具备连续性，现有可转化的科技成果存量不多，后续成果的产出及转化尚需时日，硬科技正在此列。因此，提高科研机构的研究能力，加快硬科技技术研发，才是实现成果转化的基石。另外，从科技成果转化率看，多篇文献显示，无论采用何种统计口径，中国的科技成果转化率均低于西方发达国家。综合中国产业调研网发布的《中国科技成果转化行业发展现状分析与市场前景预测报告》、发改委和工信部负责人公开讲话，目前我国的科技成果转化率为10%～30%，技术成果能批量生产的仅占20%，能形成产业规模的只有5%，而西方发达国家的科技成果转化率一般在40%～80%。因此，科技成果转化率不高仍是我国现阶段的突出问题，高校院所反映的“四唯”问题仍然存在，科研成果与市场存在脱节情况，科研工作者的成果转化动力有待提高。

◎推动硬科技成果转化的建议

综合对国外科技成果转化实践的经验总结，以及对我国科技成果转化现状和问题的分析，本书从建立健全政产研合作体系，加强科技成果转化制度建设和落实，优化人力、金融和信息资源配置三方面对推动我国硬科技成果转化提出建议。

建立健全政产研合作体系

我国应明确硬科技成果转化过程中政府、企业、科研机构的定位和优势。一是政府应充分发挥方向引领、政策扶持、法律保护、监督评价、资源协调的作用。专设监督管理机构，比如，可以参考国外经验，设立重点产业的国家和区域技术转移中心、产业孵化网络；创新转化方式，比如，可以在传统的专利转让和许可这种方式之外，推广“创新代金券”，使中小企业从大学、国家实验室和研究机构“购买”专业知识，以研究、分析新技术的创新潜力，从而刺激创新并促进知识转移。二是应强化企业创新主体地位。发展科技企业孵化器，如在科研院所内部建成众创空间；发展新型研发机构，鼓励成立采取多方共建的全新组织形式、模式国际化、运行机制市场化、管理制度现代化、具有可持续发展能力、产学研协同创新的独立法人组织；打造产业集聚区，构建区域性的完善的产业链和生态体系，汇聚全方位的创新要素资源，使产业上下游紧密衔接，如武汉的“东湖高新区”“武汉光谷”、杭州的“数字经济基础设施和飞天产业集群”、西安的“西安港创新创业基地”等。三是应推进高校科技成果转化能力，鼓励高校开放实验室，设立内部技术转移中心，完善成果转化机制和工作落实评估，完善考核评价指标体系，完善利益分配机制。

加强科技成果转化制度建设和落实

科技成果分类管理机制。随着科技活动的日趋复杂，目前相对统一、粗放式的科技成果管理方式已很难适应科技发展的新形势，需要对科技成果进行分类管理，对科技成果进行分类评价并采用多元化的转化支持方式。对于具有公益性的科技成果，以其产生的社会效益为评价标准，政府可以通过政府采购、无偿转让等方式来推动此类科技成果的转化；对于具有市场化前景的科技成果，应以其产业化及所产生的经济效益为评价标准，政府应从营造市场环境、引导市场需求等方面入手，使科技成果能与市场对接，从而实现真正的转化。[①]

科研评价和专利审核机制。在资金和人员管理方面，科研机构应对科研评价机制进行积极探索，完善科研资金管理体制，发挥自身学科优势；完善相关人员考核以及职称考核制度，设立与科学成果转化相对应的职称评定、岗位管理、工资以及考核评价等，加强科研人员对科技成果转化和社会、经济效益的重视程度。在专利申请和管理方面，弱化专利数量在各级政府的“政绩”以及高校院所科研水平、教师科研能力考核中的分量，让“用于实际生产”成为专利申请的最高宗旨。[②] 对专利申请保持平常心态、增强成本意识，建立成果申报和事前筛选制度，把有限的精力和资源投入到真正有价值的成果上。

知识产权转移和保护机制。专利许可能够最大程度消除产权方面的困扰。采取措施鼓励专利许可而非专利转让，可能会有效提高科技成果转化效率。应该出台措施鼓励大学以许可方式对科技成果进行市场开发，采用与企业共同成长的收费策略。此外，应优化完善知识产权评估、专利融资等配套机制。

利益分配机制。应逐步厘清发明人、科研机构、企业三方的权利边界，区分产权和收益权，调整优化科研机构和发明人的收益分

---

① 贺德方．对科技成果及科技成果转化若干基本概念的辨析与思考．中国软科学，2011，(11).

② 沈健．我国大学专利转化率过低的原因及对策研究．科技管理研究，2021，41 (05).

配比例，综合利用物质奖励、股权分配等手段，且根据利益分配的规章制度严格对科研人员的业绩进行考核、认定并确定奖励机制，促进发明人、科研机构和企业能够发挥自身优势，激发发明人的创新意愿、科研机构的成果转化意愿和企业的成果利用意愿，减少高校和科研人员在科技成果转化过程中在利益分配上可能发生的纠纷。

优化人力、金融和信息资源配置

充分发挥科创板对硬科技企业的支持作用。为加速科技要素和资本要素的深度融合，最首要的是进一步支持和鼓励硬科技企业上市，强化科创板对硬科技发展的支持和推动作用。一是加强科创板企业知识产权的原创性、领先性、硬核性，提高专利保护水平。二是完善科创属性评价标准，提升科创企业的“硬科技”成色。科创板应助力真正具备核心科技能力、具备高技术壁垒的硬核公司，以及代表真正能够改变国家产业结构的技术和生产力的公司。三是注重科创板的信息披露属性，发挥监管部门和保荐机构的核查把关作用，加强发行人的信息披露，翔实论证企业的科技先进性、硬核性与科创含量。

培育从事科技转移的专业人才。科技成果转化的人才体系包含高层次领军人才、专业技术人才、天使投资人、知识产权工程师、财务税务法务专家等多种人才，其中我国的技术经理人等技术转移专业人才尤为欠缺，而这类人才是相当重要的。我国应设立技术经理人才培育平台，制定能力和职责标准，设立人才职称评审制度，构建包含技术经理人、技术工程师、产品经理在内的，能够承担市场与资源整合、技术开发、产品定义等职责的技术转移专业人才团队。

完善科技服务市场和信息共享。我国应加快解决服务机构和服务工作的“小、散、乱、低”问题，大力发展第三方科技服务机构，加快孵化器、专利产权、第三方检测认证等机构的产业化进程，发展专业的科技服务市场。此外，应进一步加强科技信息服务，充分发挥各级科技信息机构的作用，建立统一的电子化的科技成果信息数据库，对目前已登记的科技成果进行系统的整理，基于已掌握的科技成果信息资源，向政府提供战略咨询报告和决策支撑；建立科技成果信息公共服务平台，针对科技成果转化和产业化过程中大型企业、科技型中小企业、大学、科研机构、金融与投资机构等各类主体的不同需求，提供相应的科技成果和技术供需对接服务。

第十七章　把握硬科技浪潮，打造科技强国

科技是国之利器，国家赖之以强，企业赖之以赢，人民生活赖之以好。

——习近平

一、“两个一百年”与硬科技创新

科技是国家经济增长和人类社会发展的原动力，塑造和影响着全球政治经济格局，持续主导世界变革，是我国突破国内经济增长瓶颈、应对国际激烈竞争、把握百年发展机遇的必然选择。硬科技是各行业中的源头技术、关键核心技术、使能技术和支撑技术，需要长期研发投入和持续积累，具有较高的技术门槛和壁垒，有明确的应用场景和产业基础，具备引领性、基石性、创新性和经济性，是科技发展的重中之重，亦是我国实现“两个一百年”奋斗目标、建设富强民主文明的社会主义现代化国家的核心力量。

“两个一百年”奋斗目标由江泽民同志于1997年在中共十五大报告中首次提出，即“到建党一百年时，使国民经济更加发展，各项制度更加完善；到世纪中叶建国一百年时，基本实现现代化，建

成富强民主文明的社会主义国家”。2017 年，习近平总书记在中共十九大报告中指出，我们正处于“两个一百年”奋斗目标的历史交汇期，既要全面建成小康社会、实现第一个百年奋斗目标，又要乘势而上开启全面建设社会主义现代化国家新征程，向第二个百年奋斗目标进军。党的十九大报告为实现“第二个一百年”奋斗目标进行了清晰的路线部署，即“到 2035 年基本实现社会主义现代化，到 2050 年把我国建成富强民主文明和谐美丽的社会主义现代化强国”。

实现“两个一百年”奋斗目标并非空谈，需要从经济、政治、文化、社会和生态五大方面进行全面布局，而科技在促进经济增长、改善民生、保护生态环境、保障国家安全方面的作用不言而喻，科技创新已成为提高社会生产力和综合国力的战略支撑。党的十九大报告中十余次提到科技、五十余次强调创新，提出到 2035 年跻身创新型国家前列的目标。为推进“两个一百年”奋斗目标顺利实现，习近平总书记在党的十九大报告中强调了“七大战略”，其中“科教兴国战略”“人才强国战略”“创新驱动发展战略”集中体现出“科学技术是第一生产力”“创新是引领发展的第一动力”等重要思想，是加快建设创新型国家、推进社会主义现代化建设的重点战略。2020 年启动编制的“十四五”规划更是深刻把握当前国内外形势变化和新时期我国经济社会发展对高质量科技供给的迫切需要，对强化国家战略科技力量，发展人工智能、量子信息、集成电路、生命健康、脑科学等前沿科技，以及新材料、高端装备、新能源汽车等战略性新兴产业做出全面部署。

随着我国“坚持创新驱动发展”“科技强国”等理念的推进，以及一系列科技规划和创新的部署，“硬科技”的概念应运而生。“硬科技”由中科院西安光机所米磊博士于 2010 年首次提出，之后引起了相关部门领导和业界的广泛关注。2018 年 12 月 6 日，李克强总理在国家科技领导小组第一次会议上强调“突出‘硬科技’研究，努力取得更多原创成果”。2019 年 10 月 16 日，科技部火炬中心组织召开硬科技发展工作座谈会，研究推进硬科技发展工作。重视硬科技发展，与其本质特征和对国家经济、社会发展的重要作用密切相关。硬科技的本质特征和根本作用，正是对现有技术基础的升级和创新，可支撑企业获取创新收益及向价值链中高端演进，促进产业转型和区域高质量发展，创造新的经济增长点，提高国家竞争力，并最终推动人类生产组织方式、社会组织方式、生活方式发生重大变化。在我国经济发展正处于转型升级、提高质量的关键时期，硬科技创新将推进供给侧改革、制造业创新和培育新增长点，从而成为推动我国经济可持续增长、突破发展瓶颈，实现创新驱动发展的新动能。

综上，发展硬科技是对我国“强化国家战略科技力量”“建设世界科技强国”等目标的具体落实，是实现国家科技和创新战略的重中之重，是保障国家高质量发展和建设现代经济体系的必由之路，也是我国最终实现“两个一百年”奋斗目标的关键抓手。我国正站在新的历史起点上，必须把硬科技作为主攻方向，以硬科技突破带动国家创新能力全面提升，在硬科技领域着力构筑知识群、技术群、产业群互动融合的新形态，最终为创新驱动发展、建设世界科技强国、实现“两个一百年”奋斗目标做出重要贡献。

二、把握时代发展脉搏，加速硬科技发展

当今世界正经历百年未有之大变局，创新成为影响和改变全球竞争格局的关键变量。我国已转向高质量发展阶段，对科技创新提出了更高、更迫切的要求。在当今国际竞争激烈、国内发展受阻的

双重时代背景下，发展硬科技不仅是实现“两个一百年”奋斗目标的基础力量，也是我国把握新一轮科技革命和产业变革机遇的重要抓手；是催生新发展动能、支撑经济社会高质量发展的客观要求；是在日益激烈的国际科技竞争中，争夺全球话语权、摆脱西方发达国家对我国发展关键技术实施封锁遏制的必然选择。

第一，发展硬科技是我国应对国际经济科技竞争格局深刻调整、把握新一轮科技革命和产业变革机遇的重要抓手。硬科技对于国家竞争力和国际格局的重要影响在历史长河中已得到确证。农业时代，中国凭借印刷术、火药、指南针、造船技术等先进科技领先世界；蒸汽时代，英国凭借蒸汽机、煤炭开采、钢铁冶炼、铁路运输等现代工业成为世界工业强国；电气时代，德国、美国和日本凭借内燃机、电动机、汽车制造、精密仪器等积累了经济实力，飞速崛起；信息时代，美国凭借激光、原子能、半导体、计算机等关键科技突破和巨大的原始创新能力积累，占据了全球科技领先地位，并以此作为其获取全球霸权的基础。因此，硬科技在很大程度上塑造了历史和当代大国竞争格局，把握住能够影响未来产业突破性变革的关键核心技术是增强国际竞争力、重塑未来全球发展格局的关键。而今，随着第四次科技革命的到来，以人工智能、量子信息、区块链、集成光路为代表的新一代信息技术，以合成生物学、基因编辑、脑科学为代表的生物技术，以及先进制造技术和新能源技术，将推动全球步入数字时代、智能时代、光子时代和生物经济时代，人类生产组织方式和社会组织方式会迎来新的变革，国际经济科技竞争格局将面临深刻调整，全球也将迎来新一轮的科技力量博弈。

第二，发展硬科技是我国催生新发展动能、支撑经济社会高质量发展的客观要求。改革开放 40 多年来，我国经济快速发展主要依靠劳动力和资源环境的低成本优势、固定资产投资和市场化改革。但随着我国经济体量增加，低成本优势逐渐消失，人口红利和资本要素边际收益率递减；同时，随着产权结构变迁和市场化水平提高，制度创新对生产率提升的贡献逐渐减少。而科技创新具有不易模仿、附加值高等突出特点，由此建立的创新优势持续时间长、竞争力强；同时，科技创新具有乘数效应，不仅可以直接转化为现实生产力，而且可以通过科技的渗透作用放大各生产要素的生产力，提高社会整体生产力水平，对经济增长具有指数级的可持续推动作用。因此，我国经济发展需从生产要素导向和投资导向转为创新导向，科技创新将作为经济增长的主动力，推动我国经济结构调整和产业升级，顺利实现由高速增长向高质量增长的转变。正如习总书记指出的，“在这个阶段，要突破自身发展瓶颈、解决深层次矛盾和问题，根本出路就在于创新，关键要靠科技力量”。此外，面对国内外环境深刻变化带来的一系列新机遇、新挑战，党中央做出加快构建以国内大循环为主体、国内国际双循环相互促进的新发展格局的重大战略抉择，而科技创新是构建这一新发展格局的关键。科技驱动的技术密集型产业将推动我国产业链从下游逐渐向中上游发展，实现价值链从低端向高端转型，释放国内需求，提升人民生活品质。①

第三，发展硬科技是应对日益激烈的国际科技竞争、摆脱西方发达国家对我国发展关键技术实施封锁遏制的必然选择。当前正值世界百年未有之大变局，新一轮科技、产业变革和突发的新冠肺炎疫情推动全球经济、科技、文化、安全、政治等格局发生深刻调整，大国竞争成为当今时代无法回避的主旋律。各国都将科技视为

---

① 白春礼．强化国家战略科技力量．中国人大，2021，(07).

保障国家利益、决定大国竞争成败的核心力量，纷纷布局人工智能、量子计算、基因编辑、3D打印等技术，以求在全球科技竞争和产业竞争中占得先机。例如，2020年，美国政府密集出台了《关键和新兴技术国家战略》《国家5G安全战略》《美国量子网络战略远景》等针对新兴科技的顶层设计及专项发展文件，聚合国家力量抢占关键技术竞争优势；欧盟发布《塑造欧洲的数字未来》《人工智能白皮书》《欧洲数据战略》等顶级科技战略文件，投入巨额资金支持人工智能、超级计算、量子通信等战略性技术发展。此外，新一轮国际科技竞争中，中国等新兴力量的快速崛起引起了美欧等原科技领先地区的高度警惕。中美科技博弈迎来"斯普特尼克时刻"，美国会继续联合盟友打压遏制中国科技发展，选择性地运用出口管制与市场禁入、外资审查与阻断交流、成本强加与重组供应链等政策工具，对中国实施技术封锁、替代和排除。在此背景下，我国需要加快发展硬科技，在关键核心技术领域取得重大突破，加快实现我国科技自立自强，将创新主动权、发展主动权牢牢掌握在自己手中，以应对激烈的国际科技竞争，同时积极参与国际科技合作，为世界科技发展和进步贡献更多中国智慧、中国力量。

正如习近平总书记所指出的，"进入21世纪以来，全球科技创新进入空前密集活跃的时期，新一轮科技革命和产业变革正在重构全球创新版图、重塑全球经济结构……现在，我们迎来了世界新一轮科技革命和产业变革同我国转变发展方式的历史性交汇期，既面临着千载难逢的历史机遇，又面临着差距拉大的严峻挑战"。在挑战与机遇并存的国内国际复杂背景下，"只有把关键核心技术掌握在自己手中，才能从根本上保障国家经济安全、国防安全和其他安全"。中国应把握好这一历史机遇期，发展过硬的技术、志气、精神和实力，突破"卡脖子"技术，锻造"杀手锏"技术，强化事关国家安全和人民福祉的国家战略科技力量；以科技助推产业升级和经济高质量发展，实现价值链从低端向中高端的转移；抢占未来全球科技制高点，争夺全球科技治理话语权，利用新一轮科技革命成为创新型国家和世界科技强国。

三、打造硬科技创新强国

目前，具有重大产业变革前景的硬科技聚焦于新兴信息产业、生物产业、新能源产业、高端装备制造业、新材料产业等国家战略新兴产业，受到国家政策重点扶持。例如，2016 年 12 月，国家发改委发布《“十三五”生物产业发展规划》，提出“到 2020 年，生物产业规模达到 8 万亿～10 万亿元，生物产业增加值占 GDP 的比重超过 4%，成为国民经济的主导产业”；2017 年 1 月，工信部发布《物联网“十三五”发展规划》，明确物联网产业“十三五”的发展目标和具体任务；2017 年 1 月，工信部、国家发改委、科技部、财政部发布《新材料产业发展指南》，提出“到 2020 年，新材料产业规模化、集聚化发展态势基本形成，突破金属材料、复合材料、先进半导体材料等领域技术装备制约”；2017 年 7 月，国务院发布《新一代人工智能发展规划》，确定我国新一代人工智能发展的战略目标和主要任务。

整体而言，我国从顶层设计、完善法规、资金扶持、设立工程、构建生态等多方面，为国内硬科技创新营造良好环境。具体来看：人工智领域，我国产业发展政策体系逐步完善；信息技术领域，我国物联网和现代制造业融合发展，大力支持大数据技术研发和产业化；光电芯片领域，我国聚焦突破光通信核心技术，提高核心器件设备的国产化能力；生物技术领域，我国加快推动生物产业成为国民经济主导产业；智能制造领域，我国正扩大实施重大工程和示范试点项目建设；新能源领域，我国规范引导光伏、风电发展，因地制宜发展生物质能、地热能；新材料领域，我国设立专项资金支持，布局重点新材料产业化应用；航空航天领域，我国重视军民融合，完善航空基础设施建设，实施航天强基工程。除了国策的支持，我国不断增加科研投入，科研水平整体呈现高速提升，从新中国成立初期科研体系“积贫积弱”，转变为目前步入科技创新大国行列。我国的科技创新生态不断完善，逐渐形成涵盖国家自然科学基金、国家科技重大专项、国家重点研发计划、技术创新引导专项、基地和人才专项五位一体的研发体系，搭建起涵盖基础研发、重大战略技术和产品、产业能力提升、转移转化、人才建设全链条的研发体系。

以上为我国发展硬科技提供了有效支持和坚实保障。但同时，我国基础研究能力、科技成果转化能力以及科技金融生态仍存在较多问题。例如，基础科学研究短板突出，缺乏重大原创性成果，核心技术受制于人的局面没有得到根本性改变；技术研发对产业发展瓶颈和需求聚焦不够，科技投入的产出效益不高，科技成果转移转化、科技成果产业化和创造市场价值的能力不足；金融资本无法精准配置到科技的应用放大试验阶段，以银行为代表的间接融资市场受体制机制约束难以贷给科技企业，直接融资市场总量不足，初创型企业“第一桶金”严重缺乏；核心关键技术顶尖人才、复合型应用型及高技能人才、科技成果转化人才仍严重不足。我国想快速发展硬科技，需要聚焦紧迫问题和核心短板，有效调动资本、市场、人才要素，协调政府、产业界、学术界、社会团体等多方力量，完善科技生态系统，构建现代化科技创新体系。针对当前的短板和不足，发展硬科技可以从完善创新制度和基础能力建设，统筹发展资本、人才和文化要素，发挥政产研协同作用，促进科技和产业集群建设，加强关键技术供应链韧性，构建开放式自主创新体系几方面入手。

完善创新制度和基础能力建设

从制度角度，发展硬科技需要完善的科技创新制度体系和高水平平台的支撑保障。一是重点完善科研项目分类审核机制、科研人才创新激励机制、技术成果转化机制、知识产权保护机制、高技能人才培养机制、海外人才引进和保护机制；二是完善国家质量基础设施，加强标准体系建设，提升标准的有效性、先进性和适用性；三是深入实施国家知识产权战略，完善重点领域知识产权布局，在关键领域形成一批高价值核心专利，持续提升知识产权的创造、运用、保护和管理能力；四是加快构建国家科研论文和科技信息高端交流平台，充分利用大数据、人工智能等新技术，促进科研信息的高效开放共享和广泛传播利用，全面提升对科研活动的服务保障水平。

统筹发展资本、人才和文化要素

从要素角度，发展硬科技需要直面当前金融和科技融合不足、高技能和复合型人才缺乏、硬科技文化氛围薄弱等问题，统筹发展资本、人才和文化要素，提升硬科技发展动力。一是扩大金融对科技的支持。一方面，应创新传统银行融资机制，成立新部门和机构为科技型小微企业提供专业服务，推出新型金融产品；另一方面，应拓宽融资渠道，鼓励直接融资，设立科技创新政府引导基金，引导风险投资等社会资本积极参与，建立联合担保机制和征信监管机制。二是加强人才队伍建设。一方面，完善我国科技人才激励、服务体系和学术创新环境，落实人才引进后的服务保障措施，增加对科技人才创新的资助和激励，投资科研基础设施和创新网络建设；另一方面，重视包含高层次领军人才、专业技术人才、天使投资人、知识产权工程师、技术经理人、技术工程师、产品经理等多层次的人才体系建设。三是营造硬科技氛围，形成全社会对科技的重视和包容态度，鼓励创新创业精神。良好的氛围将对增加科创型企业和科技资本产生潜移默化的作用。为此应增加科普科教投入，发挥大众传媒作为主传播渠道的关键作用，通过科普基地、科技活动周、科普日等载体宣传科学知识，弘扬科学家精神，提升国民科学素养。

发挥政产研协同作用

从创新主体角度，发展硬科技需要理顺政府和市场的关系，充分调动企业、研究机构、第三方服务机构等不同主体的能动性，加强其之间的协调配合。一是发挥政府的引领作用，结合地区经济特色和经济发展阶段，明确战略性产业和主导性技术方向，在经济较发达地区全面发展硬科技创新，在经济快速发展地区有针对性地发展某特定硬科技领域；打造硬科技创新网络机制，从政策层面引导和促进创新网络体系及服务机制的完善，包括推进科技投资、科技孵化、知识产权交易与转让等服务体系建设，促进技术创新从投入到产出的全链条发展。二是强化院校的综合实力，强化院校对硬科技技术研发和人才培养的重视，增设并重点培育半导体、人工智能、智能制造等硬科技专业，在生物科学、医学、材料科学、化学工程等专业领域强化学术水平，加强国际间学术交流。三是鼓励企业打通创新链条，构建技术创新所需的自主研发平台、技术投资平台和研发合作平台，构建技术创新与市场需求的闭环化管理机制，从市场上捕捉技术创新需求，在市场中验证技术创新方向。

促进科技和产业集群建设

从创新生态角度，发展硬科技需要打造完善的产业链和生态体系，构建支撑中小企业持续成长和创新的各种能力和要素网络，构建有利于硬科技成果转化的产业集群。根据世界知识产权组织发布的《2020年全球创新指数》报告，世界科技集群的代表地包括东京—横滨、深圳—香港—广州、首尔、北京和圣何塞—旧金山，美国拥有世界上最多的科技集群（25），其次分别为中国（17）、德国（10）和日本（5）。我国还有较大的发展空间。我国应参考半导体产业自美国硅谷向日、韩和中国台湾转移的经验，充分重视科技和产业集群的网络协同效应、要素集聚优势，支持现有的武汉半导体产业集群、杭州数字产业集群、西安光电子产业集群，同时在深圳等重点科技企业所在地和创新活跃区设立更多产业集群。

加强关键技术供应链韧性

从创新瓶颈角度，发展硬科技的核心目标是突破发达国家的关键技术封锁。因此，为降低硬科技发展过程中的断供风险，我国需加快弥补关键技术供应链风险点，增强关键技术供应链韧性。一方面，我国可参考欧盟“战略性技术和产业关键原材料前瞻研究”和“关键原材料行动计划”，明确我国在战略科技力量的关键技术领域，供应链的未来需求和供应情况、进口材料对单一国家依存度、薄弱环节，将风险细化到技术研发、生产、组装、运输等独立环节，并对未来的断供风险、技术挑战、替代方案进行预测和研判。另一方面，我国应拓展产业合作伙伴，实现供应国的多元化，增强关键技术领域供应链韧性。针对关键技术供应链的高风险环节展开调研和接触，筛选可替代性技术和供应商，搭建合作渠道。同时，广泛拓展关键产业链的合作伙伴和供应渠道，发展与韩国等关键产业领先国的贸易伙伴关系，建立与友好国家的跨区域产业联盟及战略性伙伴关系，尽可能降低美国联合盟友对我国实施多边限制和排挤的可行性。

构建开放式自主创新体系

从创新来源角度，发展硬科技应集合世界力量，最终融入全球科技体系。因此，我国应坚持自主创新和国际科技合作并举，构建开放式自主创新体系。一方面，可拓宽与日本、欧洲发达国家等技术强国的科技合作范围，加大与巴西（航空技术）、捷克（雷达技术）等具有优势领域的非传统科技强国的科技交流与合作，对冲西方国家孤立我国科技发展的风险。另一方面，集聚国内外高端创新资源，构建以我国为主的全球科技创新网络，积极参与国际科技合作和创新治理，引导国际高端创新要素到我国集聚。主动对接海外知名高校院所、优势企业、国际科技组织，建立跨国创新机构、企业研发中心，推动国际优质科技成果转化。打造国家技术转移中心、国家技术专利展示交易中心等平台枢纽，引导国际先进成果到我国开展技术贸易。加大国际化科技孵化平台、离岸创新中心等新型平台建设力度，充分利用国际科技和知识资源，助力我国的科技创新。

图书在版编目（CIP）数据

硬科技：大国竞争的前沿/国务院发展研究中心国际技术经济研究所，西安市中科硬科技创新研究院著. --北京：中国人民大学出版社，2021.10

ISBN 978-7-300-29816-0

Ⅰ.①硬… Ⅱ.①国… ②西… Ⅲ.①科技发展一研究一中国 Ⅳ.①N12

中国版本图书馆 CIP 数据核字（2021）第 173473 号

硬科技

大国竞争的前沿

国务院发展研究中心国际技术经济研究所
西安市中科硬科技创新研究院 著

Yingkeji

出版发行	中国人民大学出版社		
社　　址	北京中关村大街 31 号	**邮政编码**	100080
电　　话	010－62511242（总编室）		010－62511770（质管部）
	010－82501766（邮购部）		010－62514148（门市部）
	010－62515195（发行公司）		010－62515275（盗版举报）
网　　址	http://www.crup.com.cn		
经　　销	新华书店		
印　　刷	天津中印联印务有限公司		
规　　格	148 mm×210 mm　32 开本	**版　　次**	2021 年 10 月第 1 版
印　　张	14.5	**印　　次**	2024 年 6 月第 7 次印刷
字　　数	337 000	**定　　价**	78.00 元